网站设计与制作

——HTML5/CSS3 + jQuery/PHP/MySQL

主　编　史桂红　　杨正校

副主编　贺志朋　　沈　健　许　戈

北京理工大学出版社

BEIJING INSTITUTE OF TECHNOLOGY PRESS

内容提要

　　本书以"健雄书屋"网站作为项目载体贯穿始终，按照网站设计与制作的流程，分任务详细介绍了使用 HTML5、CSS3、jQuery、PHP 及 MySQL 完成网站制作的技术要点。书中内容依据网站设计与制作的工作过程按项目组织任务，任务安排循序递进、由浅入深，让学生在完成任务的过程中学会网站设计与制作的知识与技能，较好地体现了"项目载体、任务驱动"的理念。通过阅读和学习，能使学生掌握网站开发的工作流程，学会网站设计与制作的方法。

　　本书讲解详实，通俗易懂。书中的代码已在 Dreamweaver CS6 环境下全部通过测试。本书可作为高等院校和计算机培训班的教材，也可作为网页设计人员的专业技术参考书，同时可作为业余爱好者的自学用书。

图书在版编目（CIP）数据

网站设计与制作：HTML5/CSS3+jQuery/PHP/MySQL／史桂红，杨正校主编. —北京：北京理工大学出版社，2017.4

ISBN 978-7-5682-3982-0

Ⅰ.①网… Ⅱ.①史… ②杨… Ⅲ.①网站-设计②网页制作工具 Ⅳ.①TP393.092.2

中国版本图书馆 CIP 数据核字（2017）第 091411 号

出版发行／北京理工大学出版社有限责任公司
社　　　址／北京市海淀区中关村南大街 5 号
邮　　　编／100081
电　　　话／（010）68914775（总编室）
　　　　　　（010）82562903（教材售后服务热线）
　　　　　　（010）68948351（其他图书服务热线）
网　　　址／http：//www.bitpress.com.cn
经　　　销／全国各地新华书店
印　　　刷／涿州市新华印刷有限公司
开　　　本／787 毫米×1092 毫米　1/16
印　　　张／22.25　　　　　　　　　　　　　　　　　　　责任编辑／钟　博
字　　　数／519 千字　　　　　　　　　　　　　　　　　　文案编辑／钟　博
版　　　次／2017 年 4 月第 1 版　2017 年 4 月第 1 次印刷　责任校对／周瑞红
定　　　价／69.00 元　　　　　　　　　　　　　　　　　　责任印制／李志强

前　　言

本书打破了传统的学科知识体系，选取"健雄书屋"网站作为项目载体，以网站设计与制作的工作过程为主线组织教学任务，将网站制作的静态技术与动态技术融合在项目任务中，融 HTML5、CSS3、jQuery、PHP、MySQL 于一体。本书不强求理论体系的完整性，以够用为度，以实用为标准，在学习过程中培养学生独立思考问题和主动解决问题的能力及团队合作精神。

本书以"健雄书屋"网站的设计与制作为主线，依据网站设计与制作的工作过程组织项目。具体如下：

项目一——搭建站点开发环境；

项目二——规划网站；

项目三——网站界面设计；

项目四——网站静态页面布局；

项目五——网站首页动态实现；

项目六——网站分支页动态实现；

项目七——网站后台管理功能实现；

项目八——网站测试与发布。

书中每个项目均按情境描述、项目实施、相关知识、项目小结、同步实训展开，全部项目完成后即完成完整的综合项目——"健雄书屋"网站，这增加了学生的成就感，让学生在制作网站的过程中学会知识与技能，真正做到了"做中学、学中做"，体现了"通过工作来学习""学习的内容是工作"的职业教育理念。教材的每个项目后都安排了同步实训，可使学生对所学的内容进行归纳和训练，起到举一反三的作用。

本书由史桂红、杨正校主编，贺志朋、沈健、许戈任副主编。参加本书编写的人员全部是来自教学一线和网站设计制作工作岗位的教师和工程师，具有丰富的网站制作与开发经验。

编者在撰写本书的过程中参考了大量书籍和资料，在此对这些书籍和资料的作者表示最诚挚的谢意。

在编写过程中，我们力求精益求精、全面周到，但由于编者水平有限，难免有疏漏和不妥之处，恳请专家、同仁和广大读者批评指正。

编　者
2016 年 12 月

目　　录

项目一　搭建站点开发环境

子项目1　开发环境的安装与配置 ⋯⋯⋯⋯⋯⋯⋯⋯⋯⋯⋯⋯⋯⋯⋯⋯⋯⋯⋯ 3

　1.1.1　情境描述 ⋯⋯⋯⋯⋯⋯⋯⋯⋯⋯⋯⋯⋯⋯⋯⋯⋯⋯⋯⋯⋯⋯⋯⋯⋯ 3

　1.1.2　项目实施 ⋯⋯⋯⋯⋯⋯⋯⋯⋯⋯⋯⋯⋯⋯⋯⋯⋯⋯⋯⋯⋯⋯⋯⋯⋯ 3

　　任务1　安装 Dreamweaver CS6 ⋯⋯⋯⋯⋯⋯⋯⋯⋯⋯⋯⋯⋯⋯⋯⋯⋯⋯ 3

　　任务2　在 Windows 7 操作系统下安装与配置集成开发环境 WampServer ⋯⋯ 9

　1.1.3　相关知识 ⋯⋯⋯⋯⋯⋯⋯⋯⋯⋯⋯⋯⋯⋯⋯⋯⋯⋯⋯⋯⋯⋯⋯⋯⋯ 16

　1.1.4　项目小结 ⋯⋯⋯⋯⋯⋯⋯⋯⋯⋯⋯⋯⋯⋯⋯⋯⋯⋯⋯⋯⋯⋯⋯⋯⋯ 19

　1.1.5　同步实训 ⋯⋯⋯⋯⋯⋯⋯⋯⋯⋯⋯⋯⋯⋯⋯⋯⋯⋯⋯⋯⋯⋯⋯⋯⋯ 19

子项目2　创建与编辑站点 ⋯⋯⋯⋯⋯⋯⋯⋯⋯⋯⋯⋯⋯⋯⋯⋯⋯⋯⋯⋯⋯⋯ 20

　1.2.1　情境描述 ⋯⋯⋯⋯⋯⋯⋯⋯⋯⋯⋯⋯⋯⋯⋯⋯⋯⋯⋯⋯⋯⋯⋯⋯⋯ 20

　1.2.2　项目实施 ⋯⋯⋯⋯⋯⋯⋯⋯⋯⋯⋯⋯⋯⋯⋯⋯⋯⋯⋯⋯⋯⋯⋯⋯⋯ 20

　　任务1　创建与测试本地站点 ⋯⋯⋯⋯⋯⋯⋯⋯⋯⋯⋯⋯⋯⋯⋯⋯⋯⋯⋯ 20

　　任务2　编辑与管理本地站点 ⋯⋯⋯⋯⋯⋯⋯⋯⋯⋯⋯⋯⋯⋯⋯⋯⋯⋯⋯ 25

　1.2.3　相关知识 ⋯⋯⋯⋯⋯⋯⋯⋯⋯⋯⋯⋯⋯⋯⋯⋯⋯⋯⋯⋯⋯⋯⋯⋯⋯ 27

　1.2.4　项目小结 ⋯⋯⋯⋯⋯⋯⋯⋯⋯⋯⋯⋯⋯⋯⋯⋯⋯⋯⋯⋯⋯⋯⋯⋯⋯ 30

　1.2.5　同步实训 ⋯⋯⋯⋯⋯⋯⋯⋯⋯⋯⋯⋯⋯⋯⋯⋯⋯⋯⋯⋯⋯⋯⋯⋯⋯ 30

项目二　规划网站

　2.1　情境描述 ⋯⋯⋯⋯⋯⋯⋯⋯⋯⋯⋯⋯⋯⋯⋯⋯⋯⋯⋯⋯⋯⋯⋯⋯⋯⋯⋯ 33

　2.2　项目实施 ⋯⋯⋯⋯⋯⋯⋯⋯⋯⋯⋯⋯⋯⋯⋯⋯⋯⋯⋯⋯⋯⋯⋯⋯⋯⋯⋯ 33

　　任务　规划“健雄书屋”网站,书写网站建设方案 ⋯⋯⋯⋯⋯⋯⋯⋯⋯⋯⋯ 33

　2.3　相关知识 ⋯⋯⋯⋯⋯⋯⋯⋯⋯⋯⋯⋯⋯⋯⋯⋯⋯⋯⋯⋯⋯⋯⋯⋯⋯⋯⋯ 36

　2.4　项目小结 ⋯⋯⋯⋯⋯⋯⋯⋯⋯⋯⋯⋯⋯⋯⋯⋯⋯⋯⋯⋯⋯⋯⋯⋯⋯⋯⋯ 39

　2.5　同步实训 ⋯⋯⋯⋯⋯⋯⋯⋯⋯⋯⋯⋯⋯⋯⋯⋯⋯⋯⋯⋯⋯⋯⋯⋯⋯⋯⋯ 39

项目三　网站界面设计

　3.1　情境描述 ⋯⋯⋯⋯⋯⋯⋯⋯⋯⋯⋯⋯⋯⋯⋯⋯⋯⋯⋯⋯⋯⋯⋯⋯⋯⋯⋯ 43

　3.2　项目实施 ⋯⋯⋯⋯⋯⋯⋯⋯⋯⋯⋯⋯⋯⋯⋯⋯⋯⋯⋯⋯⋯⋯⋯⋯⋯⋯⋯ 43

　　任务1　“健雄书屋”网站首页界面设计及切片处理 ⋯⋯⋯⋯⋯⋯⋯⋯⋯⋯ 43

任务2　"健雄书屋"网站分支页界面设计 ···················· 48
3.3　相关知识 ·· 52
3.4　项目小结 ·· 60
3.5　同步实训 ·· 61

项目四　网站静态页面布局

4.1　情境描述 ·· 65
4.2　项目实施 ·· 65
　任务1　"健雄书屋"网站首页布局 ································· 65
　任务2　"健雄书屋"网站部分分支页布局 ······················ 98
4.3　相关知识 ·· 117
4.4　项目小结 ·· 127
4.5　同步实训 ·· 127

项目五　网站首页动态实现

子项目1　"健雄书屋"网站数据库、数据表设计 ·················· 131
5.1.1　情境描述 ·· 131
5.1.2　项目实施 ·· 131
　任务1　"健雄书屋"网站数据库、数据表设计 ················· 131
　任务2　"健雄书屋"网站数据库、数据表的导出与导入 ········ 140
5.1.3　相关知识 ·· 141
5.1.4　项目小结 ·· 144
5.1.5　同步实训 ·· 145
子项目2　"健雄书屋"网站首页动态实现 ·························· 146
5.2.1　情境描述 ·· 146
5.2.2　项目实施 ·· 146
　任务1　"健雄书屋"网站前台与后台数据库连接 ··············· 146
　任务2　"健雄书屋"网站首页信息从数据库动态获取 ··········· 147
　任务3　"健雄书屋"网站首页搜索功能的实现 ·················· 152
5.2.3　相关知识 ·· 161
5.2.4　项目小结 ·· 178
5.2.5　同步实训 ·· 178
子项目3　"健雄书屋"网站首页特效制作 ·························· 179
5.3.1　情境描述 ·· 179
5.3.2　项目实施 ·· 179
　任务1　"健雄书屋"网站首页图片轮番显示(焦点图)效果制作 ····· 179
　任务2　"健雄书屋"网站首页"特价图书"板块效果制作 ········ 182

任务3　"健雄书屋"网站首页"编辑推荐"板块效果制作 ……………… 187
5.3.3　相关知识 …………………………………………………………… 189
5.3.4　项目小结 …………………………………………………………… 193
5.3.5　同步实训 …………………………………………………………… 193

项目六　网站分支页动态实现

子项目1　"健雄书屋"最新动态相关页面实现 ……………………………… 196
6.1.1　情境描述 …………………………………………………………… 196
6.1.2　项目实施 …………………………………………………………… 196
任务1　"健雄书屋"最新动态内容页面实现 ……………………… 196
任务2　"健雄书屋"最新动态标题分页显示页面实现 …………… 200
6.1.3　相关知识 …………………………………………………………… 206
6.1.4　项目小结 …………………………………………………………… 206
6.1.5　同步实训 …………………………………………………………… 206
子项目2　"健雄书屋"会员登录注册页面动态实现 ……………………… 208
6.2.1　情境描述 …………………………………………………………… 208
6.2.2　项目实施 …………………………………………………………… 208
任务1　登录页面中注册表单各项信息验证 ……………………… 208
任务2　会员注册页面动态实现 …………………………………… 215
任务3　登录页面中登录表单各项信息验证 ……………………… 217
任务4　登录页面中验证码功能实现 ……………………………… 220
任务5　会员登录页面动态实现 …………………………………… 221
6.2.3　相关知识 …………………………………………………………… 223
6.2.4　项目小结 …………………………………………………………… 226
6.2.5　同步实训 …………………………………………………………… 227
子项目3　"健雄书屋"图书相关页面动态实现 …………………………… 228
6.3.1　情境描述 …………………………………………………………… 228
6.3.2　项目实施 …………………………………………………………… 228
任务1　"新书上架"板块中"更多新书"展示页面动态实现 …… 228
任务2　"新书上架"板块图书详细内容页面动态实现 …………… 236
6.3.3　相关知识 …………………………………………………………… 255
6.3.4　项目小结 …………………………………………………………… 258
6.3.5　同步实训 …………………………………………………………… 258
子项目4　"健雄书屋"购物车、订单相关页面动态实现 ………………… 259
6.4.1　情境描述 …………………………………………………………… 259
6.4.2　项目实施 …………………………………………………………… 259
任务1　"健雄书屋"购物车功能实现 …………………………… 259
任务2　"健雄书屋"购物车结算功能实现 ……………………… 271

任务3 "健雄书屋""立即购买"功能实现 ……………………………… 283

6.4.3 相关知识 ………………………………………………………… 286

6.4.4 项目小结 ………………………………………………………… 287

6.4.5 同步实训 ………………………………………………………… 287

项目七　网站后台管理功能实现

子项目1 "健雄书屋"网站后台管理页面布局 ……………………………… 291

7.1.1 情境描述 ………………………………………………………… 291

7.1.2 项目实施 ………………………………………………………… 291

　　任务1 "健雄书屋"网站后台管理流程 …………………………… 291

　　任务2 "健雄书屋"网站后台管理员登录页面布局 ……………… 294

　　任务3 "健雄书屋"网站后台首页页面布局 ……………………… 297

7.1.3 相关知识 ………………………………………………………… 311

7.1.4 项目小结 ………………………………………………………… 311

7.1.5 同步实训 ………………………………………………………… 312

子项目2 "健雄书屋"网站后台管理页面动态实现 ……………………… 313

7.2.1 情境描述 ………………………………………………………… 313

7.2.2 项目实施 ………………………………………………………… 313

　　任务1 "健雄书屋"网站后台管理员登录页面动态实现 ………… 313

　　任务2 "健雄书屋"网站后台管理首页页面动态实现 …………… 315

7.2.3 相关知识 ………………………………………………………… 334

7.2.4 项目小结 ………………………………………………………… 337

7.2.5 同步实训 ………………………………………………………… 337

项目八　网站测试与发布

8.1 情境描述 …………………………………………………………… 341

8.2 项目实施 …………………………………………………………… 341

　　任务1 "健雄书屋"网站测试 ……………………………………… 341

　　任务2 "健雄书屋"网站发布 ……………………………………… 342

8.3 相关知识 …………………………………………………………… 343

8.4 项目小结 …………………………………………………………… 347

8.5 同步实训 …………………………………………………………… 347

参考文献 ………………………………………………………………… 348

项目一
搭建站点开发环境

子项目1

开发环境的安装与配置

【学习导航】

工作任务列表：

任务1：安装 Dreamweaver CS6；

任务2：在 Windows 7 操作系统下安装与配置集成开发环境 WampServer。

【技能目标】

（1）会安装 Dreamweaver CS6；

（2）会在 Windows 7 操作系统下安装与配置集成开发环境 WampServer。

1.1.1 情 境 描 述

在网站开发之前，首先要搭建一个适合操作系统的网站开发环境，在本机完成网站的制作后再上传到服务器。鉴于在 Windows 操作系统下完成网站开发简单易学及 Windows 7 操作系统比较普及，本项目讲解在 Windows 7 操作系统环境下如何进行站点环境的搭建。

1.1.2 项 目 实 施

任务1 安装 Dreamweaver CS6

【任务需求】

在 Windows 7 操作系统中成功安装 Dreamweaver CS6。

【任务分析】

Dreamweaver 软件提供了网站开发的整合性环境，它可以支持不同的服务器端技术，如 ASP、PHP、JSP 等，方便初学者使用。本任务要求将 Dreamweaver CS6 安装在 "D:\Program Files" 文件夹下。

【任务实现】

安装 Dreamweaver CS6 的步骤如下。

步骤1：下载 Dreamweaver CS6 安装包。

（1）启动浏览器，进入 Adobe 中文官方网站（http://www.adobe.com/cn/products/dreamweaver.html），如图 1 - 1 所示。

图 1 – 1　打开 Dreamweaver CS6 主页

（2）打开主页之后，单击"试用"按钮，进入"登录 – Adobe ID"页面，如图 1 – 2 所示。

图 1 – 2　"登录 – Adobe ID"页面

（3）由于初次登录没有 Adobe ID，需要注册，在图 1 – 2 所示的页面中单击"获取 Adobe ID"超链接，进入"注册 – Adobe ID"页面，如图 1 – 3 所示。

图 1 – 3 注册 – Adobe ID 页面

（4）在注册页面中输入相关信息后，单击"注册"按钮，进入下载页面，下载 Dreamweaver CS6 试用版。

步骤 2：安装 Dreamweaver CS6。

（1）下载完成后，压缩包内有"Dreamweaver_12_LS3. exe"文件，双击该文件，完成自解压。

（2）自解压完成后，双击安装程序"Set – up. exe"，打开 Adobe 安装窗口，如图 1 – 4 所示。

图 1 – 4 Adobe 安装窗口

（3）在图 1 –4 所示界面中单击"忽略"按钮，进入初始化安装程序窗口，如图 1 –5 所示。

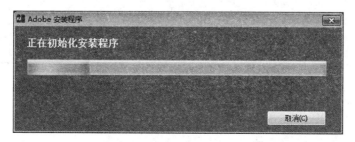

图 1 – 5 初始化安装程序窗口

（4）初始化完成后，进入"欢迎"窗口，如图1-6所示。

图1-6 "欢迎"窗口

（5）单击"试用"按钮，进入"Adobe 软件许可协议"窗口，如图1-7所示。

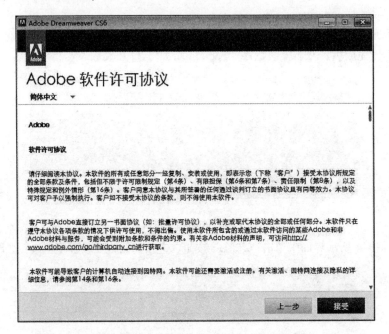

图1-7 "Adobe 软件许可协议"窗口

（6）单击"接受"按钮，进入"需要登录"窗口，如图1-8所示。

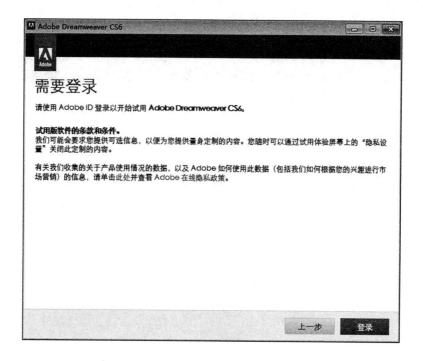

图 1 - 8　"需要登录"窗口

（7）单击"登录"按钮，输入注册时的电子邮件地址和密码，如图 1 - 9 所示。

图 1 - 9　使用 Adobe ID 登录

（8）单击"登录"按钮，打开设置安装选项窗口，在"语言"框中选取"简体中文"选项，在"位置"框中选取要安装的位置（D:\Program Files\Adobe），如图 1 - 10 所示。

(9) 单击"安装"按钮, 开始安装, 如图 1 – 11 所示。

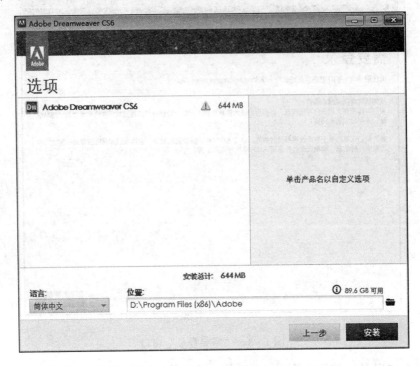

图 1 – 10　设置安装选项窗口

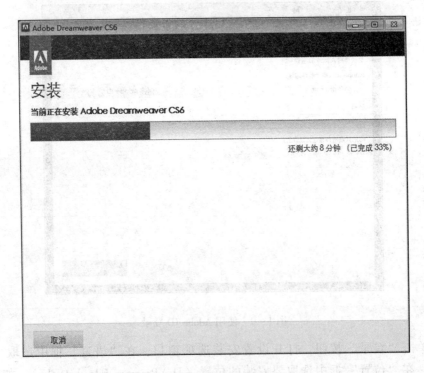

图 1 – 11　安装过程

（10）安装完成，单击"关闭"按钮，如图1-12所示。

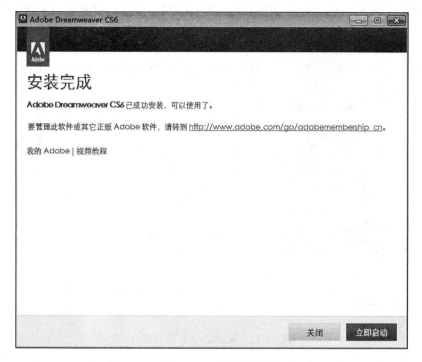

图1-12　安装完成

到此Dreamweaver CS6试用版安装成功。

任务2　在Windows 7操作系统下安装与配置集成开发环境WampServer

【任务需求】

PHP作为网站开发的服务器端技术之一，使用越来越广泛。PHP能否高效、稳定地运行依赖于服务器的编译和执行。本书中网站载体前、后台交互采用PHP + MySQL完成，为此需要在电脑上搭建PHP环境。WampServer是Windows操作系统下PHP + MySQL集成安装环境之一，本任务完成其安装与配置。

配置WampServer
服务1

【任务分析】

搭建PHP服务器是关键，作为初学者，采用WampServer软件在Windows操作系统中架设安全、可靠的PHP运行环境是一个很好的选择。WampServer是Windows + Apache + MySQL + PHP集成安装环境，即Windows操作系统下的Apache、PHP和MySQL的服务器软件。该软件完全免费，并且在安装的过程中就已经把三者集成好，并作了相应的配置，省去了很多复杂的配置过程。

配置WampServer
服务2

【任务实现】

步骤1：下载WampServer2安装包。启动浏览器，进入百度软件中心（http://rj. baidu. com/soft/detail/10636. html）下载WampServer软件，WampServer2集成了Apache 2.2.21、PHP 5.3.10和MySQL 5.5.20。

步骤 2：安装 WampServer。

（1）双击"wampserver.exe"，进入 WampServer 启动窗口，如图 1 – 13 所示。

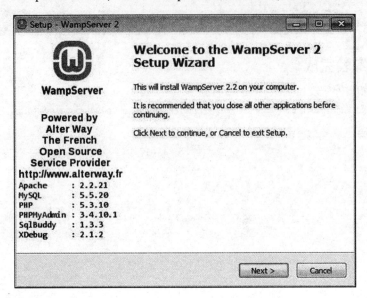

图 1 – 13　WampServer 启动窗口

（2）单击"Next"按钮，选取"I accept the agreement"选项，接受协议，如图 1 – 14 所示。

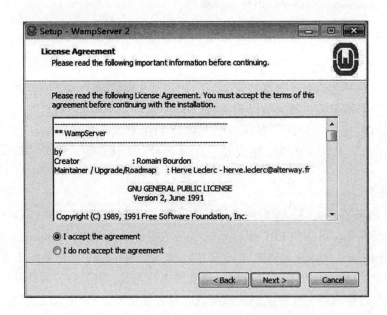

图 1 – 14　WampServer 安装协议窗口

（3）单击"Next"按钮，选择安装路径，如图 1 – 15 所示。WampServer 的默认安装路径为"C:\wamp"，单击"浏览"按钮设置软件的安装路径，这里选取"D:\Program Files （x86）\wamp"作为安装文件夹。

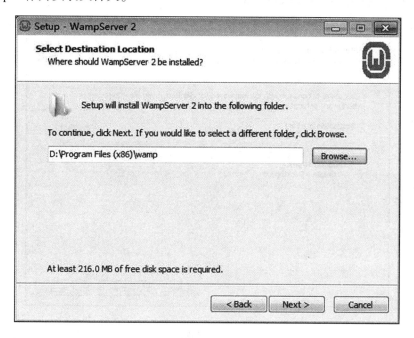

图 1 - 15　选择 WampServer 安装路径

　　（4）单击"Next"按钮，选择创建快捷方式图标的位置，如图 1 - 16 所示。这里选择
"Create a Desktop icon"选项，即在桌面上创建 WampServer 的快捷方式图标。

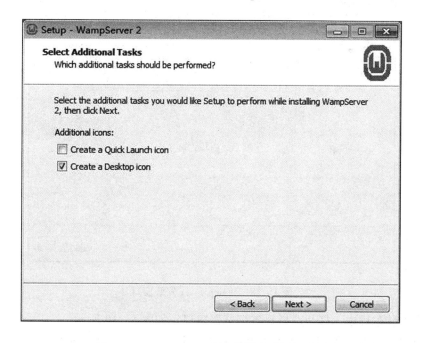

图 1 - 16　WampServer 创建快捷方式图标选项

(5) 单击"Next"按钮, 进入准备安装窗口, 如图 1 - 17 所示。

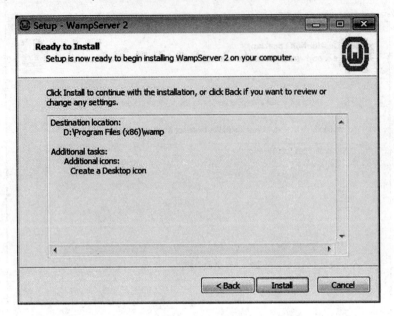

图 1 - 17　准备安装窗口

(6) 单击"Install"按钮, 开始安装, 如图 1 - 18 所示。

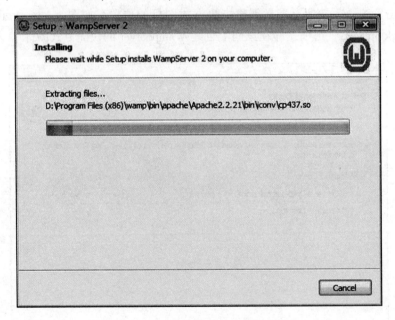

图 1 - 18　WampServer 安装窗口

(7) 在安装过程中, 打开选择缺省浏览器窗口, 如图 1 - 19 所示。

(8) 单击"打开"按钮, 打开 PHP 邮件参数设置窗口, 其中"SMTP"是服务器名称, 如安装在本地, 则直接使用默认值即可, 如图 1 - 20 所示。

图 1 – 19　选择缺省浏览器窗口

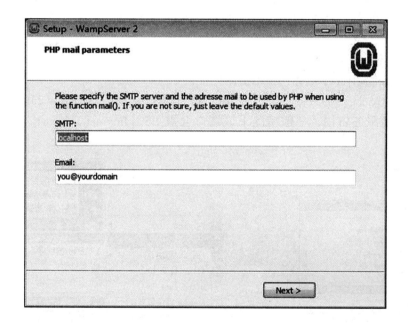

图 1 – 20　PHP 邮件参数设置窗口

（9）单击"Next"按钮，最后完成安装，如图 1 – 21 所示。

（10）单击"Finish"按钮，完成安装，同时启动 WampSever。

步骤 3：配置 WampServer。

（1）语言设置，设置语言为简体中文。

WampSever 启动后，将在任务栏右侧出现 WampServer 小图标█。用鼠标右键单击该图标，在弹出的快捷菜单中选择"Language"／"Chinese"命令。

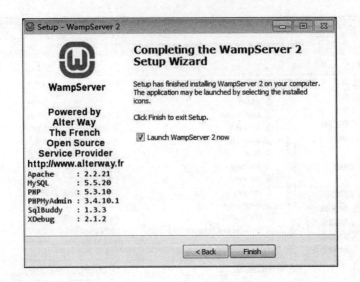

图 1 - 21　WampServer 安装完成

（2）橙色图标的解决方法。

观察 WampServer 小图标的颜色，若其为绿色，表明服务器正常，可以使用；若其为橙色，表明服务器配置有错误，错误的主要原因之一是服务器的 80 端口被占用，其解决方法如下：

① 检查 80 端口的使用情况：

● 单击 WampServer 小图标，弹出快捷菜单，如图 1 - 22 所示。

● 选择 "Apache" / "Service" / "测试 80 端口" 命令，如图 1 - 23 所示。检查 80 端口是否被其他服务占用，一般情况下该端口会被 IIS（Internet Information Server）服务占用。

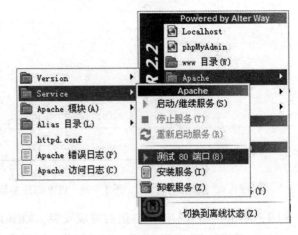

图 1 - 22　WampServer 快捷菜单　　　　　　图 1 - 23　"测试 80 端口" 菜单

② 80 端口被占用的解决方法：

● 单击 WampServer 小图标，在弹出的快捷菜单中选择 "Apache" / "httpd. conf" 命令，如图 1 - 24 所示。

● 打开"httpd. conf"配置文件,在配置文件中单击"编辑"菜单,选择"查找"命令,在弹出的"查找"对话框的"查找内容"文本框中输入"Listen 80",单击"查找下一个"按钮,如图 1-25 所示。

图 1-24 选择"httpd. conf"   图 1-25 查找 80 端口

● 将查找到的 Listen 80 改为 Listen 8080,也可以改为其他端口号,端口号的取名以不与其他服务占用的端口号产生冲突为标准。

● 保存"httpd. conf"文件。

● 单击 WampServer 小图标,在弹出的菜单中选择"重新启动所有服务"命令。

重启 WampServer 服务后,将发现小图标由橙色变为绿色,这说明端口配置正常了。

(3) 将网页保存目录设置为用户实际创建的目录。

用户保存网页既可以存放在默认文件夹下,也可以存放在自己创建的文件夹中。WampServer 默认存放网页的文件夹是 WampServer 软件安装目录下的"www"目录(如本书中 WampServer 软件安装在"D:\Program Files (x86)\wamp"目录下,则网页默认存放位置是"D:\Program Files (x86)\wamp\www"目录,若将网页存放于默认文件夹中则该项不需要进行设置)。一般情况下,用户会自己新建一个目录作为网页的保存位置,这样就需要进行网页目录的设置。设置步骤如下:

① 打开"httpd. conf"文件,单击"编辑"/"查找"命令,在"查找"对话框的"查找内容"文本框中输入"DocumentRoot",单击"查找下一个"按钮,查找到"DocumentRoot " D:/Program Files (x86) /wamp/www/"",如图 1-26 所示。

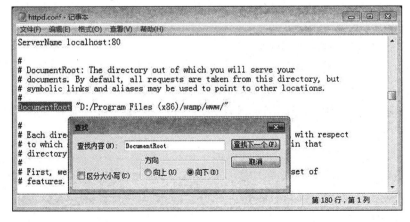

图 1-26 查找 DocumentRoot

② 将 "" D:/Program Files/wamp/www/"" 修改为网页实际存放的文件夹，如改为 "" D:/myweb"" （"D:/myweb" 是后续制作网站时存放网页的文件夹）。

③ 在 "查找" 对话框的 "查找内容" 文本框中输入 "Directory"，单击 "查找下一个" 按钮，查找到 "Directory "D:/Program Files/wamp/www""，如图 1 - 27 所示。将 "" D:/Program Files/wamp/www/"" 修改为网页实际存放的文件夹 "" D:/myweb/""。

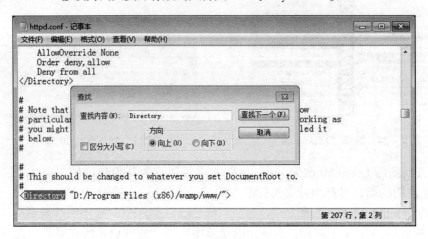

图 1 - 27　查找 Driectory

④ 保存 "httpd. conf" 文件，重新启动所有服务。

到此，WampServer 的配置完成。

1.1.3　相 关 知 识

1. 认识 Dreamweaver CS6

对于初学者，在网页编辑器中制作网页是一个不错的选择，Adobe 公司的 Dreamweaver 就是一款常用、方便的网页编辑软件。

Adobe Dreamweaver，简称 "DW"，其中文名称为 "梦想编织者"，是美国 Macromedia 公司开发的集网页制作和网站管理于一身的所见即所得网页编辑器。Macromedia 公司成立于 1992 年，在 2005 年被 Adobe 公司收购。

Dreamweaver CS6 是 Adobe 公司推出的一套拥有可视化编辑界面，用于制作并编辑网站和移动应用程序的网页设计软件。它支持用代码、拆分、设计、实时视图等多种方式来创作、编写和修改网页，即使初级的网页设计人员，也无须编写任何代码就能快速创建 Web 页面。它是继 Dreamweaver CS3 之后的又一经典版本，通过 CS4、CS5 版本的不断升级和完善，CS6 版本使用了自适应网格版面创建页面，在发布前使用多屏幕预览审阅设计，大大提高了工作效率，同时也增加了很多新功能，新功能如下：

（1）针对平板电脑和智能手机的功能：

① 多屏幕预览；

② 自适应流体风格布局；

③ 强大的 jQuery 移动支持和 PhoheGap 支持；

④ 支持 HTML5/CSS3。

（2）更加专业而简捷的操作：

① 简单便捷的站点设置；

② 强大的 CSS3 过渡效果；

③ Business Catalyst 集成；

④ Adobe BrowserLab 集成；

⑤ PHP 自定义类代码提示；

⑥ 改善的 FTP 性能；

⑦ 更新的实时视图。

2. WAMP 与 LAMP

本书中使用的集成开发环境是 WampServer，其中的 WAMP 和 LAMP 都是 PHP 的开发环境。WAMP 是 Windows（系统）＋Apache（服务器）＋MySQL（数据库工具）＋PHP，LAMP 是 Lunix（系统）＋Apache＋MySQL＋PHP。

在安全性能方面，LAMP 比 WAMP 高，但对于初学者，在 LAMP 下完成网站设计与开发有难度，建议在 WAMP 环境下完成设计与测试，最后部署到 LAMP 环境下。

3. PHP 简介

（1）什么是 PHP。

PHP 是超文本预处理语言（PHP：Hypertext Preprocessor）的嵌套缩写，是一种动态网页技术，可以实现浏览者和网站的交互，比如读取数据库信息、根据不同用户提供不同的界面等。其编程风格类似 C 语言。

PHP 是由 Rasmus Lerdorf 于 1995 年开发的［Rasmus Lerdorf 于 1993 年毕业于加拿大滑铁卢大学（University of Waterloo）计算机科学专业，被称为"PHP 之父"］，PHP 随后的开发和商业化由 Zend 公司负责。

（2）PHP、ASP、JSP 的异同。

PHP、ASP、JSP 三者都是面向 Web 服务器的技术，客户端浏览器不需要任何附加的软件支持。程序代码的执行结果被重新嵌入到 HTML 代码中，然后一起发送给浏览器。在 PHP、ASP、JSP 环境下，HTML 代码主要负责描述信息的显示样式，而程序代码则用来描述处理逻辑。普通的 HTML 页面只依赖于 Web 服务器，而 PHP、ASP、JSP 页面需要附加的语言引擎分析和执行程序代码，三种技术相对应的网页扩展名为".php"".asp"".jsp"。

① PHP。

PHP 常与开源免费的 Web 服务 Apache 和 MySQL 数据库配合使用于 Linux 平台上（简称 LAMP），具有最高的性价比，号称"Web 架构的黄金组合"。在与其他同类编程语言的比较中，PHP 具有开发速度快、运行效率高、安全性好、可扩展性强、开源自由等特点。

PHP 的运行环境可以是 IIS，也可以是 Apache，其既可以运行在 Windows 操作系统下，也可以运行在 Linux 操作系统下。

PHP 动态网页的执行分为客户端的请求和服务器端对动态网页的解释执行。当用户在浏览器中输入了要访问的 PHP 动态网页文件的 URL 地址后，浏览器就将这个 URL 请求发给 Web 服务器，当检查到后缀名是".php"时，就调用 PHP 服务程序。PHP 读出相应

".php"文档,对其进行解释执行。如果其中含有对数据库的操作,则去访问数据库服务器。PHP解释并执行命令后,将结果(此时已是HTML格式的静态网页)回传给Web应用程序服务器,Web服务器再把结果发给客户端浏览器,用户在浏览器中看到的只是执行后的最终结果。

② ASP。

ASP是Active Server Page的缩写,意为"活动服务页"。ASP本身并不是一种脚本语言,它只是提供了一种使镶嵌在HTML页面中的使脚本程序得以运行的服务器端脚本环境。使用ASP可创建动态交互式网页并由此建立强大的Web应用程序。

ASP只能运行在微软的操作系统平台下,运行环境只能是IIS或PWS(早期Windows 98采用)。IIS适用于Windows 2000、Windows XP、Windows 7、Windows 8和Windows10等操作系统,不能进行跨平台服务。

③ JSP。

与ASP由微软独自开发不同,JSP是由Sun公司所倡导,众多公司参与建立的一种动态网页技术标准。它是基于Java技术的动态网页解决方案,具有良好的可伸缩性,与Java Enterprise API结合紧密,在网络数据库应用开发方面有得天独厚的优势。同时JSP具有更好的跨平台支持,它可以支持85%以上的操作系统,除了Windows外,它还支持Linux、UNIX等。

从严格意义上讲,JSP是建立在Java Servlet技术之上的。Servlet工作在服务器端,当收到来自客户端的请求后,动态地生成响应文档,然后以HTML(或XML)页面形式发送到客户端浏览器。由于所有的操作都在服务器端执行,网络上传给客户端的只是生成的HTML网页,所以其对浏览器的要求极低。

4. Apache服务器简介

Apache HTTP Server(简称Apache)是Apache软件基金会的一个开放源码的网页服务器,它可以在大多数计算机操作系统中运行,其由于多平台和安全性而被广泛使用,是最流行的Web服务器端软件之一。它快速、可靠,并且可通过简单的API扩展,将Perl/Python等解释器编译到服务器中。

Apache源于NCSAhttpd服务器,经过多次修改,现已成为世界上最流行的Web服务器软件之一。Apache取自"a patchy server"的读音,意思是充满补丁的服务器,因为它是自由软件,所以不断有人来为它开发新的功能、新的特性,弥补原来的缺陷。

Apache服务器的特点如下:

(1)开放源代码。

(2)跨平台应用,可运行于Windows和大多数UNIX/Linux系统。

(3)支持Perl、PHP、Python和Java等多种网页编程语言和技术。

(4)采用模块化设计。

(5)运行非常稳定。

(6)具有相对较高的安全性。

5. MySQL数据库简介

MySQL是一个开放源码的小型关联式数据库管理系统,其开发者为瑞典MySQL AB公司。由于MySQL体积小、速度快、总体拥有成本低,尤其是开放源码这一特点,许多中小型网站为了降低网站总体成本而选择MySQL作为网站数据库。目前MySQL被广泛应用于

Internet 中小型网站。

2008 年 1 月 16 日，MySQL AB 公司被 Sun 公司收购。2009 年，Sun 公司又被 Oracle 公司收购，目前 MySQL 成为 Oracle 公司的另一个数据库项目。

MySQL 由一个服务器守护程序 mysqld 和很多不同的客户程序及库组成。其主要功能是组织和管理庞大和复杂的信息及基于 Web 的库存查询请求。MySQL 不仅为客户提供信息，而且还可以为用户使用数据库提供如下功能：

（1）缩短记录编档的时间。

（2）缩短记录检索的时间。

（3）灵活的查找序列。

（4）灵活的输出格式。

（5）多个用户同时访问记录。

1.1.4 项 目 小 结

本项目主要介绍了站点开发环境的搭建，为了方便初学者使用，编辑软件采用 Dreamweaver CS6，在工作任务中介绍了在 Windows 7 操作系统下安装与配置 WampServer 集成环境的方法，为后续的网站制作做好了准备工作。

1.1.5 同 步 实 训

（1）在自己的电脑上安装 Dreamweaver CS6。

（2）在自己的电脑上安装与配置 WampServer。

子项目 2

创建与编辑站点

【学习导航】

工作任务列表：

任务1：创建与测试本地站点；

任务2：编辑与管理本地站点。

【技能目标】

(1) 会创建本地站点并进行成功性测试；

(2) 会编辑、删除本地站点。

1.2.1 情 境 描 述

站点的作用是组织和管理所有的 Web 文档，在 Dreamweaver 中站点又可分为本地站点和远程站点。在制作网站前，为了后续制作与编辑网页方便，需要先创建一个本地站点，用来存放站点中所有网页及其附属文件，在本地站点中完成站点的设计、制作与测试后，再发布站点，即将文件夹中的文件上传到远程服务器，这样就可以通过域名使其他人浏览站点。

1.2.2 项 目 实 施

任务1 创建与测试本地站点

【任务需求】

利用 Dreamweaver CS6，创建本地站点 jxbook，创建完成后测试站点是否创建成功。

【任务分析】

使用 Dreamweaver 可以很方便地对站点内的文件进行管理。创建本地站点就是在本地计算机硬盘上建立一个文件夹，并将这个文件夹作为站点的根目录，然后将网页及其他相关的文件存放在该文件夹中。

【任务实现】

创建本地站点的步骤如下。

步骤1：启动 Dreamweaver CS6。

可采用如下两种启动方法：

方法一：单击"开始"/"所有程序"/"Adobe Dreamweaver CS6"命令。

方法二：若桌面上有 Dreamweaver CS6 快捷方式图标，双击快捷方式图标。

步骤2：创建名为 jxbook 的本地站点。

（1）在 DreamWeaver CS6 窗口中，单击"站点"/"新建站点"命令，进入"站点"选项卡，在"站点名称"和"本地站点文件夹"框中输入要创建的站点名（jxbook）和站点文件存放的文件夹（D:\myweb\），如图 1 – 28 所示。

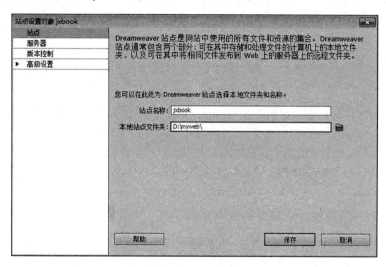

图 1 – 28　"站点"选项

（2）单击左侧"服务器"选项，将完成服务器的添加，如图 1 – 29 所示。

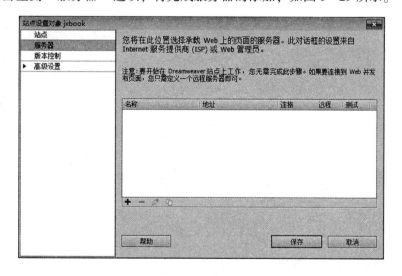

图 1 – 29　"服务器"选项

① 单击 ✚ 按钮，打开对话框，在"基本"选项卡内设置服务器的基本内容。在"服务器名称"框中输入"jxbook"（服务器名称可以与站点同名，也可以不同名）；在"连接方法"框中选择"本地/网络"；在"服务器文件夹"框中选择"D:\myweb"；在"Web URL"文本框中输入"http://localhost"或"http://localhost:8080"（8080 端口是否填加

取决于前面 WampServer 中端口的配置），如图 1 – 30 所示。

② 单击"高级"选项卡，在"测试服务器"处选取服务器模型为"PHP MySQL"，其他选择默认设置，如图 1 – 31 所示。

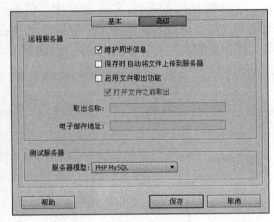

图 1 – 30　"基本"选项卡　　　　　　　　　图 1 – 31　"高级"选项卡

③ 单击"保存"按钮，在打开的对话框中勾选"测试"选项，如图 1 – 32 所示。

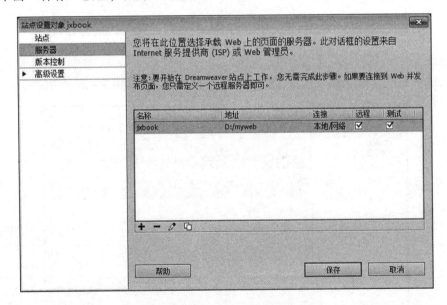

图 1 – 32　勾选测试项

④ 单击"保存"按钮，完成本地站点 jxbook 的创建。

步骤 3：测试本地站点。

站点创建完成后，需测试创建是否成功。

（1）在站点文件夹下新建"test. php"文件。在 Dreamweaver CS6 窗口中单击"文件"/"新建"命令，在弹出的"新建文档"对话框中，选择"空白页"，页面类型选择"PHP"，右侧的文档类型选择"HTML5"，如图 1 – 33 所示。

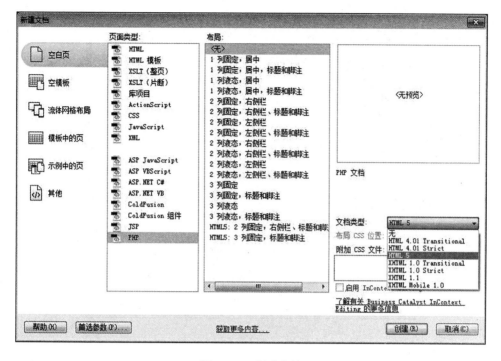

图1-33 新建文档

（2）单击"创建"按钮，进入"代码"视图，在 < body > 与 < /body > 间输入代码：

```php
<?php
    echo "欢迎使用 PHP!";
?>
```

最后的效果如图1-34所示。

（3）单击"文件"/"保存"或"另存为"命令，在弹出的"另存为"对话框的"保存在"框中选择"D：/myweb"，在"文件名"框中输入"test. php"，在"保存类型"框中选择"PHP Files"，如图1-35所示。

（4）单击"保存"按钮，将文件保存在站点文件夹内。

```
1  <!doctype html>
2  <html>
3  <head>
4  <meta charset="utf-8">
5  <title>无标题文档</title>
6  </head>
7
8  <body>
9  <?php
10    echo "欢迎使用PHP! ";
11  ?>
12  </body>
13  </html>
```

图1-34 代码片段

（5）预览结果，测试站点创建是否成功。

网页创建完成后，可以在浏览器中预览效果，预览的方法如下：

方法一：单击 Dreamweaver 窗口中文档工具栏中的 按钮，在弹出的菜单中选择"预览在360se"（浏览器依据自身需求进行选择）命令，如图1-36所示。

方法二：单击"文件"/"在浏览器中预览"/"360se"命令。

方法三：使用快捷键 F12。

方法四：打开浏览器，在地址栏中输入"http：//localhost/test. php"或"http：//localhost：8080/test. php"（8080 端口是否填加取决于前面 WampServer 中端口的配置），浏览网页内容。

图 1 – 35　"另存为"对话框

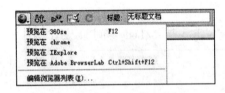

图 1 – 36　在浏览器中预览/调试

（6）若采用上述四种方法中的任一种预览结果时，不能正确显示，原因在于 Apache 服务器的配置文件中没有允许 localhost 访问。其解决步骤如下：

① 单击 WampServer 小图标，选择"Apache"/"httpd. conf"命令，在记事本中打开"httpd. conf"文件。

② 单击"编辑"/"查找"命令，在"查找"对话框的"查找内容"文本框中输入"127.0.0.1"，单击"查找下一个"按钮。

③ 将查找到的"Allow 127.0.0.1"语句上方的"Deny from all"语句改为"Allow from all"，表明允许各类地址访问，如图 1 – 37 和图 1 – 38 所示。

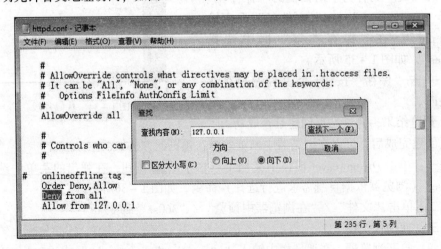

图 1 – 37　"Deny from all"语句

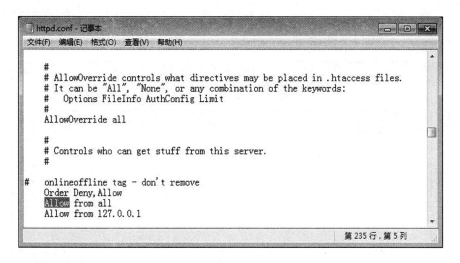

图 1 - 38　"Allow from all"语句

（7）再次采用上述四种方法中的任一种完成预览，若预览结果如图 1 - 39 所示，则表明本地站点创建成功。

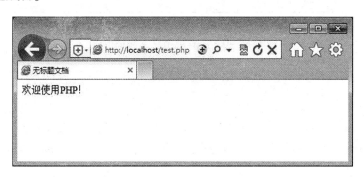

图 1 - 39　"tesp. php"的预览效果

任务 2　编辑与管理本地站点

【任务需求】

将 jxbook 站点复制，复制后的站点取名为 myjxbook，myjxbook 站点对应的本地站点文件夹为"C：/wamp/www"。编辑完成后删除 myjxbook 站点。

【任务分析】

站点创建完成后若不符合要求，则需进行相应的编辑（站点重命名、站点对应的文件夹的变化等），若站点不再使用，可以将其删除。

【任务实现】

编辑管理本地站点的步骤如下。

步骤 1：复制站点。

（1）在 Dreamweaver CS6 窗口中，单击"站点"/"管理站点"命令，打开"管理站点"对话框，如图 1 - 40 所示。

（2）选择要复制的 jxbook 站点，单击对话框下方的 按钮，完成站点复制，出现"jxbook 复制"项，如图 1 – 41 所示。

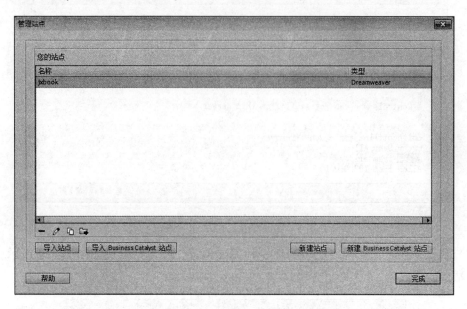

图 1 – 40　"管理站点"对话框

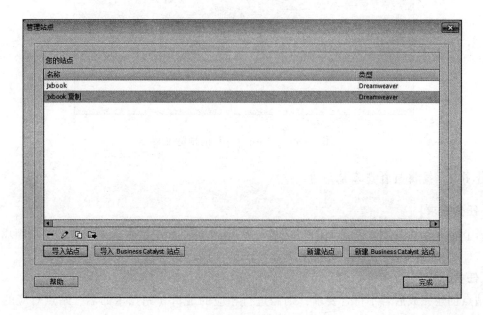

图 1 – 41　复制站点

（3）选择"jxbook 复制"项，单击对话框下方的 按钮，打开"站点设置对象"对话框，在"站点名称"框中输入"myjxbook"，在"本地站点文件夹"框中选取"C:\wamp\www"，如图 1 – 42 所示。

（4）单击"保存"按钮，完成站点的复制。

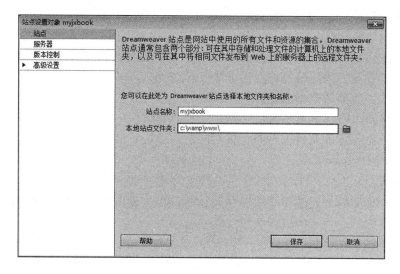

图 1-42 更改站点名称和对应文件夹

步骤 2：删除站点。

（1）选择要删除的 myjxbook 站点，单击对话框下方的  按钮。

（2）在弹出的删除确认对话框中，单击"是"按钮，完成站点的删除，如图 1-43 所示。

图 1-43 删除确认对话框

1.2.3 相 关 知 识

1. 站点、本地站点及远程站点

站点是一个虚拟的服务器，可以看作一系列文档的组合，这些文档之间通过各种链接关联起来。站点实际上对应的是一个文件夹，设计网页就保存在这个站点（文件夹）中，存储在本地机器中的站点（文件夹）称为本地站点，发布到 Web 服务器上的站点（文件夹）则称为远程站点。

2. 静态网站与动态网站

网站依据其与用户是否有交互，可以分为静态网站和动态网站。静态网站和动态网站各有特点，网站采用动态网站还是静态网站主要取决于网站的功能需求和网站内容的多少，如果网站功能比较简单，内容更新量不是很大，采用纯静态网站的方式会更简单，其他情况下一般要采用动态网站。

1）静态网站

（1）认识静态网站。

静态网站纯粹采用超文本标记语言（Hypertext Markup Language，HTML）编写，采用".html"或".htm"作为网页文件的扩展名。网页的内容都是事先预备好的，就像报纸一样，用户只能在网络上浏览信息，而不能将用户的信息传到网络上。静态网页设计好并上传到服务器之后，就不能对其进行修改了，除非把网站文件下载到自己的电脑上，再用专业的网站制作软件编辑好上传，所以静态网站不能进行信息的交互。

（2）静态网站的优点。

① 打开的速度相对比较快，因为没有其他程序和数据的读取过程。

② 内容相对稳定，因此容易被搜索引擎检索。

③ 比较安全，重要数据不会丢失。

（3）静态网站的缺点。

① 因为没有数据库的支持，不能直接对网站内容进行修改，在网站制作和维护方面工作量较大，维护操作比较烦琐。

② 交互性差。

③ 如果网站内容较多，采用静态网站制作时，每个页面都要单独制作，这无形地增加了空间的占用率。

（4）静态网页与 HTML。

静态网站由一个个静态网页组成，静态网页由单纯的 HTML 进行编辑，并以 HTML 方式（文件护展名为 ".html"）存储。

网络中的静态网页都是一个个的 HTML 文件，这些网页中可以包含文本、图像、动画、声音以及能够跳转到其他文件的超链接等。所有这些内容都要通过 HTML 语言进行编辑。

一个 HTML 文件包含了一些特殊的命令来告诉用户的浏览器应该如何显示文本、图像以及网页的背景。这些命令加入到文本文件中，被称为 HTML 标记。如果在浏览器显示网页时查看网页的源文件，可以看见在尖括号中的 HTML 标记。

静态网页中的内容在显示时是不会改变的，设计时是什么样，显示时就是什么样。

2）动态网站

（1）认识动态网站。

动态网站和静态网站相反，动态网站制作好后，都有一个网站管理后台，以管理员的身份登录之后，就可以对整个网站的内容进行添加、修改、删除等操作。所谓动态，是指网页上显示的内容是可以改变、可以交互的。可以改变是指随着条件的不同，同一网页可以出现不同内容；可以交互是指网站与用户间的信息可以互通，用户的信息可以传送到网络上，供网站收集、分析，网站也可以根据用户的需要来发布相应的信息。

动态网站并非因其页面有动画才称为动态网站。能随时实现更新，后台进行修改后，前台马上显示修改后的内容，这样便捷的交互性操作才是动态的含义。

动态网站的开发技术主要有 ASP、JSP、PHP、ASP. net 等，这些程序都要使用数据库才能完成动态的操作，常用的数据库有 Access、MySQL、SQL Server、Oracle 等。Access 是小型的数据库，属于 Office 办公的常用数据库软件，目前一般的服务器空间都支持，而其他几种数据库都是企业型的数据库，用于存储数据量大、要求安全性高的项目。通常 PHP 结合 MySQL 数据库使用，ASP 结合 Access 或 SQL Server 数据库使用。

动态网站能实现许多静态网站实现不了的功能，如动态网站可以有会员注册功能，能时常发布新闻和消息，用户能在线发表留言，能轻松展示产品信息等。动态网站引起了人们的极大兴趣，因为动态网站能实现人和网络的沟通、信息的交互，能存储和展示用户的信息和资料。可以这样理解，动态网站就是带数据库的、可以日常更新的网站。

（2）动态网站的优点。

① 以数据库技术为基础，大大降低网站维护的工作量。

② 查询信息方便，能存储大量数据，需要时能立即查询。

（3）动态网站的缺点。

① 动态网站需要使用数据库，所以它对数据库的安全性和保密性要求较高，需要专业技术人员提供维护才能保证网站的安全。

② 不利于搜索引擎收录。动态网站中的"？"在搜索引擎检索方面存在一定的问题，搜索引擎一般不可能从一个网站的数据库中访问全部网站，或者出于技术方面的考虑，搜索蜘蛛不去抓取网址中"？"后面的内容，因此采用动态技术的网站在进行搜索引擎推广时需要作一定的技术处理才能适应搜索引擎的要求。

③ 制作成本要高于静态网站。

（4）动态网页。

动态网页是在 HTML 的基础上嵌入特殊的程序化编码来编写的，可以使用专门的脚本（Script）语言，如 VBScript（ASP 动态网页默认的编程语言，可以看作 Visual Basic 语言的简化版）、JavaScript（JavaScript 最早起源于 Netscape 的 LiveScript）等。同时，动态网页在存储时也需要使用不同的文件扩展名，如".php"".asp"".jsp"等。在浏览时，除了需要有浏览器的支持外，还需要有相应的系统环境，如 ASP、JSP 或 PHP，需对其中的编码进行编译、解释，然后才能在浏览器中显示出正确的内容。

3. Dreamweaver CS6 的工作界面

启动 Dreamweaver CS6 后，可进入其设计主界面，该界面主要由标题栏、菜单栏、文档编辑窗口、欢迎屏幕、"属性"面板和浮动面板组组成，如图 1-44 所示。

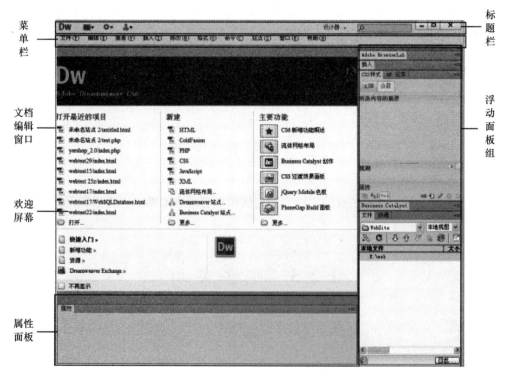

图 1-44 Dreamweaver CS6 的工作界面

1）标题栏

在标题栏中通过不同的按钮可对窗口进行设置和管理，其中，单击▦▾按钮，在弹出的下拉菜单中可选择窗口布局的类型；单击✿▾按钮可进行一些Dreamweaver扩展管理；单击▣▾按钮可进行站点的新建和管理；在"设计器"下拉列表框中可选择窗口显示模式，默认为"设计器"；最右侧的窗口控制按钮可对窗口进行最小化、最大化/恢复和关闭操作。

2）菜单栏

菜单栏中集合了几乎所有Dreamweaver操作的命令，通过各项命令，可以完成窗口设置及网页制作的各种操作。

3）文档编辑窗口

文档编辑窗口Dreamweaver的主要部分，当打开网页文档进行编辑时，在文档编辑窗口中显示编辑的文档内容。

4）欢迎屏幕

启动Dreamweaver时会在文档编辑窗口前方显示欢迎屏幕，通过该屏幕用户可快速打开最近打开过的文件，也可快速创建各种类型的文档。

5）"属性"面板

"属性"面板是页面编辑中最常用的一个面板，用于检查和编辑当前选定页面元素（如文本和插入的对象）的最常用的属性（如文字的大小、图像的高度、表格的大小等）。属性检查器自动与选定的元素关联，当选择不同的元素时，会自动显示该元素对应的属性，其面板中的参数也不同。

6）浮动面板组

Dreamweaver将各面板集成到面板组中，同一组面板组中选定的面板显示为一个选项卡，各面板组可以折叠和展开，不同面板组中的各面板还可重新组合归纳。

> **提示：** 可通过"窗口"菜单，复选各面板的显示/隐藏，也可用鼠标右键单击面板组的标题栏，关闭、最大化、重组各面板。

1.2.4 项目小结

本项目主要介绍了本地站点的创建、如何编辑与管理本地站点，为后续网站中页面的制作做好了准备工作。

1.2.5 同步实训

启动Dreamweaver CS6，完成myschool站点的创建，站点与"D：/myschoolweb"关联。

项目二
规 划 网 站

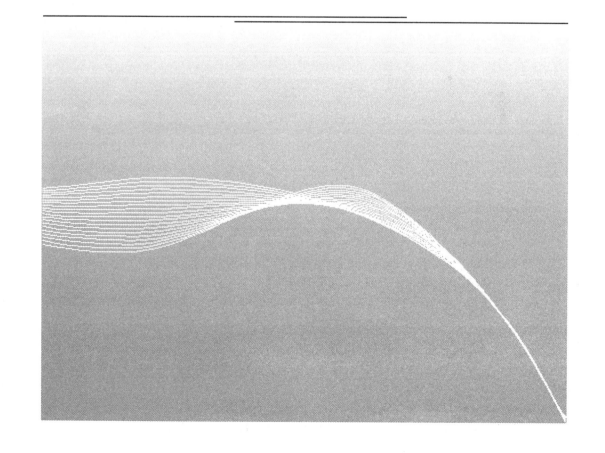

【学习导航】

任务：规划"健雄书屋"网站，书写网站建设方案。

【技能目标】

（1）清楚网站建设的基本流程；

（2）会规划网站，会书写网站建设方案。

2.1 情境描述

任课教师作为客户，班级里的成员（学生）作为企业（×××网络技术有限公司）员工，并成立项目小组。

客户需求是制作"健雄书屋"网站，用来销售各类图书，项目经理或项目小组成员根据客户的需求填写客户需求说明书，并由客户签字确认。

需求经客户签字认可后，由公司项目小组对项目进行总体设计，书写网站建设方案，当方案通过客户的认可后，与客户签订《网站建设合同》。

2.2 项目实施

任务 规划"健雄书屋"网站，书写网站建设方案

【任务需求】

开发"健雄书屋"网站，能够根据客户的需求，填写客户需求说明书，书写网站建设方案，待用户认可后确定网站的目录结构。

【任务分析】

在充分了解客户的需求后，与客户签订客户需求说明书，书写网站建设方案。

【任务实现】

步骤1：需求分析。

客户提出需求，经双方不断地接洽和了解，达成协议后填写客户需求说明书，见表2-1。

表2-1 ×××网络技术有限公司《客户需求说明书》

企业（单位）名称				所属行业	
企业（单位）地址				邮政编码	
联系人		电话		传真	
电子信箱		其他联系方式			
企业（单位）简介					
主要产品与服务					

续表

网站名称	拟建网站的名称	建站类型	
注册域名	拟注册的域名，如：www. abc. com		
主要栏目	希望网站开设的主要栏目		
其他需求 （希望借鉴的网站）	将希望借鉴的网站 URL 写在此处，建站过程中给予适当借鉴		
客户确认签字（盖章）		年　　月　　日	

备注：×××网络技术有限公司将根据贵方的需求制作网站建设方案，方案经贵方签字确认后，双方签订《网站建设合同》，贵方缴纳 40% 预付款后。×××网络技术有限公司组织人员进行制作，初步建成后还将请贵方验收，直至贵方完全满意为止。

步骤 2：书写网站建设方案。

在与客户签订完需求说明书后，并不是直接开始制作，而是需要对项目进行总体设计，制作一份网站建设方案给客户，见表 2－2。

表 2－2　"健雄书屋"网站建设方案

项目背景

　　"健雄书屋"介绍……

　　系统名称："健雄书屋"网站

　　开发负责人：×××（自己的姓名）

网站建设的目标

　　写出建设"健雄书屋"网站的目标。

网站建设的架构

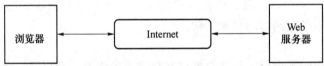

　　这是目前得到广泛应用的一种标准结构。在这种结构中，用户使用标准的浏览器（如 360 浏览器）通过 Internet 和 http 协议访问服务方提供的 Web 服务器，Web 服务器分析用户浏览器提出的请求，如果是页面请求，则直接用 http 协议向用户返回要浏览的页面。

　　本系统采用 Apache 作为 Web 服务器。

相关网站借鉴：

　　在设计的过程中都借鉴了哪些网站，在这里列出。

网站栏目设计（网站页面结构）

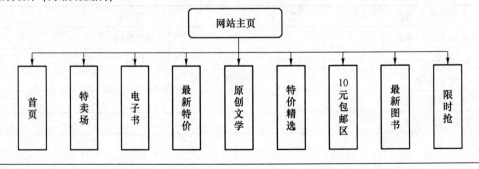

续表

网站风格
对网站中主要使用的色彩作说明，如：网站用白色配绿色系、蓝色系，设计以白色为主，因为蓝色给人清凉、自由的感觉，容易使人联想到天空、海洋；而绿色给人新鲜、清爽的感觉，容易使人联想到大自然、春天；二者和白色搭配，就会使人感觉清新、爽快，从而给人一种健康的感觉。
网站建设进度
写出建设网站的进度安排。

　　步骤3：确定网站的目录结构。

　　将网站建设方案提交给客户，在客户认可后，网站制作人员将为网站制作做准备工作。准备工作之一是确定网站的目录结构。拟定目录结构的常规做法是在本地磁盘上创建一个包含站点所有文件的目录，然后按栏目内容建立子目录，在每个子目录下都建立独立的 images 目录，用来存放与该栏目相关的图片。目录创建好后，再在该目录中创建和编辑文档。由于网站建设要生成的文件很多，所以要使用合理的文件名称。这样操作的目的，一是在网站的规模变得很大时，可以方便地进行修改和更新；二是使浏览者在看了网页的文件名之后，就能知道网页所表述的内容。

　　如在 D 盘上建立如下目录结构：

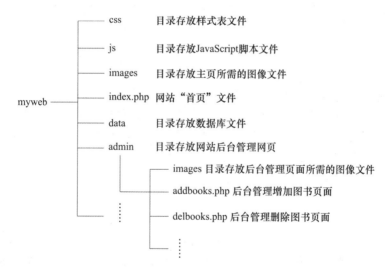

　　设计合理的文件名时要注意以下几点：

　　第一，尽量使用短文件名，做到简洁、直观并易于理解。

　　第二，避免使用中文文件名，其原因在于，一方面，很多 Internet 服务器使用的是英文操作系统，不能对中文文件名提供很好的支持；另一方面，浏览网站的用户也可能使用英文操作系统，中文文件名同样可能导致浏览错误或访问失败。

　　第三，建议文件名全部使用小写字母。

　　步骤4：创建和收集资料。

　　确定了网站的目录结构后，就可以创建和收集需要的资源了。资源可以是图像、文本或媒体。在开始开发站点前，要确保收集了所有这些项目并做好了准备。

步骤5：选择网页制作工具。

在网页制作过程中，首先要使用 Photoshop 或 Fireworks 制作网站中各页面的效果图，然后使用 Dreamweaver CS6 配合 CSS3 进行网页的排版布局，如果还需要添加动画，则需要使用 Flash、HTML5 等工具完成动画的创建。

2.3 相 关 知 识

1. 网站建设流程

任何网站的建设都有一个基本的流程。接到客户的业务咨询后，经过双方不断地接洽和了解，并通过基本的可行性论证后，初步达成制作协议，然后根据客户的需求书写客户需求说明书，并由客户签字认可。在具体明确客户的实际需求后并不是直接开始制作，而是需要对项目进行总体设计，写出一份网站建设方案给客户，当方案通过客户的认可后，与客户签订《网站建设合同》，同时客户支付一定的预付款。

在签订合同后进入网站的详细设计阶段，设计网站的整体形象和主页。整体形象设计包括设计标准字、logo、标准色彩等。主页设计包括版面、色彩、图像、动态效果、图标等风格设计，也包括 banner、菜单、标题，版权等模块设计。主页一般设计 1~3 种不同风格，完成后，供客户选择。在客户确定首页风格之后，请客户验收并签字认可，以后不得再对版面风格有大的变动，否则视为第二次设计。

在取得客户的认可后，就进入网站的全力开发阶段，开始其他页面和后台的建设，在开发设计时需要随时测试网页与程序，发现漏洞立刻记录并反馈修改，不要等到制作完毕再测试。本地测试成功，网站初步完成后，将网站上传到服务器，对网站进行全范围的测试，包括速度、兼容性、交互性、链接正确性、程序健壮性、超流量测试等，发现问题及时解决并记录下来。测试没有问题后，将有关网址、使用操作说明文档等提交客户验收。客户验收后，开域名和空间并将所有网站文件上传到服务器空间。如果需要维护，应另行签定维护项目。

2. 网站建设需求分析

网站建设的第一步是要求客户提供一个完整的需求说明，但很多客户对自己的需求并不是很清楚，需要不断引导和仔细分析，挖掘出客户潜在的、真正的需求。配合客户写一份详细的、完整的需求说明会花很多时间，但这样做是值得的，而且一定要让客户满意，签字认可。把好这一关，可以杜绝很多需求不明或理解偏差所造成的失误。在糟糕的需求说明的基础上不可能产生高质量的网站。

那么需求说明书要达到怎样的标准呢？简单说，其应包含下面几点：

（1）正确性：每个功能必须清楚描述交付的功能；

（2）可行性：确保在当前的开发能力和系统环境下可以实现每个需求；

（3）必要性：功能是否必须交付，是否可以推迟实现，是否可以在削减开支的情况下被"砍"掉；

（4）简明性：不要使用专业的网络术语；

（5）检测性：开发完毕，客户可以根据需求进行检测。

3. 网站总体设计

在拿到客户的需求说明书后，并不是直接开始制作，而是需要对项目进行总体设计，制订一份网站建设方案给客户。

网站总体设计是非常关键的一步，它主要确定：

（1）要实现哪些功能；

（2）开发使用什么软件，使用什么样的硬件环境；

（3）需要多少人、多少时间；

（4）需要遵循的规则和标准有哪些。

4. 书写网站建设方案

在明确需求，进行了总体设计后，一般需要提交给客户一个网站建设方案。网站建设方案的包括以下几个部分：

（1）项目背景；

（2）网站需要实现的目标；

（3）网站风格说明；

（4）网站的栏目版块和结构；

（5）网站内容的安排、相互链接关系；

（6）所使用软件、硬件和技术分析说明；

（7）开发时间进度表；

（8）宣传推广、维护方案；

（9）制作费用；

（10）本公司简介：成功作品、技术、人才说明等。

当方案通过客户的认可后，就可以开始动手制作网站了，但这时还没有进入真正意义上的制作阶段，还需要进行网站的详细设计。

5. 网站详细设计

总体设计阶段以比较抽象概括的方式提出了解决问题的办法。详细设计阶段的任务就是把解法具体化。详细设计主要是针对程序开发部分来说的。在这个阶段不是真正编写程序，而是设计出程序的详细规格说明。这种规格说明的作用类似于其他工程领域中工程师经常使用的工程蓝图，它应该包含必要的细节，例如程序界面、表单、需要的数据等。程序员可以根据它写出实际的程序代码。

6. 网站建设所遵循的规范

1）网站建设尺寸规范

（1）水平方向不要出现滚动条。页面标准在 1 024 × 768 像素分辨率下，网页宽度保持为 980～1 003 像素，一般按 1 003 像素制作，这样就不会出现水平滚动条，高度则视版面和内容决定。

（2）页面高度原则上不超过 3 屏，宽度不超过 1 屏。

2）网站目录结构规范

从一开始就认真组织站点可以减少失误并节省时间。如果没有考虑文档在文件夹层次结构中的位置就开始创建文档，最终可能会导致产生一个充满了文件的文件夹，或导致相关的文件散布在许多名称类似的文件夹中。

网站的目录是指建立网站时创建的目录。目录结构的好坏，对站点本身的上传维护以及以后的更新和维护有着重要的影响。

下面是建立目录结构时的一些注意事项：

（1）不要将所有文件都存放在根目录下。

网站所使用的所有文件及文件夹都要存放在站点文件夹中，但不要将所有的文件都放在根目录下，一般根目录下只放主页文件及主页中需要的信息，其他的文件要分类建立文件夹来存放。将所有的文件都存放于根目录下所造成的不利影响如下：

① 文件管理混乱。人们常常搞不清哪些文件需要编辑和更新、哪些无用的文件可以删除、哪些是相关联的文件，这影响工作效率。

② 上传速度慢。服务器一般都会为根目录建立一个文件索引。当将所有文件都放在根目录下时，即使只上传更新一个文件，服务器也需要将所有文件再检索一遍，建立新的索引文件。很明显，文件量越大，等待的时间也将越长。所以，应尽可能减少根目录下的文件存放数。

（2）建立子目录对文件进行分类存放。

站点的各类目录名通常不使用中文命名，一般采用小写字母、下划线及数字，尽量不用空格和#、￥、%、*、—、~等符号。目录的命名应该简洁、直观并易于理解，一般可用英文、拼音或数字等方便理解的组合来命名。

文件可以按栏目或文件类型来分类。按文件类型分类是指按文件类型建立目录，将同一类型的文件放一起，将不同类型的文件放在不同的目录中。如建立 image（或 images）目录用于存放网页中用到的图像文件，建立 css 目录用于存放网页中用到的 CSS 样式表文件。按栏目进行分类，是指按网站的栏目建立目录，将同一栏目的文件放在一起。如企业网站中有"产品介绍""公司简介""在线订购"等栏目，则可以建立相应的目录用来存放相关文件。对于其他如"友情链接"等需要经常更新的次要栏目，可以建立独立的子目录。对于一些相关性强、不需要经常更新的栏目，如"关于本站""关于站长""联系我们"等，可以将之合并放在同一目录下。所有程序一般都存放在特定目录下，以便于维护管理。

（3）在每个子目录下都建立独立的 images 目录。

images 一般是用于存放图像的目录。通常一个站点的根目录下都有一个 images 目录，根目录下的 images 目录只用来存放主页和次要栏目（用到的图像较少）所用的图像文件。如果把站点中所有的图片都放在根目录下的 images 目录中，会给以后的管理和维护带来麻烦。应为每个主栏目建立独立的 images 目录来存放该栏目中所用到的图像，按类存放，以方便对本栏目中的文件进行查找、修改、压缩打包等。

（4）目录的层次不要太深。

为便于维护和管理，目录的层次建议不要超过 3 层。

（5）其他需要注意的还有：

① 不要使用中文目录。因为网络无国界，使用中文目录可能对网址的正确显示造成困难，且有些浏览器不支持中文。

② 不要使用过长的目录，目录长度一般不超过 20 个字符。尽管服务器支持长文件名，但是太长的目录名不便于记忆。

③ 尽量使用意义明确的目录，一般使用英文单词，如 images（存放图像文件）、flash

（存放 Flash 文件）、css（存放 CSS 文件）、js（存放 JavaScript 脚本）、conn（存放一些包含文件）等。

　　3）主页文件命名规范

　　文件的命名规范同目录的命名规范。其原则一是使得制作人员和工作组的每一个成员能够方便地理解每一个文件的含义，二是当在目录中使用"按名称排例"命令时，同一种大类的文件能够排列在一起，以便进行查找、修改、替换、计算负载量等操作。

　　主页文件的命名一般用"index. php"（"index. html""index. asp""index. jsp"等）或"default. htm（html、asp、jsp、php）"，放在站点的根目录下。

　　用 index 作为主文件名。index 表示"索引"（指首页放满了去网站其他地方的链接），一般网站发布时服务器默认识别 index，所以采用 index 作为主文件名。

2.4　项目小结

　　本模块主要介绍了网站建设的基本流程。站点的规划是重点，站点的规划是设计网站的前期工作，站点的规划是否合理、是否简单明了，不仅影响到设计者的编辑和维护的效率，也直接影响到浏览者的情绪和获取信息的效率，因此，站点的规划是一个很重要的工作，必须做到精心规划。

2.5　同步实训

　　1. 问答题

　　（1）网站建设方案一般包含哪些内容？

　　（2）网站目录结构规范有哪些？

　　2. 实训题

　　（1）搜索世界 500 强企业的网站，例如微软中国网站，针对色彩与布局对其进行简单的分析。

　　（2）为你自己所在的学院网站进行站点规划，画出规划结构图，建立站点相应的目录结构，将收集到的有关材料放入项目一中创建的站点文件夹"D：/myschoolweb"对应的目录下。

项目三
网站界面设计

【学习导航】

工作任务列表：

任务1："健雄书屋"网站首页界面设计及切片处理；

任务2："健雄书屋"网站分支页界面设计。

【技能目标】

(1) 清楚首页界面设计所包含的内容；

(2) 清楚首页设计流程；

(3) 完成网站首页及分支页的界面设计；

(4) 会使用 Photoshop 切片工具。

3.1　情　境　描　述

界面设计是网站建设的一个重要环节。一般而言，网站的 UI 设计是指网站整体的视觉美工设计，其中网站的首页设计尤为重要，因为其他页面的风格基本上与首页的风格一致。

网站首页是网站中信息量较大的一个页面，因为从首页可以了解如网站主题、结构、风格、栏目的设置，颜色搭配，版面布局，图像文字运用等内容，只有在设计网站之前将这些方面都考虑到了，才能驾轻就熟地设计开发出结构完整、符合要求的网站，从而才有可能设计出有个性、有特色、有吸引力的网页。

网站分支页应尽量与首页风格一致，这样更具有整体性及一致性。

3.2　项　目　实　施

任务1　"健雄书屋"网站首页界面设计及切片处理

【任务需求】

完成"健雄书屋"网站首页原型设计，利用 Photoshop 或 Fireworks 等软件完成首页实际效果的制作，并利用切片工具切出后续制作中所需的图像。

首页切片

【任务分析】

在设计任何一个网站之前，都应该先有一个构思的过程，对网站的完整功能和内容作一个全面的分析并制作出线框图，这个过程称为"原型设计"或称为"草图设计"。在为客户设计网页时，使用原型线框图与客户交流沟通是最合适的方式，其既可以清晰地表明设计思路，又不用花费大量的绘制时间。在设计的开始阶段，交流沟通的中心往往并不是设计的细节，而是功能、结构等策略性问题，所以使用原型线框图是非常合适的。原型线框图确定后，依据原型设计利用 Photoshop 或 Fireworks 等软件完成实际效果的制作。

在设计之前，需参考、分析与借鉴优秀网站页面，吸取精华，从而达到满意的设计效果。

【任务实现】

"健雄书屋"网站首页界面设计的步骤如下。

步骤1：借鉴优秀设计，搜索优秀网页界面，并分类整理。对优秀网页界面采用抓图法（拷屏）进行保存，并利用文件夹进行分类整理，如对优秀的 logo、banner 广告条、导航条、小图标、动画等进行分类整理，以方便借鉴。

经典网站推荐：

http：//www. 1feel. com/

http：//www. 68design. net

http：//www. citk. net/

http：//www. boyimei. cn/

步骤2：根据借鉴的页面，再加上自己的思路，进行主页版面布局。

通常版面布局按照如下步骤进行：

（1）草案。

新建页面就像一张白纸，没有任何表格、框架和约定俗成的东西，可以尽可能地发挥想象力，用一张白纸和一支铅笔将自己想到的景象画上去，当然，用制图软件 Photoshop、Fireworks 等也可以。这属于创作阶段，不讲究细腻工整，不必考虑细节功能，只以简陋的线条画出创意的轮廓即可。尽可能多画几张，最后选定满意的作为继续创作的样板。

（2）原型设计。

在草案的基础上，将确定需要放置的功能模块安排到页面上。布局时必须遵循突出重点、平衡协调的原则。将网站标志、主要栏目等最重要的模块放在最显眼、最突出的位置，然后再考虑次要模块的排放。

根据"健雄书屋"网站的主要栏目确定网站首页的原型设计，可以采用常用的版面布局形式，也可以采用自己独特的创意。"健雄书屋"网站首页的原型线框图如图3-1所示。

（3）定案。

定案是将粗略布局精细化、具体化。经过不断的尝试和推敲，才能制作出有自己特色的、吸引客户的网页版面。

步骤3：首页实际效果设计。根据原型线框图，利用 Photoshop 软件设计的实际效果如图3-2所示。页面制作中的几个注意点如下：

（1）首页形式（页面大小、分辨率大小及背景设置）的确定。因为浏览者浏览网页的显示器大小是受限的，所以网页的大小要匹配显示器的大小，否则浏览者在浏览网页时就看不到完整的效果。

① 页面大小要依据分辨率设定，当分辨率设置为 1 024 × 768，即浏览器的屏幕最大宽度为 1 024 像素时，因浏览器的边框和垂直方向的滚动条占去 22 像素，所以网页的安全宽度为 1 002 像素，网页宽度保持在 1 002 像素以内，一般为 960 ~ 1 002 像素，如果满框显示的话，高度为 612 ~ 615 像素。这样就不会出现水平滚动条和垂直滚动条。页面长度原则上不超过 3 屏，宽度不超过 1 屏。若数值为 1 280 则取 1 259，若数值为 1 366 则取 1 345，这样在浏览器的有效可视区域内。如果遇到别的分辨率，可以作自适应的调整。现在越来越多的网页设计的宽度都不是固定不变的，这是一个流行的趋势。

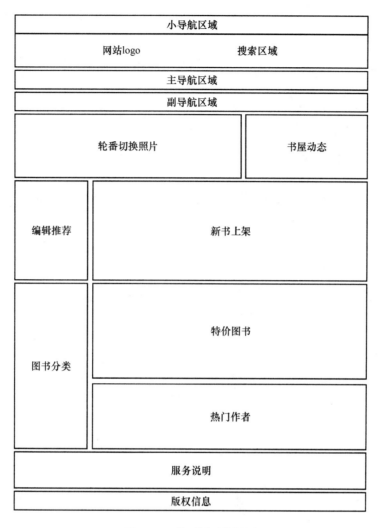

图 3 - 1　首页原型线框图

②分辨率大小既要考虑清晰度，又要考虑访问速度，最佳分辨率设定为 72 像素/英寸①。

③将背景设置为透明。

（2）特殊字体的使用。在设计中若使用一些特殊字体，则需要从网上搜索设计所需的特殊字体，将之下载并存放于"C：\Windows\Font"文件夹中即可。

（3）文件保存及效果的预览。

效果图制作完毕，在 Photoshop 中单击"文件"/"存储为 Web 和设备所用格式"命令，单击"存储"按钮，在弹出的"将优化结果存储为"对话框中进行各项的设置，存储位置为站点文件夹（D：\myweb），文件名取为"index. html"，在"保存类型"下拉列表框中选"HTML 和图像（＊. html）"，选好后，单击"保存"按钮即可保存为网页文件。

---

①　1 英尺 = 0. 025 4 米。

图 3-2　首页实际效果

　　启动 Dreamweaver CS6，打开刚才存储的"index. html"文件，使用 F12 键进行效果预览。若不满意则在 Photoshop 中再次进行修改，直到满意为止。

　　步骤 4：切片及切片输出保存。

　　效果图令人满意后，需要将后续网页制作中需要的图片利用 Photoshop 中的切片工具切割出来。Photoshop 中的切片工具分为"切片工具"（用来对图片进行切片）和"切片选择工具"（用来选取切片好的图片）。切片工具如图 3-3 所示。

　　（1）导航栏背景图片的切割。导航栏（主、副导航区域）背景图片在 CSS3 中依靠水平方向重复完成，所以这里只要切取一小部分即可。对于颜色单一的图片，在制作时采用填加背景色完成（如小导航区域）。

　　将图片放大后，使用切片工具，分别在主、副导航区域进行切片，切出两片，如图3-4所示。

图3-3　切片工具　　　　　　　　　图3-4　主、副导航栏切片

（2）logo图片的切割。切出两片，如图3-5所示。

（3）各类小按钮的切割。切出两片，如图3-6所示。

图3-5　logo切片　　　　　　　　　图3-6　小按钮切片

　　（4）各类图片的切割。"新书上架"和"特价图书"栏目中可以只切出一个，静态制作时采用相同的即可，待动态制作时，这些信息全部来自数据库。将"图片轮番滚动""编辑推荐""热门作者"和"版权信息"处的图像进行切割。

　　（5）切片输出。切片完成后，执行"文件"／"存储为Web和设备所用格式"命令，单击"存储"按钮，此时将优化的文件以GIF格式进行存储，在"将优化结果存储为"对话框中，选取"D:\myweb"，将优化后的结果存储在该文件夹中，这样就获取了后续网页制作中需要的图片，如图3-7所示。

图3-7　切片存储

各选项的设置为：

文件名：index. gif;

保存类型：仅限图像（ * . gif）；

设置：默认设置；

切片：所有用户切片。

（6）按下"保存"按钮后，即可在"D:\myweb"文件夹中产生一个保存切片图片文件的文件夹"images"。打开"images"文件夹，不难发现各切片图片文件名有数字序号01、02……等作为标记，可以依据后续需要对文件进行重命名。

任务2 "健雄书屋"网站分支页界面设计

【任务需求】

完成与首页风格一致的分支页的设计。

【任务分析】

分支页的头部和尾部一般与主页保持一致，这样更能凸显一致性。

【任务实现】

（1）利用 Photoshop 软件完成分支页与主页一致性的界面设计。

① 更多新书展示页面如图 3 - 8 所示。

图 3 - 8 更多新书展示页面

② 书屋公告页面如图 3 - 9 所示。

③ 会员注册、登录页面如图 3 - 10 所示。

④ 图书详细介绍页面如图 3 - 11 所示。

⑤ 加入购物车页面如图 3 - 12 所示。

⑥ 订单确认页面如图 3 - 13 所示。

⑦ "联系我们"页面如图 3 - 14 所示。

⑧ 搜索结果页面如图 3 – 15 所示。

⑨ "后台管理系统"页面如图 3 – 16 所示。

（2）利用 Photoshop 切片工具，完成所需图片的切割，以供后续制作使用。

图 3 – 9　书屋公告页面

图 3 – 10　会员注册、登录页面

图 3 – 11   图书详细介绍页面

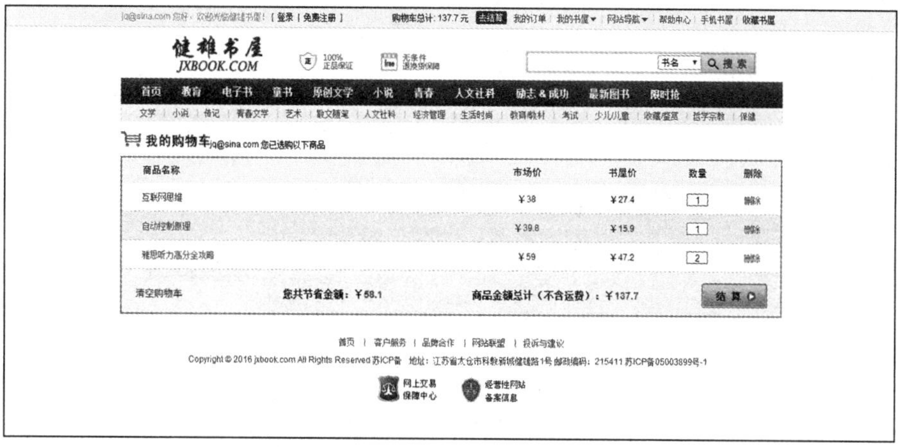

图3－12　加入购物车页面

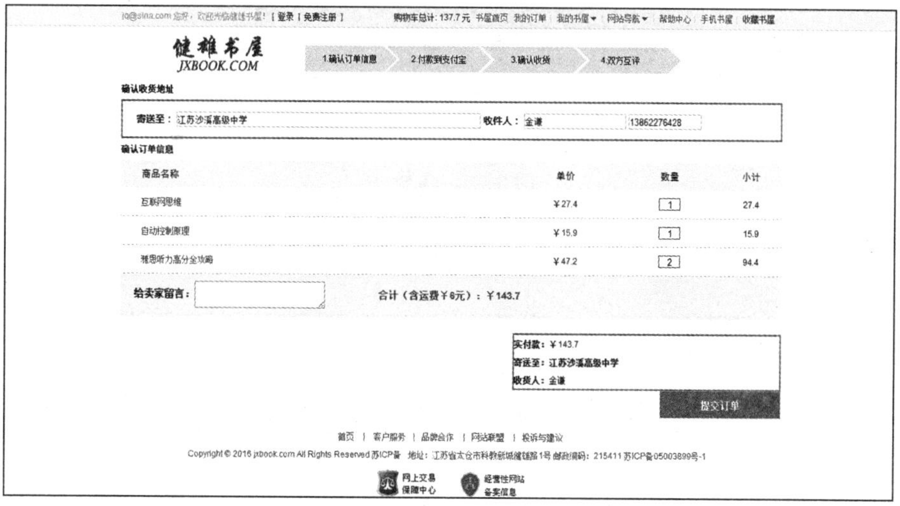

图3－13　订单确认页面

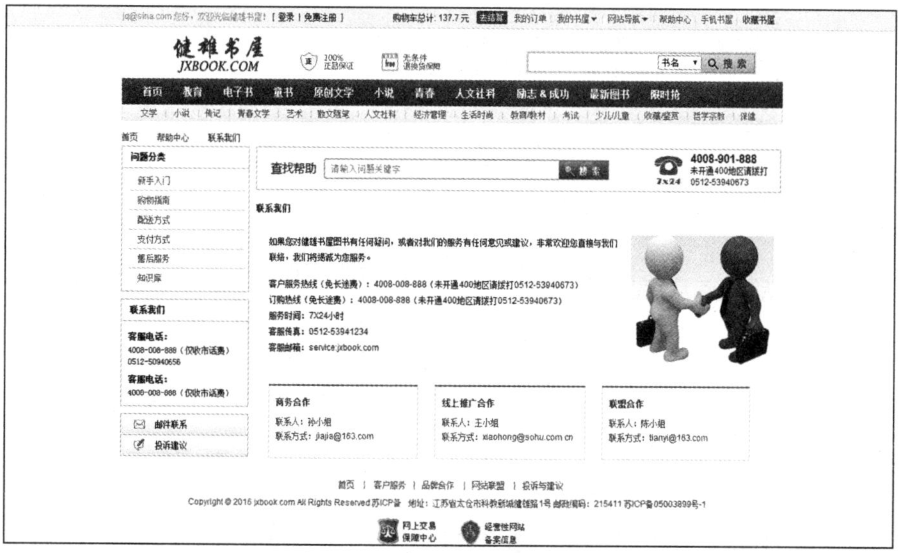

图3－14　“联系我们”页面

图 3 – 15　搜索结果页面

图 3 – 16　"后台管理系统"页面

3.3　相关知识

1. 网页页面布局的原则

网页页面布局有以下基本原则，熟悉这些原则将对页面的设计有所帮助：

（1）主次分明，中心突出。

在一个页面上，必须考虑视觉的中心，这个中心一般在屏幕的中央，或者在中间偏上的部位。因此，一些重要的文章和图片一般可以安排在这个部位，在视觉中心以外的地方可以安排那些稍微次要的内容，这样在页面上就突出了重点，做到了主次有别。

（2）大小搭配，相互呼应。

较长的文章或标题不要编辑在一起，要有一定的距离；同样，较短的文章也不能编排在一起。对待图片的安排也是这样，要使图片互相错开，使大、小图片之间有一定的间隔，这样可以使页面错落有致，避免重心的偏离。

（3）图文并茂，相得益彰。

文字和图片具有一种相互补充的视觉关系，页面上文字太多，就显得沉闷，缺乏生气。页面上图片太多，缺少文字，必然会减少页面的信息容量。因此，最理想的效果是文字与图片密切配合，互为衬托，这样既能活跃页面，又使页面有丰富的内容。

（4）保持简洁和一致性。

保持简洁的常用做法是使用醒目的标题，这个标题常常以图形来表示，但图形同样要求简洁。另一种保持简洁的做法是限制所用的字体和颜色的数目。一般每页使用的字体不超过3种，一个页面中使用的颜色应少于256种。

要保持一致性，可以从页面的排版下手，各个页面应使用相同的页边距，文本、图形之间应保持相同的间距，在主要图形、标题或符号旁边应留下相同的空白。

（5）网页页面布局时应注意的一些元素。

网页页面布局时应注意的元素包括：格式美观的正文、和谐的色彩搭配、较好的对比度、具有较强的可读性的文字、生动的背景图案、大小适中的页面元素。另外应注意布局匀称，不同元素之间留有足够的空白，各元素之间保持平衡，文字准确无误，无错别字，无拼写错误。

（6）控制文本和背景的色彩。

考虑到大多数人使用256色显示模式，因此一个页面显示的颜色不宜过多，包括图像在内应当控制在256色以内。主题颜色通常只需要2~3种，并采用1种标准色。

2. 网页页面布局的方法

在制作网页前，可以先布局出网页的草图。网页页面布局的方法主要有以下两种：一是使用传统的笔纸，画出布局草图，然后在 Dreamweaver 中实现；二是直接使用软件设计布局，如使用 Photoshop 等，直接设计后输出为 HTML 文件。但不管用哪一种，其均是一种构思行为，对于制作一个好的网页页面而言是非常重要的。

1）纸上布局法

开始制作网页时，最好首先在纸上画出页面的布局草图。此时属于创造阶段，不必讲究细腻工整，不必考虑细节功能，只以简陋的线条勾画出创意的轮廓即可。尽可能多画几张草图，最后选定一个满意的来创作。

2）软件布局法

若不喜欢用纸来画布局草图，还可以利用 Photoshop、Fireworks 等软件来完成这个工作。不像用纸来设计布局，利用软件可以方便地使用颜色、使用图形，并且可以利用图的功能设计出用纸张无法实现的布局创意。

3. 常见的版面布局形式

网页设计要讲究编排和布局，虽然网页设计不同于平面设计，但它们有许多相近之处，应加以利用和借鉴。网页的版面布局主要指网站主页的版面布局，其他网页的版面与主页风格基本一致。为了达到最佳的视觉表现效果，应讲究整体布局的合理性，使浏览者有流畅的视觉体验。

设计版面布局前先画出版面的布局草图，接着对版面布局进行细化和调整，反复细化和调整后确定最终的布局方案。

常见的网页布局形式有"国"字型、"框架"型、"封面"型和"拐角"型等。

1）"国"字型布局

"国"字型布局也可以称为"同"字型布局。它是一些大型网站主页面常用的类型。在网页最上面是网站的标题、banner 广告条以及导航栏，接下来是网站的主要内容，左、右分别列出一些栏目，中间是主要部分，最下部是网站的一些基本信息、联系方式和版权声明等。这种布局的优点是充分利用版面，信息量大；其缺点是页面拥挤，不够灵活。"国"字型布局如图 3-17 所示。

一些大型的综合门户网站、行业网站基本上都采用"国"字型布局，如新浪、搜狐、网易、凤凰网等。

2）"框架"型布局

"框架"型布局一般分成上、下或左、右布局，一栏是导航栏目，一栏是正文信息。常见的大部分的信箱都是这种结构。这种布局结构非常清晰，一目了然，如图 3-18 所示。

3）"封面"型布局

"封面"型布局一般应用于网站的主页，其通常采用精美的图片设计加上简单的文字链接到网页中的主要栏目，或通过 Enter（进入）键链接到下一个页面，如图 3-19 所示。

4）"拐角"型布局

"拐角"型布局如图 3-20 所示。这种结构与"国"字型布局只是在形式上有区别，其本质是很相近的：上面是标题及广告横幅，接下来的左侧（或右侧）是一窄列链接，右侧（或左侧）显示正文信息。这是网页设计中用得较广泛的一种布局方式，一般用于网站的内页。这种布局的优点是页面结构清晰、主次分明，是初学者最容易上手的布局方法。一般网站的文章列表页、详情页，均采用这种布局。

图 3-17　"国"字型布局

图 3-18　"框架"型布局

图 3-19 "封面"型布局

图 3-20 "拐角"型布局

以上总结了目前网页常用的布局形式，其实还有许多别具一格的布局，关键在于创意和设计。

什么样的布局是最好的？这是初学者经常问的问题。其实这要具体情况具体分析。如果内容非常多，就要考虑用"国"字型或"拐角"型布局；框架结构的一个共同特点就是浏览方便、速度快，但结构不灵活；如果企业网站想展示企业形象或个人主页想展示个人风采，"封面"型布局是首选。

4. 网页的色彩设计

在进行网页设计时，布局要大方合理，视觉效果突出，使人容易抓住目标。在风格所强调的视觉效果中，网页色彩的把握又显得格外重要。另外，网页的色彩设计（包括网页的背景、文字、图标、边框、超链接甚至图片的选择等）也是树立网站形象的关键。

在进行网页色彩设计时，一般需注意以下两点：

（1）色彩的搭配原理，即色彩具有鲜明性、独特性、适合性等特性。

鲜明性，就是指色彩要鲜明，能够准确传递信息，吸引人们的视线。

独特性，就是指色彩要能体现企业的个性，做到与众不同。

适合性，就是指色彩要容易引发想象的空间，以便让人们产生记忆。

（2）色彩所代表的情感特点，也就是人们所说的色彩感受。

红色是代表激扬向上的色彩。它具有刺激效果，易产生冲动、活力、温暖的感觉。

绿色介于冷暖两种色彩的中间，易产生和谐、宁静、健康、安全的感觉。

橙色也是一种温暖的色彩，可产生轻快、欢欣、热烈、温馨、时尚的效果。

黄色充满了快乐、希望和轻快的个性，它的明度最高。

蓝色是凉爽、清新的色彩。它和白色混合，能营造柔顺、淡雅、浪漫的气氛。

白色易产生明快、纯真、清洁的感觉。

黑色易产生深沉、神秘、寂静、悲哀、压抑的感觉。

灰色易产生中庸、温和、谦让和高雅的感觉。

对每种色彩在饱和度、透明度上稍作变化就会产生不同的效果。以绿色为例，黄绿色有青春、旺盛的视觉意境，而蓝绿色则显得恐怖和阴森。

以上色彩的搭配原理和色彩所代表的情感特点是对色彩作了比较理论化的概括。在实际的工作中，需要在掌握色彩的搭配原理和情感特点的理论基础上，紧密结合每个企业的特点，对网站的色彩进行科学、合理的设计。

5. Photoshop 在网页页面布局中的优势

使用 Photoshop 进行网页布局的优势主要体现在：

（1）布局灵活。Photoshop 的灵魂是图，在图上可以放置不同的元素，图之间可以相互链接，也可单独存放，每个图上的图像位置可以随意挪动而不影响其他图的图像位置，每个图上的图像大小、色阶、亮度、饱和度、透明度等可单独设置而不影响其他图上的图像。如此灵活的功能，完全可以让设计者随心所欲地设计，不受任何约束，而 Dreamweaver 等软件给设计者提供的自由度会降低很多，其效果也会大打折扣。

（2）修改方便。在网站建设前期首先要与客户签订合同，签订合同时客户最关心的是自己的网站是什么样子的，这时设计者不可能拿出建好的网站给客户演示（一是成本太高，二是为了保护知识产权），最好的办法是拿出在 Photoshop 中做出的效果图给客户看。一般情况下，客户一次满意率非常低，总会提出修改意见，而且还会不断地提出修改方案。这时就可以利用 Photoshop 的强大功能按客户的要求方便地进行修改和优化，直到客户满意为止。如果在 Dreamweaver 下，每作一次大的修改，都几乎跟重新设计一样费时费力，而且还不一定能达到客户的要求。

（3）加快浏览进度。一个设计不美观、不规范的网站是没有生命力的，同样，一个打开速度慢、下载速度慢的网站也没有存在的价值。心理学研究表明，选择性越大，人的忍耐性越差。在互联网高度发展的今天，同类网站多如牛毛，人们没必要在一个网站停驻静候，一点一点地下载、打开、测试、显示。一般情况下，下载速度一旦超过 10 秒，人们会转向其他网站。决定下载速度的因素很多，如服务器配置标准、网络传输介质、客户机的配置以及同时点击人数的多少等。在这些条件相同时，网页大小及网页元素的优化和配置就是唯一的因素。使用 Photoshop 设计的网页经过切片后体积相对要小得多，相同的元素因为其格式变化也会大大提高下载速度，因此 Photoshop 就成了提高速度，提高点击率的制胜法宝。

6. 用 Photoshop 设计网页页面布局的注意点

在用 Photoshop 设计网页页面布局时应注意以下问题：

（1）网页文档尺寸与分辨率。网页文档大小一般为 1 003×600 像素（针对屏幕分辨率为 1 024×768 像素）和 708×400 像素（针对屏幕分辨率为 800×600 像素），分辨率为 72 像素，这是屏幕分辨率，太高的分辨率并不能增强效果，反而会降低下载速度。

（2）颜色。网站的背景颜色与文件颜色要统一协调，一般不要超过两种，颜色搭配不合理或者颜色太多，会给人一种不舒服的感觉。

（3）字体、标题。导航字体一般用黑体，正文一般用宋体，其他字体浏览器不兼容，可能造成调试时出错，给工作带来麻烦。如果为增强页面效果用到其他字体，则最好在用 Dreamweaver 前在 Photoshop 中切分图片，字体的颜色设置要考虑到整个页面效果。

（4）布局格式。虽然效果图是用 Photoshop 设计的，但一定要兼顾 Dreamweaver 对页面布局的要求，在 Dreamweaver 下网页页面布局是使用"国"字型还是其他模式，是否使用框架，使用框架的类型是哪一种，这些都是在设计前要考虑到的。忽视以上问题会造成效果图与最后的网站页面布局有出入，给客户和自身带来麻烦和损失。

（5）图文搭配。一个网站是图片多好还是文字多好，要视网站的功能、行业、目的而定，但有个原则，就是图文合理配置，而图片则要按一定的空间进行和谐分布。另外，图片大小要合乎美学原则，不能太大，一般用缩略图较好，如果要显示更多的图片细节，不妨给缩略图链接一个大的图片。

（6）科学使用参考线。参考线是设计网页页面布局的有效辅助工具，可以先用横参考线将网页布局分成几大板块，然后用竖参考线将每个板块按设计思路分为几个小板块，最后再整体观察一下。要精确定位网页元素，可用对齐参考线的方法来实现。这里要注意的是，网站的 logo 和 banner 或者导航条等都是事先设计好的，有固定大小，在做这些区域时尺寸一定要按照这些元素的尺寸设计，不能有丝毫差错，否则进入 Dreamweaver 整合时可能出现空边或撑开表格的现象。

7. Photoshop "切片"

利用 Photoshop 设计并制作好网站效果图，与客户签订合同，还不是 Photoshop 设计网页页面布局的终结，还有关键的一步，就是"切片"，只有正确地切片，Dreamweaver 才能对效果图进行有效的整合，Photoshop 在网页页面布局中的积极作用才能被发挥到极致。

切片是将图像分割成多个小区域，从而实现对大图像的无损分割。当包含此图像的网页被访问时，能实现边下载边呈现的显示效果，而不会出现页面长时间没有响应的情形。

Photoshop 中的"切片"工具是 Photoshop 通向 Dreamweaver 的桥梁。Photoshop 提供了"切片"工具、"切片选取"工具。"切片"工具用于将图像"切割"为多个切片。"切片选取"工具用于对切片进行详细设计，如设置链接等。

1）Photoshop"切片"所遵循的原则

要完成"切片"这关键的一步，应遵循以下原则：

（1）最好依靠参考线。设计时要用好参考线，利用"切片"工具切图时更要用好参考线。参考线能保证切出的图在同一表格中的尺寸统一协调，能有效避免"留白"和"爆边"。

（2）logo 和 banner 必切。如果效果图中存在 logo 和 banner，必须对这部分切片，这主要是为预先设计的 logo 和 banner 留下空间，在 Dreamweaver 整合时最好不用 logo 和 banner 的切片，而是直接用 logo 和 banner 原文档，这是提高 logo 和 banner 效果的需要。

（3）虚线和转角形状必切。虚线和转角形状在 Dreamweaver 而不能实现，只能使用 Photoshop 切片。

（4）渐变必切。这也是 Dreamweaver 实现不了的，所以必切。

（5）大图必切。必须将大的图像切分成均匀图，这样可以提高网页下载速度。

（6）特殊文字效果必切。除黑体和宋体外，对其他字体必须切片。Dreamweaver 下最有效的字体只有宋体和黑体，其他字体浏览器可能不兼容。

（7）导航条必切。一般情况下导航条都是特别设计的，其效果在 Dreamweaver 下不能实现，因此必须形成切片供后期使用。

（8）有效存储切片。存储切片的文件夹必须位于站点的根目录下，文件夹名必须是英文名字。存储切片时执行"文件"/"存储为 Web 和设备所用格式"命令。切片一般存为 GIF 格式。GIF 格式体积小。要求较高的图像可存储为 JPEG 格式，JPEG 格式可显示更多的图片细节。

2）切片的种类

切片依据其是否自动生成而划分为如下两类：

（1）用户切片：用户使用切片工具创建的切片（图标为蓝色）。

（2）自动切片：用户在创建切片时由软件自动形成的切片（图标为灰色）。

当使用"切片选取"工具选择用户切片时，用户切片的边缘有用于改变切片大小的手柄，当鼠标出现在框线上时，就会变成小的双向箭头。当使用"切片选取"工具再选择自动切片时，自动切片不存在这样的手柄。

用户切片的边缘以实线显示。自动切片的边缘以虚线显示。在保存时可以选择只保存用户切片。

8. 适合传输的图片格式

印刷品上的图片不存在格式问题，但是对于计算机中图片的存储、交换，图片的格式就显得十分重要，没有统一的格式，图片就不能很方便地在计算机上显示。网络上的图片更是受到网络传输速度的限制。

使有限的宽带得到合理的利用，以节省浏览者的等候时间，在这方面压缩图片文件很重要，图片的格式也是很重要的。这是因为不同格式的图片压缩程度不一样，压缩之后的效果也不一样，这就需要根据自己的需要来选择不同压缩格式的图片。常见的图片压缩格式有以下几种。

1）GIF 格式

GIF（Graphics Interchange Format）的原义是"图像互换格式"，是 CompuServe 公司在1987 年开发的图像文件格式。GIF 文件的数据，是一种基于 LZW 算法的连续色调的无损压缩格式。其压缩率一般在 50% 左右，它不属于任何应用程序。它是一种减色的位图压缩模式，它是用 2 ~ 256 种颜色代替全部真彩色，然后按横排的方式记录颜色的异同。GIF 格式适于压缩较小以及颜色单纯的图片，但对于色彩丰富的图片，它的效果不如 JPEG。

在 Photoshop 中把对颜色要求不高的图片变为索引色，再以 GIF 格式保存，可使文件缩小后以更快的速度在网上传输，这一般用于动态格式的图片存储。另外，GIF 格式支持透明色，这使 GIF 文件可以融入不同的背景中，有可能在不同颜色的页面上反复使用一张图片以节省字节，但是如果背景色和图片色相差太远，并且图片面积较大，则经常会有很明显的锯齿形。

2）PNG 格式

PNG（Portable Network Graphics）的原义为"可移植性网络图像"，其目的是替代 GIF 和 TIFF 文件格式，同时增加一些 GIF 文件所不具备的特性。

PNG 能够提供长度比 GIF 小 30% 的无损压缩图像文件。它同时提供 24 位和 48 位真彩色图像支持以及其他诸多技术性支持。PNG 用来存储灰度图像时，灰度图像的深度可多达16 位，其用来存储彩色图像时，彩色图像的深度可多达 48 位。

3）JPEG 格式

JPEG（Joint Photographic Experts Group）是有损压缩，它利用人眼对高频细节分辨不是很敏感的特性，将数据量减少。当压缩率过大时，会在图像色彩变化的边界出现马赛克的现象，但是作有限度的压缩时，图像质量损失并不明显，往往不能察觉。它的压缩率是可以调节的，让制图者可以在图像质量与图像文件大小间取得一个平衡点，因此是一种很有用的格式。

JPEG 格式压缩的主要是高频信息，它对色彩的信息保留较好，适用于互联网，可缩短图像的传输时间，可以支持 24 bit 真彩色，也普遍应用于需要连续色调的图像。

综上所述，GIF 和 PNG 都是索引色彩，不直接描述像素的颜色，只是说这个点对应几号颜色，另外有个索引表给出颜色号对应的 RGB 颜色。其有简单的压缩算法，但这种压缩仅对于连续色彩的像素才有效，适用于颜色有限的图像，如商业图形、地图、漫画。如果图片是使用扫描仪或者数码相机输入计算机中，这种图片的色彩比较多，这个时候就应该采用JPEG 格式来存储图片，即 JPEG 格式对应真彩图像，例如照片。

3.4　项目小结

Photoshop 是一个十分常用的图像处理软件，在版面设计和版面处理方面使用方便、简单、快捷，在网页设计方面也是必不可少的利器之一。其用途一是处理网页中使用的图像，二是进行页面布局。一般专业网页设计人员，就经常使用 Photoshop 来设计富有个性的页面。

使用 Photoshop 设计页面，一般经过以下几个步骤：

（1）按网页大小建立一个新文档。

（2）导入相关的图片。

（3）设计版面布局。

（4）切片输出。

在使用较大图像制作网页时，一般要使用"切片"工具将图像切为若干个小图像，将单一颜色的部分切为单独的块，在网页中使用颜色填充。"切片"工具，除了可以将大图"化整为零"以外，还可以用于制作轮换图像等效果。提供"切片"工具的软件，除了 Photoshop 外，还有 Firework 等，其使用方法基本相同。

3.5 同步实训

1. 实训

实训主题：设计校园网网站首页。

实训目的：会使用 Photoshop 设计网站首页，会对设计好的网站首页进行切片处理，并将切片后的首页文件保存为网页文件。

实训内容：

（1）利用 Photoshop 设计校园网网站首页（具体可参考图 3 – 21）。

（2）将设计好的网站首页利用 Photoshop 中的"切片"工具进行合理切片，并将切片后的网页另存为网页文件，首页取名为"index. html"，存于"D:\myschoolweb"文件夹中。

（3）启动 Dreamweaver CS6 检测网站首页情况，若不满意则进入 Photoshop 中再次进行修改，进行切片处理。

校园网网站首页效果如图 3 – 21 所示，要求必须包含校园新闻、通知公告和热门专题部分。

图 3 – 21 校园网网站首页效果

2. 习题

1）选择题

（1）下面的图片格式中，Dreamweaver CS6 不支持的是_____。

A. JPEG   B. BMP   C. TIF   D. GIF

（2）要将切片后的主页文件存储为网页形式，应_____。

A. 执行"文件"／"存为 Web 和设备所用格式"命令

B. 执行"文件"／"保存"命令

C. 执行"文件"／"另存为"命令

D. 执行"文件"／"存为网页"命令

（3）把一大幅图片分割，加快图片在网络中的传输速率的方法是_____。

A. 导航栏   B. 按钮   C. 切片   D. 变化图像

（4）切片分为_____和_____。

A. 用户切片、自定义切片   B. 矩形切片、多边形切片

C. 多边形切片、自定义切片   D. 矩形切片、椭圆形切片

（5）下面不属于图像切片优点的是_____。

A. 优化   B. 交互性   C. 可减小图像体积   D. 便于网页更新

2）问答题

（1）简述网页页面布局的原则。

（2）常见的网站版面布局有哪几种？

项目四
网站静态页面布局

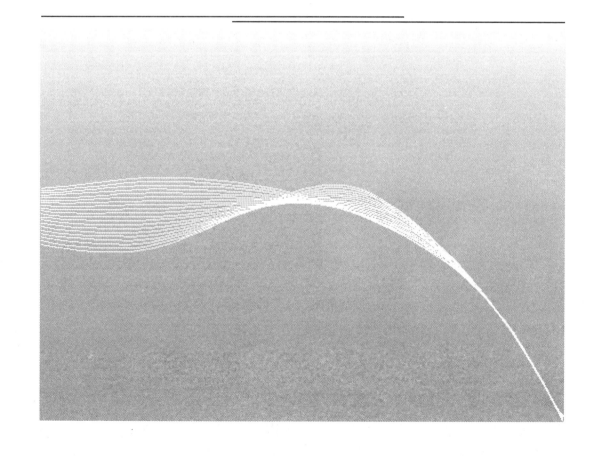

【学习导航】

工作任务列表：

任务 1："健雄书屋"网站首页布局；

任务 2："健雄书屋"网站部分分支页布局。

【技能目标】

（1）会使用 HTML5 完成页面结构布局；

（2）会使用 CSS3 美化页面。

4.1　情　境　描　述

在建设网站的过程中，经常会遇到"选择什么样的网页布局方式"的问题，网页布局方式从早期的表格布局，演变到 DIV + CSS 布局。由于过多使用表格布局会影响页面下载速度，本书中大部分页面采用 DIV + CSS 布局方式，其中部分页面采用 CSS 与表格相互交叉的布局方式。

4.2　项　目　实　施

任务 1　"健雄书屋"网站首页布局

【任务需求】

根据网站首页的 Photoshop 效果图，利用 HTML5 和 CSS3 在 Dreamweaver CS6 软件中完成网站首页页面布局。

首页整体布局

【任务分析】

在网页布局中利用 HTML5 完成页面结构设计，利用 CSS3 完成页面样式设计。

【任务实现】

"健雄书屋"网站首页布局的实现步骤如下。

1. 整体布局

步骤 1：文件夹及文件的创建。启动 Dreamweaver CS6，在站点文件夹下新建"css""book""images"和"js" 4 个文件夹，在"book"文件夹下再新建"images"文件夹（"css"文件夹用来存储样式文件，"book \ images"文件夹用来存储新书上架中的图书图像，"images"文件夹用来存储首页中除了新书上架图书图像外的所有图像，"js"文件夹用来存储整个站点的所有 JavaScript 脚本文件）及 1 个主页文件"index. php"，再在"css"文件夹下新建"style. css"文件。

步骤 2：分析页面的分块结构，形成 HTML 组织结构。网站首页页面整体分为 header（头部）、section（内容）和 footer（底部）三块，如图 4 – 1 所示。

图 4-1　网站首页的 HTML 组织结构

步骤 3：书写三块区域的 HTML 代码。打开"index. php"文件，进入代码区域，书写 HTML 代码如下：

```
<!doctype html>
<html>
<head>
<meta charset ="utf -8">
<title>健雄书屋欢迎您! </title>
</head>
```

```
<body>
<header>
<!--头部区域-->
</header>
<section>
<!--内容区域-->
</section>
<footer>
<!--底部区域-->
</footer>
</body>
</html>
```

步骤4：编写三块区域的 CSS 控制定位。打开"css"文件夹下的"style.css"文件，书写 CSS 代码，完成三块区域的大小及背景设置（其中背景色和高度在后续制作中将去除，在 Photoshop 中利用选区，在"信息"面板中查看各块的大小，查看时需要把单位设置为像素）。各区域大小如下：

（1）header 部分高：160px[①]；

（2）section 部分高：1 082px；

（3）footer 部分高：222px；

（4）header 与 section 部分间距：10px；

（5）section 与 footer 部分间距：12px。

依据各大小书写后的 CSS 代码如下：

```
header{
  height:160px;
  margin-bottom:10px;   /*用来设置与 section 部分的间距*/
}
section{
  height:1082px;
  background:#3CF;
  margin-bottom:12px;   /*用来设置与 footer 部分的间距*/
}
footer{
  height:222px;
  background:#FC0;
}
```

步骤5：在"index.php"文件中将"style.css"文件以外部样式表的形式链接进来。加

---

① px 是 pixel 的缩写，表示像素。

入样式表的"index. php"文件的效果如图4-2所示。其中三块区域的背景色是用来占据位置的,后续将在效果制作中去除。代码如下:

```
<head>
<meta charset ="utf -8" >
<title >健雄书屋欢迎您! </title >
<link href ="css/style.css"rel ="stylesheet"type ="text/css" >
</head >
```

图4-2　三块区域的布局效果

步骤6:在浏览器中观察整体布局效果,发现网页的布局与浏览器窗体的上、下、左、右都有一段距离,其原因是各元素本身就具有内、外边距,为此,需要采用 CSS 代码完成初始化清除边距工作。进入"stgle. css"代码文件,在 header 的上方加入代码,代码如下:

```
* {
    margin:0px;
    padding:0px;
}
```

2. 局部布局——header 部分

步骤1:header 区域整体布局。依据 photoshop 效果图, header 区域又分为三个区域, 如图4-3所示。

(1) 头部区域划分的 HTML 代码如下:

header 整体布局

图4-3　header 区域划分

```
<header >
  <!--头部区域开始-->
  <div id="topbar" > </div >
  <div id="searchbar" > </div >
  <nav id="jxnav" > </nav >
  <!--头部区域结束-->
</header >
```

（2）各区域大小如下：

① topbar 部分高：30px；

② searchbar 部分高：70px；

③ jxnav 部分高：60px。

（3）由于三块区域分别添加了背景色，可以把 header 部分的背景色去除，将高度去除，CSS 代码如下：

```
header{
  margin-bottom:10px;/*用来设置与 section 部分的间距*/
}
header #topbar{
  height:30px;
  background:#f0f6f6;
}
header #searchbar{
  height:70px;
  background:#C69;
}
header #jxnav{
  height:60px;
  background:#6F6;
}
```

（4）加入 CSS 样式后的 header 区域整体布局效果如图 4-4 所示。

图 4-4　header 区域整体布局效果

步骤 2：header 区域局部布局——topbar 部分布局。

（1）由于内部的文字内容限定于一定范围内，为此，采用类名为"txtbox"的 div 标签来进行限定，并输入文字内容。代码如下：

topbar 布局 1　　topbar 布局 2　　topbar 布局 3

```
< div id ="topbar" >
    < div class ="txtbox" >
        <p>您好,欢迎光临健雄书屋! [ < a href ="#" >登录 </a > < span > |</ span >
< a href ="#" >免费注册 </a >] </p >
        < ul >
            < li >购物车总计:元 </li >
            < li > < a href ="#" >去结算 </a > </li >
            < li > < a href ="#" >我的订单 < span > |</ span > </a > </li >
            < li > < a href ="#" >我的书屋 </a > </li >
            < li > < a href ="#" >网站导航 </a > </li >
            < li > < a href ="#" >帮助中心 </a > < span > |</ span > </li >
            < li > < a href ="#" >手机书屋 </a > < span > |</ span > </li >
            < li > < a href ="#" >收藏书屋 </a > </li >
        </ul >
    </div >
</ div >
```

（2）在 CSS 中书写代码设置整个网页默认字体大小为 12px，字体为 Arial、Helvetica、sans – serif、"宋体"；去除所有的 ul 标签的项目符号小圆点；为所有的超链接 a 标签设置无下划线，字体颜色为#6a6a78；鼠标划过超链接时有下划线。代码如下：

```
/* 公用部分初始化样式
* {
    margin:0px;
    padding:0px;
}
body {
    font – family:Arial, Helvetica, sans – serif, "宋体";
    font – size:12px;
}
ul{
    list – style:none; /* 去除小圆点 */
}
a {
    text – decoration:none; /* 不加下划线 */
    color:#6a6a78;
}
a:hover {
    text – decoration:underline; /* 鼠标划过时,加下划线 */
}
```

（3）设置"topbar"的 div 标签加 1 像素实心颜色为#dde3e3 的下边框线。设置"txtbox"的 div 标签的宽度，文字限定在该范围内，并实现居中。代码如下：

```
header #topbar{
  height:30px;
  background:#f0f6f6;
  border-bottom:1px solid #dde3e3;
}

header #topbar.txtbox{
    width:982px;
    margin:0 auto;
}
```

（4）设置"txtbox"的 div 标签内 p 标签的内容位于左侧，ul 标签的内容位于右侧，ul 内文字水平排列，调整各 li 的间距，使文字垂直居中。代码如下：

```
header #topbar.txtbox{
    width:982px;
    margin:0 auto;
    height:30px;
    line-height:30px; /*设置p和ul标签内的文字均垂直居中:行高与高度相等*/
}
header #topbar.txtbox p{
    float:left;
}
header #topbar.txtbox ul{
    float:right;
    width:520px; /*不加此宽度,在设计模式下观察会比较乱*/
}
header #topbar.txtbox ul li{
    float:left;
    padding:0 4px; /*调整各li间左右间距*/
}
```

（5）设置 p 标签内字体颜色、登录与注册间的分隔符和超链接的颜色；设置 ul、li 标签内超链接的样式，及菜单项间分隔符的样式。代码如下：

```
header #topbar.txtbox p{
    float:left;
    color:#a9b5b7;
}

header #topbar.txtbox p span,.txtbox p a {
    color:#1f06b5;
    margin:0 3px;
}
```

```
header #topbar.txtbox ul{
    ......
}
header #topbar.txtbox ul li{
    ......
}
header #topbar.txtbox ul li a {
    color:#6a6a78;
}
header #topbar.txtbox ul li span {
    color:#dde3e4;
    margin-left:4px;
    font-family:Arial;
}
```

(6) 在"我的书屋""网站导航"后加入小图像；在"去结算"中加入蓝色背景图像，需在对应处加入类。HTML 代码如下：

```
<ul>
    <li>购物车总计:元</li>
    <li class="cash"><a href="#">去结算</a></li>
    <li><a href="#">我的订单<span>|</span></a></li>
    <li class="submenu"><a href="#">我的书屋</a></li>
    <li class="submenu"><a href="#">网站导航</a></li>
    <li><a href="#">帮助中心</a><span>|</span></li>
    <li><a href="#">手机书屋</a><span>|</span></li>
    <li><a href="#">收藏书屋</a></li>
</ul>
```

相应的 CSS 代码如下：

```
header #topbar.txtbox ul li span {
......
}
header #topbar.txtbox ul li.cash{
background:url(../images/blue_btn.gif) 0 0 no-repeat;
height:18px;
line-height:18px;      /*文字位于图片中间*/
margin:7px 6px 0;
}
```

```
header #topbar.txtbox ul li.cash a{
 color:#fff;
}
header #topbar.txtbox li.submenu {
 background:url(../images/top_menu_icon.gif) 52px 10px no-repeat;
 width:65px;
 line-height:30px;
}
header #searchbar{
......
}
```

步骤3：header 区域局部布局——searchbar 部分布局。

（1）searchbar 区域整体布局。其分为三块区域，如图4-5所示。对应的 HTML 代码如下：

searchbar 布局1　searchbar 布局2

```
< div id ="searchbar" >
    < div class ="logo" > < /div >
    < div class ="servicebar" > < /div >
    < div class ="search" > < /div >
    <! --searchbar 结束-->
< /div >
```

图4-5　searchbar 区域划分

（2）在 search 区域内加入表单、文本框及按钮，HTML 代码如下：

```
< div class ="search" >
    < form name ="form1"method ="post"action ="" >
      < select name ="searchitem"id ="searchitem"class ="searchselect" >
          < option value ="bname" >书名 < /option >
          < option value ="bisbn" > ISBN < /option >
          < option value ="bpress" >出版社 < /option >
          < option value ="bauthor" >作者 < /option >
      < /select >
       < input type =" text " name =" textfield " id =" textfield " class ="
searchinput" >
       < input type ="submit"value =""class ="searchbtn" >
    < /form >
< /div >
```

（3）删除 searchbar 区域的背景颜色，设置该区域的宽度为 982px，设置其在窗体中水平居中；为 logo、servicebar、search 类以及子类类标签加入背景图，并设置位置，CSS 代码如下：

```css
header #searchbar{
    height:70px;
    width:982px;   /* 要使 margin:0 auto;起作用,必须加入宽度值 */
    margin:0 auto;
}
header #searchbar.logo{
    width:203px;
    height:70px;
    background:url(../images/logo.gif) 0 0 no-repeat;
    float:left;
    margin-left:20px;
}
header #searchbar.servicebar{
    width:214px;
    height:44px;
    background:url(../images/top_ser.gif) 0 0 no-repeat;
    float:left;
    margin:20px 0 0 30px;
}
header #searchbar.search{
    float:right;
    margin-top:30px;
    position:relative; /* searchselect 类根据该类的位置进行定位 */
}
header #searchbar.search.searchinput{ /* 设置文本框样式 */
    background:url(../images/search_input.gif) 0 0 no-repeat;
    width:293px;
    height:31px;
    border:none;
    float:left;
}
.searchselect{
    position:absolute;
    top:5px;
    left:230px;
}
header #searchbar.search.searchbtn{
    background:url(../images/search_btn.gif) 0 0 no-repeat;
    width:83px;
    height:31px;
    float:left;
    border:none;
}
```

步骤4：header 区域局部布局——导航栏 jxnav 部分布局。

（1）jxnav 区域整体布局。其分为上、下两块区域，对应的 HTML 代码如下：

jxnav 部分布局1　　jxnav 部分布局2

```
< nav id ="jxnav" >
    < div class ="firstnav" > < /div >
    < div class ="secondnav" > < /div >
< /nav >
```

（2）去除 jxnav 原来设置的高度和占位时的背景色，加入宽度，并设置其在窗体中水平居中；为主导航区 firstnav 和副导航区 secondnav 加入背景图，CSS 代码如下：

```
header #jxnav{
    width:982px;
    margin:0 auto;
}
header #jxnav.firstnav{
    height:38px;
    background:url(../images/nav_bg.gif) 0 0 repeat -x;
}
header #jxnav.secondnav{
    height:26px; /*高度为给出的背景图的一半*/
    background:url(../images/keywords_bg.gif) 0 0 no-repeat;
}
```

（3）为主导航区 firstnav 和副导航区 secondnav 加入文字内容，HTML 代码如下：

```
< div class ="firstnav" >
    < ul >
        < li > < a href ="#" >首页 < /a > < /li >
        < li > < a href ="#" >特卖场 < /a > < /li >
        < li > < a href ="#" >电子书 < /a > < /li >
        < li > < a href ="#" >最新特价 < /a > < /li >
        < li > < a href ="#" >原创文学 < /a > < /li >
        < li > < a href ="#" >特价精选 < /a > < /li >
        < li > < a href ="#" >10 元包邮区 < /a > < /li >
        < li > < a href ="#" >最新图书 < /a > < /li >
        < li > < a href ="#" >限时抢 < /a > < /li >
    < /ul >
< /div >
< div class ="secondnav" >
    < ul >
        < li > < a href ="#" >文学 < /a > | < a href ="#" >小说 < /a > | < a href ="#" >
传记 < /a > | < a href ="#" >青春文学 < /a > | < a href ="#" >艺术 < /a > | < a href ="#" >
散文随笔 < /a > | < a href ="#" >人文社科 < /a > | < a href ="#" >经济管理 < /a > | < a href
="#" >生活时尚 < /a > | < a href ="#" >教育/教材 < /a > | < a href ="#" >考试 < /a > | < a
href ="#" >少儿/儿童 < /a > | < a href ="#" >收藏/鉴赏 < /a > | < a href ="#" >哲学宗教 < /
a > | < a href ="#" >保健 < /a > < /li >
    < /ul >
< /div >
```

（4）分别设置两个区域的字体、位置，CSS 代码如下：

```
header #jxnav.firstnav{
......
    }
header #jxnav.firstnav ul li{
    float:left;
    margin - left:30px;
    }
header #jxnav.firstnav ul li a{
    font - size:14px;
    color:#fff;
    font - weight:bold;
    line - height:38px;
    }

header #jxnav.secondnav{
......
    }
header #jxnav.secondnav ul li{
    padding - left:30px;
    line - height:26px;
    color:#d4d4d8;
    }
header #jxnav.secondnav ul li a{
    padding:0 8px;
    color:#666;
    }
```

至此，header 区域布局完成。

3. 局部布局——section 部分

步骤 1：section 区域整体布局。section 区域又分为三个区域，如图 4 - 6 所示。

（1）section 区域划分的 HTML 代码如下：

```
<section>
    <! -- 内容区域开始 -->
    <div id ="content_notice" > </div >
    <div id ="content_newbook" > </div >
    <div id ="content_specbook" > </div >
    <! -- 内容区域结束 -->
</section>
```

图 4-6 section 区域划分

（2）各区域大小如下：

① content_notice 部分高：190px；

② content_newbook 部分高：448px；

③ content_specbook 部分高：424px；

④ 两部分间的间距：10px。

（3）由于对三块区域分别加了背景色并设置了高度，去除 section 部分的高度值和背景色，加入宽度，并设置其水平居中；设置划分的三部分的大小并用背景色来占位。CSS 代码如下：

```
section{
    width:982px;
    margin:0 auto;
    margin-bottom:12px;/*用来设置与 footer 部分的间距*/
```

```
    }
section #content_notice{
    height:190px;
    background:#CCC;
    margin-bottom:10px;
}
section #content_newbook{
    height:448px;
    background:#6CF;
    margin-bottom:10px;
}
section #content_specbook{
    height:424px;
    background:#96F;
}
```

（4）加入 CSS 样式后的 section 区域整体布局效果如图 4-7 所示。

图 4-7　section 区域整体布局效果

步骤 2：section 区域局部布局——content_notice 部分布局。

（1）content_notice 区域整体布局。其分为两块区域，如图 4-8 所示。book_pic 区域加入图片，用来完成后续轮番滚动效果。对应的 HTML 代码如下：

```
<div id ="content_notice">
    <div class ="book_pic"> <img src ="images/ad_1.png"> </div>
    <div class ="book_notice"> </div>
</div>
```

图 4-8 content_notice 区域划分

（2）去除 content nocice 部分的高度和背景色；设置 book pic 部分左浮动；设置右侧 book notice 的宽、高及背景色，右浮动，CSS 代码如下：

```
section #content_notice{
    height:190px;
    margin - bottom:10px;
}
section #content_notice.book_pic{
    float:left;
}
section #content_notice.book_notice{
    width:220px;
    height:190px;
    background:#F96;
    float:right;
}
```

（3）在 book_notice 部分加入相应的内容，HTML 代码如下：

```
<div class ="book_notice">
        <h2 >最新动态 </h2>
        <ul>
```

```
        < li > < a href ="#" >客服中心防诈骗重要提示 </a > </li >
        < li > < a href ="#" >30 万图书满 300 减 100 </a > </li >
        < li > < a href ="#" >货到付款业务暂停通知 </a > </li >
        < li > < a href ="#" >健雄书屋运费调整通知 </a > </li >
        < li > < a href ="#" >健雄书屋举办读书之星活动 </a > </li >
        < li > < a href ="#" >电子书直降 40% </a > </li >
      </ul >
   </div >
```

（4）去除 book_notice 占位的背景色，添加 1px 实心#e2e2e2 色边框，设置 book_notice 内 h2 标题及 ul、li 样式，CSS 代码如下：

```
section #content_notice.book_notice{
    width:220px;
    height:190px;
    float:right;
    border:1px solid #e2e2e2;
}
section #content_notice.book_notice h2{
    background:#f0f6f6;
    color:#6e7679;
    line - height:26px;
    font - size:12px;
    padding - left:10px;
}
section #content_notice.book_notice ul li{
    line - height:27px;
    background:url(../images/listicon.gif) 0 11px no - repeat;
    padding - left:10px;
    margin:0 10px;
}
```

步骤 3：section 区域局部布局—— content_newbook 部分布局。

（1）content_newbook 区域整体布局。其分为左、右两块区域。对应的 HTML 代码如下：

```
< div id ="content_newbook" >
    < div class ="book_editor" > < /div >
    < div class ="book_new" > < /div >
</div >
```

（2）去除 content_newbook 占位的背景色，设置 book_editor、book_new 两块区域对应的大小及占位背景，对应的 CSS 代码如下：

```
section #content_newbook{
    height:448px;
    margin-bottom:10px;
}
section #content_newbook.book_editor{
    height:448px;
    width:258px;
    float:left;
    background:#C90;
}
section #content_newbook.book_new{
    height:448px;
    width:712px;
    float:right;
    background:#0C9;
}
```

（3）book_editor 区域布局。

① 在 book_editor 区域内加入文字内容，对应的 HTML 代码如下：

```
<div class ="book_editor" >
    <p class ="title" >编 辑 推 荐 </p>
    <ul >
    <li > <a href ="#" > <span >1 </span > <em >二十四节气养生经 </em>
            <div > <img src ="images/icon-1.jpg" alt ="二十四节气养生经"/>
            <p >现价:¥17.5 原价:¥35.00 </p> </div> </a>
    </li >
    <li >
        <a href ="#" > <span >2 </span > <em >咬牙坚持,你终将成就无与伦比自己 </
em > </a >
    </li >
    <li >
        <a href ="#" > <span >3 </span > <em >学会自己长大 </em > </a >
    </li >
    <li >
        <a href ="#" > <span >4 </span > <em >新媒体营销圣经 </em > </a >
    </li >
    <li >
        <a href ="#" > <span >5 </span > <em >华为工作法 </em > </a >
    </li >
    <li >
        <a href ="#" > <span >6 </span > <em >股市天经 </em > </a >
```

```
    </li>
    <li>
      <a href ="#"> <span>7</span> <em>为什么有钱人都用长钱包</em> </a>
    </li>
    <li>
      <a href ="#"> <span>8</span> <em>谁偷走了我的客户</em> </a>
    </li>
    <li>
      <a href ="#"> <span>9</span> <em>迪士尼大电影双语阅读海底总动员</em>
</a>
    </li>
  </ul>
  </div>
```

② 去除 book_editor 占位的背景色，加入 1px 实心#e2e2e2 边框；设置"编辑推荐"处的字体样式，加下边框；设置 ul、li 标签及其内容的样式，CSS 代码如下：

```
section #content_newbook.book_editor{
    height:446px;    /*因边框占据了2像素,所以大小为448 -2,此高度值也可去除*/
    width:258px;
    border:1px solid #e2e2e2;
}
section #content_newbook.book_editor.title{
    font:16px "Microsoft Yahei";
    font -weight:bold;
    color:#339;
    height:35px;
    line -height:35px;
    padding -left:10px;
    border -bottom:1px solid #e2e2e2;
}
section #content_newbook.book_editor ul li{
    line -height:25px;
}
section #content_newbook.book_editor ul li a span{
    padding:0 10px;
    display:block; /*必须将行标签转换为块标签,才能加上背景图,加上后导致书名称换
行,所以需左浮动*/
    background:url(../images/dot_01.gif) 0 0 no -repeat;
    float:left;
```

```
      color:#fff;
}

section #content_newbook.book_editor ul li div {
     text‑align:center; /*图片和文字水平居中*/

}
```

（4）book_new 区域布局。

① 在 book_new 区域内加入文字内容，对应的 HTML 代码如下：

```
    <div class ="book_new" >
        <p class ="title" >新 书 上 架</p> <span class ="morebook" > <a href ="#"
>更多新书</a> </span >
        <dl >
        <dt > <a href ="#" > <img src ="book/images/nb_01.png"alt ="Java 核心技
术卷 2"/> </a> </dt >
        <dd >
            <p> <a href ="#" >Java 核心技术卷 2 </a> </p >
            Cay S.Horstmann 著 <br/>
            <span class ="old‑price" > ¥39.80 </span> <span > ¥24.80 </span >
        </dd >
      </dl >
      <dl >
        <dt > <a href ="#" > <img src ="book/images/nb_02.png"alt ="互联网思维"/
> </a> </dt >
        <dd >
            <p> <a href ="#" >互联网思维</a> </p >
            陈杰 著 <br >
            <span class ="old‑price" > ¥38 </span> <span > ¥23.80 </span >
        </dd >
      </dl >
      <dl >
        <dt > <a href ="#" > <img src ="book/images/nb_03.png"alt ="马云创业启
示录"width ="120px"height ="120px"/> </a> </dt >
        <dd >
            <p> <a href ="#" >马云创业启示录</a> </p >
            朱乘尧 著 <br/>
            <span class ="old‑price" > ¥27.00 </span> <span > ¥20.20 </span >
        </dd >
      </dl >
      <dl >
        <dt > <a href ="#" > <img src ="book/images/nb_04.png"alt ="电子商
务网页设计"width ="120px"height ="120px"/> </a> </dt >
```

```
        < dd >
        < p > < a href ="#" >电子商务网页设计 < / a > < / p >
        安妮宝贝 著 < br/ >
        < span class ="old - price" > ¥29.00 < / span > < span > ¥22.80 < / span >
        < / dd >
    < /dl >
    < dl >
        < dt > < a href ="#" > < img src ="book/images/nb_05.png"alt ="计算机等级考
试"width ="120px"height ="120px"/ > < / a > < / dt >
        < dd >
        < p > < a href ="#" >计算机等级考试 < / a > < / p >
        安妮宝贝著 < br/ >
        < span class ="old - price" > ¥16.00 < / span > < span > ¥9.80 < / span >
        < / dd >
    < /dl >
    < dl >
        < dt > < a href ="#" > < img src ="book/images/nb_06.png"alt ="且以永安"/ > < / a > < /
dt >
        < dd >
        < p > < a href ="#" >自动控制原理 . < / a > < / p >
        唐山宇  著 < br/ >
        < span class ="old - price" > ¥35.00 < / span > < span > ¥26 < / span >
        < / dd >
    < /dl >
    < dl >
        < dt > < a href ="#" > < img src ="book/images/nb_07.png"alt ="电子基础"/ > < / a > < /
dt >
        < dd >
        < p > < a href ="#" >快速改善课堂纪律 < / a > < / p >
        陆荣  著 < br/ >
        < span class ="old - price" > ¥36.00 < / span > < span > ¥24.80 < / span >
        < / dd >
    < /dl >
    < dl >
        < dt > < a href ="#" > < img src ="book/images/nb_08.png"alt ="且以永安"/ > < / a > < /
dt >
        < dd >
        < p > < a href ="#" >C ++教程 < / a > < / p >
        郑莉,李宁 著 < br/ >
        < span class ="old - price" >: ¥36.00 < / span > < span > ¥24.80 < / span >
        < / dd >
    < /dl >
```

```
  <dl>
    <dt><a href ="#"><img src ="book/images/nb_09.png"alt ="且以永安"/></a></
dt>
    <dd>
      <a href ="#"><p>鬼吹灯</p></a>
        张敏,周敢飞 著<br/>
        <span class ="old-price">¥36.00</span><span>¥24.80</span>
    </dd>
  </dl>
  <dl>
    <dt><a href ="#"><img src ="book/images/nb_10.png"alt ="祖传救命老偏方"/
></a></dt>
    <dd>
      <p><a href ="#">祖传救命老偏方</a></p>
        吴晓青编<br/>
        <span class ="old-price">¥28.00</span><span>¥17.50</span>
    </dd>
  </dl>
  </div>
```

② 去除 book_new 的占位背景，加入 1px 实心#e2e2e2 边框，调整其高度值；设置"新书上架"处的字体样式（由于样式与"编辑推荐"的样式完全相同，为此，两者共用一个样式）；设置 dl、dt、dd 标签及其内容、超链接的样式；设置"更多图书"的样式，CSS 代码如下：

```
section #content_newbook.book_new{
    height:446px; /* 因加了上、下两像素的边框,在原高度值448px上减去2像素 */
    width:712px;
    float:right;
    border:1px solid #e2e2e2;
}

section #content_newbook.book_editor.title,section #content_newbook.book_
new.title{
    font:16px "Microsoft Yahei";
    font-weight:bold;
    color:#339;
    height:35px;
    line-height:35px;
    padding-left:10px;
    border-bottom:1px solid #e2e2e2;
}
section #content_newbook.book_new dl {
```

```
    float:left;
    width:130px;
    margin:0px 5px 10px 5px;
}
section #content_newbook.book_new dl dt{
    margin-top:5px;
}
section #content_newbook.book_new dl dd{
    text-align:center;
    width:130px;
    line-height:20px;
    margin-top:2px;
}
section #content_newbook.book_new dl dd span {
    color:#D90000;
}
section #content_newbook.book_new dl dd a {
    color:#0D5B95;
}
section #content_newbook.book_new dl dd a:hover {
    color:#0D5B95;
}
section #content_newbook.book_new span.morebook{
    display:block;
    margin: -25px 0px 15px 600px;
    font:14px "Microsoft Yahei";
    font-weight:bold;
    color:#339;
}
```

③ 预览效果，在其他浏览器中没有问题，但在 IE 浏览器中发现加入超链接后的图片出现了边框，为了在各类浏览器中实现一致效果，在公用初始化样式中设置超链接后的图像无边框，代码如下：

```
/*公用部分初始化样式*/
*{
......
}
......
```

```
a:hover {
    text-decoration:underline;
}

a img{
    border:none;    /*去除超链接图像的边框*/
}
```

步骤4：section 区域局部布局——content_specbook 部分布局。

（1）content_specbook 区域整体布局。其分为左、右两块区域，其中右侧区域又可分为上、下两块区域，如图4-9所示。对应的 HTML 代码如下：

```
<div id ="content_specbook">
    <div class ="book_sort"> </div>
    <div class ="book_spec_author"> <!--下面又分为上、下两个区域-->
      <div class ="book_spec"> </div>
      <div class ="book_author"> </div>
    </div>
</div>
```

图4-9　content_specbook 区域划分

（2）去除 content_specbook 占位的背景色；设置 book_sort、book_spec_author 两块区域对应的大小及占位背景；设置 book_spec_author 内两块区域的大小及占位背景，对应的 CSS 代码如下：

```
section #content_specbook{
    height:424px;
}
section #content_specbook.book_sort{
    height:424px;
    width:258px;
    background:#9C6;
    float:left;
}
section #content_specbook.book_spec_author{
    height:424px;
    width:712px;
    float:right;
}
section #content_specbook.book_spec_author.book_spec{
    height:250px;
    background:#69C;
    margin-bottom:10px;
}
section #content_specbook.book_spec_author.book_author{
    height:164px;
    background:#9FF;
}
```

（3）book_sort 区域布局。

① 在 book_sort 区域内加入文字内容，对应的 HTML 代码如下：

```
<div class ="book_sort" >
    <p class ="title" >图 书 分 类</p>
    <dl >
        <dt >教育</dt >
        <dd >
        <a href ="#"target ="_blank" >教材</a > | <a href ="#"target ="_blank" >外语</a > | <a href ="#"target ="_blank" >考试</a > | <a href ="#"target ="_blank" >中小学教辅</a >
        </dd >
    </dl >
    <dl >
        <dt >文学</dt >
```

```
        <dd >
            <a href ="#"target ="_blank" >小说 </a > | <a href ="#"target ="_
blank" >青春文学 </a > | <a href ="#"target ="_blank" >世界名著 </a > <a href ="#"
target ="_blank" >传记 </a > | <a href ="#"target ="_blank" >纪实文学 </a > | <a
href ="#"target ="_blank" >诗词 </a > </dd >
        </dl >
        <dl >
            <dt >人文社科 </dt >
            <dd >
                <a href ="#"target ="_blank" >哲学 </a > | <a href ="#"target ="_
blank" >社会科学 </a > | <a href ="#"target ="_blank" >政治 </a > | <a href ="#"
target ="_blank" >法律 </a > | <a href ="#"target ="_blank" >军事 </a > | <a href ="
#"target ="_blank" >历史 </a >| <a href ="#"target ="_blank" >地理 </a > </dd >
        </dl >
        <dl >
            <dt >生活时尚 </dt >
            <dd >
                <a href ="#"target ="_blank" >健康 </a > | <a href ="#"target ="_
blank" >娱乐时尚 </a > | <a href ="#"target ="_blank" >育儿/成长 </a > | <a href ="
#"target ="_blank" >旅游 </a > | <a href ="#"target ="_blank" >美容美体 </a >| <a
href ="#"target ="_blank" >美食 </a > | <a href ="#"target ="_blank" >家居 </a > </
dd >
        </dl >
        <dl >
            <dt >工具书 </dt >
            <dd >
                <a href ="#"target ="_blank" >汉语工具书 </a > | <a href ="#"target ="
_blank" >英语工具书 </a > | <a href ="#"target ="_blank" >百科全书 </a > | <a href
="#"target ="_blank" >文学鉴赏辞典 </a > | <a href ="#"target ="_blank" >民族语工具
书 </a > | <a href ="#"target ="_blank" >朗文词典 </a > </dd >
        </dl >
</div >
```

② 去除 book_sort 占位的背景色，加入 1px 实心#e2e2e2 边框，调整因加入边框后导致的高度变化；设置"图书分类"处的字体样式；设置 dt、dd 标签及其内容的样式，CSS 代码如下：

```
section #content_specbook.book_sort{
    height:422px; /*因加了上、下两像素的边框,在原高度值424px上减去2像素*/
```

```
    width:258px;
    float:left;
    border:1px solid #e2e2e2;
}

section #content_specbook.book_sort.title{
    font:16px "Microsoft Yahei";
    font -weight:bold;
    color:#339;
    height:35px;
    line -height:35px;
    padding -left:10px;
}
section #content_specbook.book_sort dl dt{
    font -weight: bold;
    line -height: 25px;
    background: #f8f8f8;
    color:#356774;
    line -height:30px;
    border -top:    1px solid #e2e2e2;
    border -bottom:1px solid #e2e2e2;
    text -indent:15px;}
section #content_specbook.book_sort dl dd{
    line -height:25px;
    padding:0 15px;
}
```

（4）book_spec 区域布局。

"特价图书"区域的多选项卡效果是采用 jQuery 编码实现的。这里先加入第一个选项卡的内容，等具体实现时再加入另外选项卡中的内容。

① 在 book_spec 区域内加入文字内容，对应的 HTML 代码如下：

```
< div class ="book_spec" >
  < div class ="book_tj" >
     < div class ="book_left" >特 价 图 书 </div >
     < div class ="book_type book_type_out" >历史 </div >
     < div class ="book_type" >家教 </div >
     < div class ="book_type" > 文化 </div >
     < div class ="book_type" > 小说 </div >
     < div class ="book_right" > < a href ="#" >更多 &gt;&gt; </a > </div >
  < /div >
  < div class ="book_class" >
     < ! -- 历史 -->
```

```
        <dl id ="book_history" >
            <dt > <img src ="images/dd_history_1.jpg"alt ="history"/> </dt >
            <dd >
                <font class ="book_title" >《中国时代》(上) </font > <br />
                    师永刚,邹明 主编 <br />
                <font class ="book_publish" >出版时间:2009 年10 月 </font > <br />
                < span class ="old -price" > ￥58.80 </span >  < span >  ￥27.5
 </span > <br />
            </dd >
            <dt > <img src ="images/dd_history_2.jpg"alt ="history"/> </dt >
            <dd >
                <font class ="book_title" >中国历史的屈辱 </font > <br />
                王重旭 著 <br />
                <font class ="book_publish" >出版时间:2009 年11 月 </font > <br />
                < span class ="old -price" > ￥39.80 </span > < span >  ￥17.5 </
span >
            </dd >
            <dt > <img src ="images/dd_history_3.jpg"alt ="history"/> </dt >
            <dd >
                < font class ="book_title" >《中国时代》(下) </font > <br />
                师永刚,邹明 主编 <br />
                <font class ="book_publish" > 出版时间:2009 年10 月 </font > <br />
                < span class ="old -price" > ￥40.80 </span > < span >  ￥27.5 </
span >
            </dd >
            <dt > <img src ="images/dd_history_4.jpg"alt ="history"/> </dt >
            <dd >
                < font class ="book_title" >大家国学十六讲 </font > <br />
                张荫麟,吕思勉 著 <br />
                <font class ="book_publish" >出版时间:2009 年10 月 </font > <br />
                < span class ="old -price" > ￥26.80 </span > < span > ￥15.5 </
span >
            </dd >
            <dt > <img src ="images/dd_history_5.jpg"alt ="history"/> </dt >
            <dd >
                < font class ="book_title" >简爱 </font > <br />
                勃朗特  著 <br />
                <font class ="book_publish" >出版时间:2012 年10 月 </font > <br />
                < span class ="old -price" > ￥40.80 </span > < span > ￥15.5 </
span >
            </dd >
            <dt > <img src ="images/dd_history_6.jpg"alt ="history"/> </dt >
```

```
            <dd>
                <font class ="book_title">聊斋志异</font><br />
                张慧芸 编<br />
                <font class ="book_publish">出版时间:2012 年10 月</font><br />
                <span class ="old-price">¥29.80</span> <span>¥15.5
</span>
            </dd>
        </dl>
    </div>
    </div>
```

② 去除 book_spec 占位的背景色，加入 1px 实心#e2e2e2 边框；设置选项卡处及其内部内容的字体样式，CSS 代码如下：

```
section #content_specbook.book_spec_author.book_spec{
    height:250px;
    margin-bottom:10px;
    border:1px solid #e2e2e2;
}
section #content_specbook.book_spec_author.book_spec.book_tj{
    height:35px;
    line-height:30px;
    border-bottom:1px solid #e2e2e2;
}
section #content_specbook.book_spec_author.book_spec.book_tj.book_left{
    margin:5px 50px 0px 10px;
    color:#882D00;
    font:bold 16px "Microsoft Yahei";
    float:left;
}
section #content_specbook.book_spec_author.book_spec.book_tj.book_type{
    float:left;
    margin:2px 0 0 3px;
    width:50px;
    height:34px;
    text-align:center;
    cursor:pointer;
}
section #content_specbook.book_spec_author.book_spec.book_tj.book_right{
    float:right;
    margin-right:5px;
}
```

```
    section #content_specbook.book_spec_author.book_spec.book_class #book_
history dt{
      margin-top:5px;
    float:left;
      width:80px;
      text-align:center;
}
section #content_specbook.book_spec_author.book_spec.book_class #book_
history dt img{
      margin-top:10px;
}
section #content_specbook.book_spec_author.book_spec.book_class #book_
history dd{
      float:left;
      width:145px;
      margin:5px 0px 5px 0px;
      border:2px #fff solid;
    line-height:23px;
}
section #content_specbook.book_spec_author.book_spec.book_class span{
    color:#D90000;
}
section #content_specbook.book_spec_author.book_spec.book_class span.old-
price{
    color:#999;
    text-decoration:line-through;
}
section #content_specbook.book_spec_author.book_spec.book_class   #book_
history.book_title{
      color:#1965b3;
      font-weight:bold;
}
section #content_specbook.book_spec_author.book_spec.book_class   #book_
history.book_publish{
      color:#C00;
}
```

（5）book_author 区域布局。

① 在 book_author 区域内加入文字内容，对应的 HTML 代码如下：

```
    <div class="book_author">
      <p class="title">热门作者</p>
      <img src="images/czz.png" alt="蔡志忠">
```

> <span class = "czz" >蔡志忠 </span >著名漫画家,15 岁起便开始开始从事漫画创作,先后创作出四格漫画《光头神探》《西游记》以及中国经典古籍漫画《庄子说》《老子说》《孔子说》等百余部作品。他的漫画已在 44 个国家和地区出版发行,总印量超过 4000 万册,对中国漫画以及中华传统文化的国际传播,作出了极大的贡献。1999 年,他荣获荷兰克劳斯亲王奖。2008 年,他荣获第 4 届金龙奖华语动漫终身成就奖。

② 去除 book_author 占位的背景色,加入 1px 实心#e2e2e2 边框,调整高度;设置"热门作者"处的字体样式(由于样式与"编辑推荐""新书上架"等的样式完全相同,为此共用一个样式);设置作者图像及文字介绍的样式,CSS 代码如下:

```css
section #content_specbook.book_spec_author.book_author{
    height:162px;    /*在原高度 164 的基础上减去边框的 2 像素 */
    border:1px solid #e2e2e2;
    line - height:25px;
    overflow:hidden;
}
section #content_newbook.book_editor.title,section #content_newbook. book_
new.title, section #content_specbook.book_spec_author.book_author.title{
    font:16px "Microsoft Yahei";
    font - weight:bold;
    color:#339;
    height:35px;
    line - height:35px;
    padding - left:10px;
    border - bottom:1px solid #e2e2e2;
}
section #content_specbook.book_spec_author.book_author img{
    width:100px;
    height:100px;
    float:left;
    margin:0 10px 0 10px;
}
section #content_specbook.book_spec_author.book_author span.czz{
    font:bold 16px "Microsoft Yahei";
    color:#009;
}
section #content_specbook.book_spec_author.book_author p{
    margin - bottom:10px;
}
```

到此,section 部分布局完成。

4. 局部布局——footer 部分

步骤 1:footer 区域整体布局。footer 区域又分为两个区域,如图 4 - 10 所示。

(1) footer 区域划分的 HTML 代码如下:

```
<footer>
    <div class ="btmhelp"></div>
    <div class ="copyright"></div>
</footer>
```

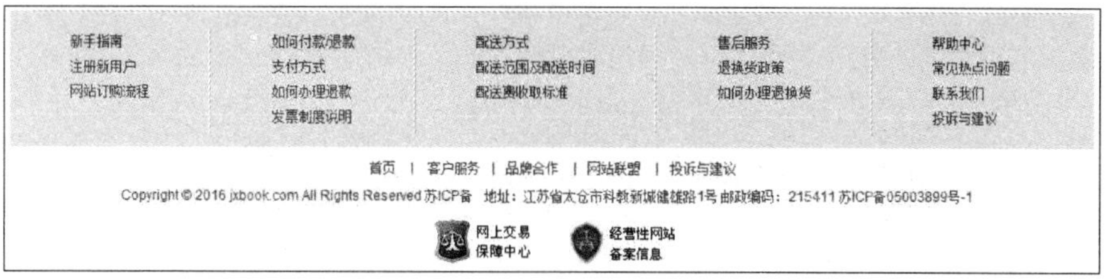

图4－10　footer 区域划分

（2）各区域大小如下：

① btmhelp 部分高：120px；

② copyright 部分高：96px；

③ 两部分间距：10px。

（3）去除 footer 区域的背景色，设置宽度值，并设置位于窗体中间，按上述给出的值设置 btmhelp 和 copyright 两块区域的高度值和背景色，CSS 代码如下：

```
footer{
    height:222px;
    width:982px;
    margin:0 auto;
}

footer.btmhelp{
    height:120px;
    margin-bottom:10px;
    background: #e8e8ea;;
}
footer.copyright{
    height:96px;
    background:#CFC;
}
```

步骤2：footer 区域局部布局—— btmhelp 部分布局。

（1）在 btmhelp 区域内加入文字内容，对应的 HTML 代码如下：

```
<div class ="btmhelp">
        <dl>
            <dt><a href ="#">新手指南</a></dt>
            <dd><a href ="#">注册新用户</a></dd>
            <dd><a href ="#">网站订购流程</a></dd>
        </dl>
        <dl>
            <dt><a href ="#">如何付款/退款</a></dt>
            <dd><a href ="#">支付方式</a></dd>
```

```
        < dd > < a href ="#" >如何办理退款 < /a > < /dd >
        < dd > < a href ="#" >发票制度说明 < /a > < /dd >
      < /dl >
      < dl >
        < dt > < a href ="#" >配送方式 < /a > < /dt >
        < dd > < a href ="#" >配送范围及配送时间 < /a > < /dd >
        < dd > < a href ="#" >配送费收取标准 < /a > < /dd >
      < /dl >
      < dl >
        < dt > < a href ="#" >售后服务 < /a > < /dt >
        < dd > < a href ="#" >退换货政策 < /a > < /dd >
        < dd > < a href ="#" >如何办理退换货 < /a > < /dd >
      < /dl >
      < dl >
        < dt > < a href ="#" >帮助中心 < /a > < /dt >
        < dd > < a href ="#" >常见热点问题 < /a > < /dd >
        < dd > < a href ="#" >联系我们 < /a > < /dd >
        < dd > < a href ="#" >投诉与建议 < /a > < /dd >
      < /dl >
    < /div >
```

（2）设置 dl 内容水平排列，并加入分隔线，调整间距，CSS 代码如下：

```
footer.btmhelp dl{
    float:left;
    background:url(../images/btm_line.gif) right 5px no - repeat;
    padding:6px 55px 0 ; /*设置各 dl 间距离 * /
    line - height:22px;
    margin:10px 0 ;
}
```

（3）观察效果，发现最后一项也加入了分隔线，去除最后一项的分隔线，在 HTML 代码中加入类，并在 CSS 中进行设置，HTML 和 CSS 代码如下：
① HTML 代码：

```
< dl    class ="footer_last" >
    < dt > < a href ="#" >帮助中心 < /a > < /dt >
    < dd > < a href ="#" >常见热点问题 < /a > < /dd >
    < dd > < a href ="#" >联系我们 < /a > < /dd >
    < dd > < a href ="#" >投诉与建议 < /a > < /dd >
< /dl >
```

② CSS 代码：

```
footer.btmhelp dl.last {
  background:none;
}
```

（4）设置 dd 和 dt 标签内的超链接字体样式，相应的 CSS 代码如下：

```
footer.btmhelp dt a {
    color:#d31738;
}
footer.btmhelp dd a {
    color:#666;
}
```

（5）在整体内容上面加分隔线，并设置其样式，其位置需要针对 footer 区域进行绝对定位，相应的 HTML 代码和 CSS 代码如下：

① HTML 代码：

```
< footer >
    < div class ="topline" > < /div >
    < div class ="btmhelp" >
        < dl >
            < dt > < a href ="#" >新手指南 < /a > < /dt >
            < dd > < a href ="#" >注册新用户 < /a > < /dd >
            ......
        < /div >
            ......
< /footer >
```

② CSS 代码：

```
footer{
    height:222px;
    width:982px;
    margin:0 auto;
    position:relative;    /*设置相对定位,为 topline 的父容器*/
}
footer.topline {
    position:absolute;
    top:0px;
    left:20px;
    width:940px;
    height:2px;
    background:url(../images/btm_topline.gif) 0 0 repeat - x;
}
```

步骤 3： footer 区域局部布局—— copyright 部分布局。

（1）在 copyright 区域内加入文字内容，对应的 HTML 代码如下：

```
<div class ="copyright">
    <ul>
        <li><a href ="#">首页</a>|<a href ="#">客户服务</a>|<a href ="#"
>品牌合作</a>|<a href ="#">网站联盟</a>|<a href ="#">投诉与建议</a></li>
        <li>Copyright? 2016 jxbook.com All Rights Reserved 苏 ICP 备 <a href
="http://www.miitbeian.gov.cn"target ="_blank">地址:江苏省太仓市科教新城健雄路1
号 邮政编码:215411 苏 ICP 备 05003899 号 -1</a></li>
        <li><a href ="#"><img src ="images/btm_logo_1.gif"width ="92"
height ="45"alt ="网上交易保障中心"></a> <a href ="#"><img src ="images/btm_
logo_2.gif"width ="96"height ="45"alt ="经营性网站备案信息"></a></li>
    </ul>
</div>
```

（2）删除 copyright 区域的背景色，设置字体颜色，设置 ul、li 标签及其内容的样式，CSS 代码如下：

```
footer.copyright{
    height:96px;
    color:#6b6b75;
}
footer.copyright ul{
    text -align:center;
    line -height:22px;
}
footer.copyright ul li a{
    padding:0 12px;
}
```

到此，footer 部分布局完成。

任务2　"健雄书屋"网站部分分支页布局

【任务需求】

根据分支页的 Photoshop 效果图，利用 HTML5 和 CSS3 在 Dreamweaver CS6 软件中完成部分分支页面布局。

【任务分析】

为了体现一致性，大部分分支页在布局上都采用与首页相同的头部及底部（即 header 和 footer 部分），为此，需将 header 与 footer 部分共用的代码保存到单独的文件中，在分支页布局中将其包含进来即可。下面的布局中只介绍在后续的实现中涉及数据库部分比较少的页面布局，涉及数据库较多的分支页将在具体实现时介绍。

部分分支页布局分为如下子任务：

子任务 1：会员登录注册页面布局；

子任务 2："联系我们"页面布局。

【任务实现】

准备工作：将分支页中共用的 header 和 footer 部分保存为单独文件。

步骤 1：在 Dreamweaver CS6 站点文件夹下新建 "conn" 文件夹（用来保存多数网页中都要使用到的文件），再在该文件下新建两个文件，分别取名为 "header. php" 和 "footer. html"。

步骤 2：打开 "index. php" 文件，复制 < header > …… < /header > 之间的代码到 "header. php" 文件的 < body > …… < /body > 间。

步骤 3：在 "header. php" 文件中，删除 < head > < /head > 这一对标签，删除 < title > …… < /title > 标签及其内容，删除后后续在页面中包含时将不会出现两个头部标签，去除错误，链接样式文件，保存。最后代码如下：

```
<! doctype html >
<html >
<meta charset ="utf - 8 " >
< link href ="../css/style.css"rel ="stylesheet"type ="text/css" >
< body >
  < header >
    ......
  < /header >
< /body >
< /html >
```

步骤 4：按照与 "header. php" 类似的步骤完成 "footer. html" 文件的制作。注意：下侧两个图片的 src 属性需作相应修改，由 < img src =" images/ btm_ logo_ 1. gif" …… > 改为 < img src =" ../ images/ btm_ logo_ 1. gif" …… >。代码如下：

```
<! doctype html >
<html >
<meta charset ="utf - 8 " >
< link href ="../css/style.css"rel ="stylesheet"type ="text/css" >
< body >
< footer class ="jxfooter" >
  < div class ="copyright" >
   < ul >
     ......
< li > < a href ="#" > < img src ="../images/btm_logo_1.gif" alt ="网上交易保障中心" > < /a > < a href = "#" > < img src ="../images/btm_logo_2.gif"alt ="经营性网站备案信息" > < /a > < /li >
     < /ul >
  < /div >
< /footer >
< /body >
< /html >
```

子任务1　会员登录注册页面布局

会员登录注册页面布局的实现步骤如下。

1. 整体布局

步骤1：文件夹及文件的创建。在 Dreamweaver CS6 站点文件夹下新建"bookuser"文件夹（用来保存会员注册、登录的相关文件），再在"bookuser"文件夹下新建"login.php"文件和"images"文件夹（用来保存与注册、登录页面相关的图像文件）。

步骤2：分析页面的分块结构，形成 HTML 组织结构。页面整体分为 header、section 和 footer 三块，如图4-11所示。

图4-11　会员登录注册页面区域划分

步骤3：书写三块区域的 HTML 代码，并将"style.css"文件链接进来。打开"login.php"文件，进入代码区域，书写 HTML 代码如下：

```
<!doctype html>
<html>
<head>
<meta charset="utf-8">
<link href="../css/style.css" rel="stylesheet" type="text/css">
<title>会员登录-注册-JXBOOK.COM</title>
</head>
<body>
<header>
  <!--头部区域-->
</header>
<section class="bookuser_login">
  <!--内容区域-->
</section>
```

```
< footer >
  <!--底部区域-->
</footer>
</body>
</html>
```

步骤4：分别在 header 区域和 footer 区域，将 "conn" 文件夹下的 "header. php" 和 "footer. html" 文件包含进来。HTML 代码如下：

```
< header >
    < iframe src ="../conn/header.php"width ="100%"scrolling ="no"height ="162px"frameborder ="0" > </iframe >
  </header >
< footer >
    < iframe src ="../conn/footer.html"width ="100%"scrolling ="no"height ="96px"frameborder ="0" > </iframe >
  </footer >
```

步骤5：设置 section 部分的 CSS 样式。打开 "css" 文件夹下的 "style. css" 文件，完成 section 区域的大小及背景设置（section 区域宽 982px、高 400px，与 header 和 footer 部分的间距均为 10px），CSS 代码如下：

```
section.bookuser_login{
  width:982px;
  height:400px;
  margin:10px auto；   /*设置上、下间距,水平方向自动,保持居中*/
  background:#6F9；
}
```

2. section 区域布局——整体布局

步骤1：section 区域又分为左侧的 "登录" 和右侧的 "注册新用户" 两个区域，HTML 代码如下：

```
< section class ="bookuser_login" >
    <div class ="loginform" > </div >
    <div class ="registerform" > </div >
  </section >
```

步骤2：去除 bookuser_login 的背景色，设置 loginform 的宽度为 466px，registerform 的宽度为 506px，并设置背景色，CSS 代码如下：

```
section.bookuser_login{
    width:982px;
    height:400px;
    margin:10px auto；  /*设置上、下间距,水平方向自动,保持居中*/
    }
```

```
section.bookuser_login.loginform{
    width:466px;
    height:400px;
    float:left;
    background:#3FF;
}
section.bookuser_login.registerform{
    width:506px;
    height:400px;
    float:right;
    background:#F99;
}
```

3. section 区域局部布局——loginform 区域布局

步骤1：在 loginform 区域内加入表单及相应表单控件内容，HTML 代码如下：

```html
<div class ="loginform">
  <form action ="" method ="post">
    <fieldset>
      <legend>登录 JXBOOK.COM</legend>
      <ul>
        <li class ="current">JXBOOK 用户</li>
      </ul>
      <div class ="box">
        <p>
          <label>用户名:</label>
          <input name ="lname" type ="text" id ="lname">
        </p>
        <p>
          <label class ="pw">密 码:</label>
          <input name ="lpwd" type ="password" id ="lpwd">
        </p>
        <p>
          <label>验证码:</label>
          <input name ="lcode" type ="text" id ="lcode" class ="code">
          <span class ="changenode"><a href ="#">看不清换一张</a></span>
        </p>
        <p>
          <input name ="" type ="submit" value ="登录" class ="loginbtn"/>
          <a href ="#">忘记密码了？</a>
        </p>
```

```
            </div>
            <div class ="cooperation" >
            使用合作伙伴账号登录 JXBOOK: <a href ="#" > <img src ="images/account_
qq.gif"width ="49"height ="21"/> </a >
            </div>
            <dl >
              <dt >温馨提示: </dt >
              <dd >如果还未注册 JXBOOK 用户,请您在右侧完成注册后,再进行登录。</dd >
            </dl >
            <dl >
              <dd class ="f_right" >有任何疑问请点击 <a href ="#" >帮助中心 </a >
或 <a href ="#" >联系客服 </a > </dd >
            </dl >
          </fieldset >
      </form >
  </div >
```

步骤 2：去除 loginform 区域占位的背景色，加 1px 实心#decfe5 边框，调整宽度值；设置各标签及其内容的样式，CSS 代码如下：

```
section.bookuser_login.loginform{
      width:464px;     /*在原宽度值的基础上去除上、下边框的2像素,466-2 */
      height:400px;
      float:left;
      border:1px solid #dcdfe5;
}
section.bookuser_login.loginform label{
      color:#666;
}
section.bookuser_login fieldset{    /*默认是有边框的,需要去除其边框 */
      color:#999;
      margin-top:10px;
      border:none;
      padding:20px;
}
section.bookuser_login  fieldset legend {
      text-indent: -9999px;
      background:url(../bookuser/images/pic_dl.gif) no-repeat;
      height:22px;
      padding-top:10px;
      border-bottom:2px solid #565662;
      width:100% ;    /*这样下划线的长度才是需要的长度 */
```

```
}
section.bookuser_login.loginform li.current {
    height:24px;
    background:url(../bookuser/images/current.gif) no-repeat;
    color:#fff;
}
section.bookuser_login.loginform ul {
    border-bottom:1px solid #a10000;
}
section.bookuser_login.loginform  fieldset p{
    line-height:35px;
}
section.bookuser_login.loginform input {
    border:1px solid #a5afc3;
}
section.bookuser_login.loginform.box {
    padding:15px 50px;
}
section.bookuser_login.loginform input.loginbtn {
    background:url(../bookuser/images/btn_bg.gif) no-repeat;
    width:80px;
    height:25px;
    color:#fff;
    font-weight:bold;
    border:none;
    margin-right:10px;
}
section.bookuser_login.loginform.cooperation {
    color:#666;
}
section.bookuser_login.loginform dt {
    font-weight:bold;
    color:#0e60ae;
    line-height:24px;
}
section.bookuser_login.loginform dd {
    text-indent:2em;
    color:#999;
    line-height:21px;
}
section.bookuser_login.loginform dd.f_right {
    float:right;
```

```
}
section.bookuser_login.loginform dd.f_right a {
    color:#333;
}
```

4. section 区域局部布局——registerform 区域布局

步骤 1：在 registerform 区域内加入表单及相应表单控件内容，HTML 代码如下所示：

```
<div class ="registerform" >
  <form action ="" method ="post" >
    <fieldset >
      <legend >注册新用户 </legend >
  <div >
  <label >Email 地址: </label >
    <input name ="remail" id ="remail" type ="email" class ="register_input" >
  </div >
  <div >
    <label >注册密码: </label >
    <input name ="rpwd" id ="rpwd" type ="password" class ="register_input"
placeholder ="请输入密码" >
    </div >
    <div >
    <label >密码确认: </label >
    <input name ="rqpwd"  id ="rqpwd" type ="password"  class ="register_
input" >
      </div >
      <div >
        <label >姓名: </label >
        <input name =" rname" id =" rname" type ="text"  class ="register_
input" >
      </div >
      <div >
        <label >电话号码: </label >
        <input name =" rphone" id ="rphone" type ="text" class ="register_
input" >
      </div >
      <div >
        <label >家庭地址: </label >
        <input name ="raddress"  id ="raddress" type ="text" class ="register
_input" >
      </div >
```

```
        <div class ="txt_mid" >请阅读 <a href ="#" >《"JXBOOK 网站"服务条款》</a ></
div >
        <div >
           < input name ="" type =" submit " value ="同意以上条款并注册" class ="
resiger" />
        </div >
      </fieldset >
    </form >
  </div >
```

步骤 2：去除 registerform 区域占位的背景色，加 1px 实心 #decfe5 边框，调整宽度值；与登录区域共用 input 标签的样式；设置各标签及其内容的样式，CSS 代码如下：

```
section.bookuser_login.registerform{
    width:504px;      /*506 -2 */
    height:400px;
    float:right;
    border:1px solid #dcdfe5;
}
section.bookuser_login.registerform legend {
    text - indent: - 9999px;
    background:url(../bookuser/images/pic_zc.gif) no - repeat;
    height:22px;
    border - bottom:2px solid #565662;
    padding - top:10px;
    width:100% ;
}
section.bookuser_login.registerform div{
    line - height:40px;
    padding - left:20px;
}
section.bookuser_login.registerform input.resiger {
    background:url(../bookuser/images/btn_bg_l.gif) no - repeat;
    width:150px;
    height:25px;
    color:#fff;
    font - weight:bold;
    border:none;
    margin:10px 0 0 150px;
}
section.bookuser_login.registerform.txt_mid {
    text - align:center;
}
```

至此，会员登录注册页面布局完成。

子任务2　"联系我们"页面布局

"联系我们"页面布局的实现步骤如下。

1. 整体布局

步骤1：文件夹及文件的创建。在 Dreamweaver CS6 站点文件夹下新建"contactus"文件夹（用来保存"联系我们"页面的相关文件），再在"contactus"文件夹下新建"contact.php"文件和"images"文件夹（用来保存页面相关的图像文件）。

步骤2：分析页面的分块结构，形成 HTML 组织结构。页面整体分为 header、section 和 footer 三块，如图4-12 所示。

图4-12　"联系我们"页面整体区域划分

步骤3：书写三块区域的 HTML 代码，并将"style.css"文件链接进来。打开"contact.php"文件，进入代码区域，书写 HTML 代码如下：

```
<! doctype html >
<html >
<head >
<meta charset ="utf-8" >
<link href ="../css/style.css"rel ="stylesheet"type ="text/css" >
<title >帮助中心-联系我们 </title >
</head >
<body >
<header >
  <!--头部区域-->
</header >
<section class ="container" >
```

```
    <!--内容区域-->
  </section>
  <footer>
    <!--底部区域-->
  </footer>
  </body>
</html>
```

步骤4：分别在 header 区域和 footer 区域，将"header.php"和"footer.html"文件包含进来。

步骤5：设置 section 部分的 CSS 样式。打开"css"文件夹下的"style.css"文件，完成 section 区域的大小及背景设置（section 区域宽 982px、高 456px，与 header 和 footer 部分的间距均为 10px），CSS 代码如下：

```
section.container{
    width:982px;
    height:456px;
    margin:10px auto;
    background:#6FF;
}
```

2. section 区域布局——整体布局

步骤1：section 区域又分为上侧的面包屑导航和下侧的相关联系信息两部分，HTML 代码如下：

```
<section class ="container">
    <div class ="crumb"></div>
    <div class ="contxt"></div>
</section>
```

步骤2：去除 container 的背景色，设置 crumb 和 contxt 的高度，并设置背景色，CSS 代码如下：

```
section.container{
  width:982px;
  height:456px;
  margin:10px auto;
}
section.container.crumb{
  height:20px;
  background:#66F;
}
```

```
section.container.contxt{
  height:436px;
  background:#936;
}
```

3. section 区域局部布局——crumb 区域布局

步骤 1：在 crumb 区域内加入内容，HTML 代码如下：

```html
<div class ="crumb">
  <ul>
    <li><a href ="#">首页</a></li>
    <li><a href ="#">帮助中心</a></li>
    <li class ="current"><a href ="#">联系我们</a></li>
  </ul>
</div>
```

步骤 2：去除 crumb 区域占位的背景色，设置宽度；设置各标签及其内容的样式，CSS 代码如下：

```css
section.container.crumb{
    width:100%;
    height:20px;
}
.crumb li{
    float:left;
    background:url(../contactus/images/crumbicon.gif) right 3px no-repeat;
    padding:0 20px;
}
.crumb li.current{
    background:none;
}
```

4. section 区域局部布局——contxt 区域布局

步骤 1：contxt 区域又可以分为左、右两部分，HTML 代码如下：

```html
<div class ="contxt">
  <div class ="sidebar"></div>
  <div class ="content_r"></div>
</div>
```

步骤 2：去除 contxt 区域的背景色，设置左、右两部分的大小及占位的背景色，CSS 代码如下：

```css
section.container.contxt{
    height:436px;
```

```
}
section.container.contxt.sidebar{
    width:190px;
    height:436px;
    float:left;
    background:#CF9;
}
section.container.contxt.content_r{
    width:782px;
    height:436px;
    float:right;
    background:#36F;
}
```

步骤3：sidebar 区域布局。

（1）siderbar 区域又可以分为上、中、下三个区域，HTML 代码如下：

```
<div class ="sidebar" >
    <div class ="leftmenu" > </div >
    <div class ="sidebar_zj" > </div >
    <div class ="sidebar_xm" > </div >
</div >
```

（2）去除 sidebar 区域的背景色，设置上、中、下三部分的大小及占位的背景色，CSS
代码如下：

```
section.container.contxt.sidebar{
    width:190px;
    height:436px;
    float:left;
}
section.container.contxt.sidebar.leftmenu{
    height:202px;
    background:#39F;
    margin - bottom:10px;
}
section.container.contxt.sidebar.sidebar_zj{
    height:150px;
    background:#FF9;
    margin - bottom:10px;
}
section.container.contxt.sidebar.sidebar_xm{
    height:60px;
    background:#F9C;
}
```

（3）leftmenu 区域布局。

① 在区域内加入文字内容，HTML 代码如下：

```html
<div class ="leftmenu">
            <h2>问题分类</h2>
            <ul>
                <li><a href ="#">新手入门</a></li>
                <li><a href ="#">购物指南</a></li>
                <li><a href ="#">配送方式</a></li>
                <li><a href ="#">支付方式</a></li>
                <li><a href ="#">售后服务</a></li>
                <li class ="last"><a href ="#">知识库</a></li>
            </ul>
</div>
```

② 去除 leftmenu 区域占位的背景色，加 1px 实心 #c7c7c7 边框线，设置其各标签样式，CSS 代码如下：

```css
section.container.contxt.sidebar.leftmenu{
    height:202px;
    margin - bottom:10px;
    border:1px solid #c7c7c7;
}
section.container.contxt.sidebar.leftmenu h2 {
    line - height:28px;
    text - indent:10px;
    border - bottom:1px solid #c7c7c7;
}
section.container.contxt.sidebar.leftmenu ul {
    padding - top:4px;
}
section.container.contxt.sidebar.leftmenu li{
    padding - left:13px;
    line - height:26px;
    border - bottom:1px solid #d7d7d7;
    width:160px;
    margin:0 10px;
}
section.container.contxt.sidebar.leftmenu li.last {
    border:none;
}
```

(4) sidebar_zj 区域布局。

① 在 sidebar_zj 区域内加入文字内容，HTML 代码如下：

```html
<div class="sidebar_zj">
        <h2>联系我们</h2>
        <dl>
          <dt>客服电话：</dt>
          <dd>4008-008-888(仅收市话费)</dd>
          <dd>0512-50940656</dd>
          <dt>客服电话：</dt>
          <dd>4008-008-888(仅收市话费)</dd>
        </dl>
    </div>
```

② 去除 sidebar_zj 区域占位的背景色，加 1px 实心 #c7c7c7 边框线，设置其各标签样式，CSS 代码如下：

```css
section.container.contxt.sidebar.sidebar_zj{
    height:150px;
    margin-bottom:10px;
    border:1px solid #c7c7c7;
}
section.container.contxt.sidebar.sidebar_zj h2{
    line-height:28px;
    text-indent:10px;
    margin:0 2px;
}
section.container.contxt.sidebar.sidebar_zj dl{
    margin-top:1px;
    border-top:1px solid #c7c7c7;
    padding:5px 10px 10px;
}
section.container.contxt.sidebar.sidebar_zj dt{
    line-height:22px;
    margin-top:5px;
    font-weight:bold;
}
section.container.contxt.sidebar.sidebar_zj dd{
    line-height:16px;
    font-family:"宋体";
}
```

(5) sidebar_xm 区域布局。

① 在 sidebar_xm 区域内加入文字内容，HTML 代码如下：

```
<div class ="sidebar_xm" >

    <ul >
        <li class ="email" >邮件联系 </li >
        <li class ="msg" >投诉建议 </li >
    </ul >

</div >
```

② 去除 sidebar_xm 区域占位的背景色，加 1px 实心 #c7c7c7 边框线，设置其各标签样式，CSS 代码如下：

```
section.container.contxt.sidebar.sidebar_xm{
    height:60px;
    border:1px solid #c7c7c7;

}
section.container.contxt.sidebar.sidebar_xm  ul li{
    height:28px;
    width:100% ;
    line - height:28px;
    text - indent:50px;
    cursor:pointer;

}
section.container.contxt.sidebar.sidebar_xm li.email {
    background:url(../contactus/images/sub_l_mail.gif) no - repeat;
    border - bottom:1px solid #c7c7c7;

}
section.container.contxt.sidebar.sidebar_xm li.msg {
    background:url(../contactus/images/sub_l_msg.gif) no - repeat;

}
```

步骤 4：content_r 区域布局。

（1）content_r 区域又可以分为上、下两个区域，HTML 代码如下：

```
<div class ="content_r" >
        <div class ="search_help" > </div >
        <div class ="txt_bg" > </div >
</div >
```

（2）去除 content_r 区域的背景色，设置上、下两部分的大小、间距及占位的背景色，CSS 代码如下：

```
section.container.contxt.content_r{
    width:782px;
    height:436px;
    float:right;
```

```
}
section.container.contxt.search_help{
    height:62px;
    background:#C93;
    margin-bottom:10px;
}
section.container.contxt.txt_bg{
    height:364px;
    background:#6FC;
}
```

（3）search_help 区域布局。

① 在 search_help 区域内加入文字内容，HTML 代码如下：

```
<div class ="search_help" >
  <fieldset >
    <label >查找帮助 </label >
    <input name ="" type ="text" class ="input_sear" value ="请输入问题关键字" />
    <input name ="" type ="button" class ="search_btn" />
  </fieldset >
  <ul >
    <li class ="telnuber" >4008-901-888 </li >
    <li >未开通400地区请拨打 </li >
    <li >0512-53940673 </li >
  </ul >
</div >
```

② 去除 search_help 区域的背景色，加 1px 实心#c7c7c7 边框线，设置内部各标签及其内容的样式，CSS 代码如下：

```
section.container.contxt.search_help{
    height:62px;
    margin-bottom:10px;
    border:1px solid #c7c7c7;
}

.search_help fieldset,.search_help input,.search_help label {
    float:left;
}
section.container.contxt.search_help fieldset {
    padding:10px 20px;
    margin-top:5px;
}
```

```
section.container.contxt.search_help label {
    text - indent: - 9999px;
    background:url(../contactus/images/search_font.gif) 0 3px no - repeat;
    width:70px;
    height:28px;
    margin - right:10px;
}

section.container.contxt.search_help input {
    line - height:28px;
    padding - left:10px;
    color:#999;
}

section.container.contxt.input_sear {
    background:url(../contactus/images/input_bg.gif) no - repeat;
    width:336px;
    height:28px;
    border:none;
}

section.container.contxt   .search_btn {
    background:url(../contactus/images/sear_help_btn.gif) no - repeat;
    width:76px;
    height:28px;
}

section.container.contxt.search_help ul {
    float:right;
    background:url(../contactus/images/telicon.gif) 0 center no - repeat;
    width:190px;
    margin:0;
    padding:5px 0;
}

section.container.contxt.search_help li {
    margin - left:55px;
    line - height:16px;
}

section.container.contxt.search_help li.telnuber {
    font - size:16px;
    font - weight:bold;
}
```

（4）txt_bg 区域布局。

① 在 txt_bg 区域内加入文字内容，HTML 代码如下：

```
< div class ="txt_bg" >
    < h3 >联系我们 < /h3 >
    < div class ="infor" >
        < p >如果您对健雄书屋图书有任何疑问,或者对我们的服务有任何意见或建议,非常欢
迎您直接与我们联络,我们将竭诚为您服务。< /p >
        < br >
        < p >客户服务热线(免长途费):4008 - 008 - 888(未开通 400 地区请拨打 0512 -
53940673)< /p >
        < p >订购热线(免长途费):4008 - 008 - 888(未开通 400 地区请拨打 0512 -
53940673)< /p >
        < p >服务时间:7X24 小时 < /p >
        < p >客服传真:0512 - 53941234 < /p >
        < p >客服邮箱:service:jxbook.com < /p >
    < /div >
    < dl  class ="cooperation" >
        < dt >商务合作 < /dt >
        < dd >联系人:孙小姐 < /dd >
        < dd >联系方式:jiajia@ 163.com < /dd >
    < /dl >
    < dl >
        < dt >线上推广合作 < /dt >
        < dd >联系人:王小姐 < /dd >
        < dd >联系方式:xiaohong@ sohu.com.cn < /dd >
    < /dl >
    < dl >
        < dt >联盟合作 < /dt >
        < dd >联系人:陈小姐 < /dd >
        < dd >联系方式:tianyi@ 163.com < /dd >
    < /dl >
< /div >
```

② 去除 txt_bg 区域的背景色,设置内部各标签及其内容的样式,CSS 代码如下:

```
section.container.contxt.txt_bg{
    height:364px;
}

section.container.contxt  .txt_bg h3{
    font - size:12px;
    color:#333;
    line - height:30px;
}
section.container.contxt.txt_bg.infor {
```

```
    overflow:hidden;
    background:url(../contactus/images/img_contact.gif) right -20px no-
repeat;
    padding:0 230px 40px 0;
}
section.container.contxt.txt_bg.infor p{
    line-height:25px;
}
section.container.contxt.txt_bg dl{
    float:left;
    width:220px;
    border:1px solid #E8E8E8;
    border-top:2px solid #D21938;
    margin-right:25px;
    padding:10px 0 20px 0;
    display:inline;
}
section.container.contxt.txt_bg dl.cooperation{
    margin-left:20px;
}
section.container.contxt.txt_bg dt,.txt_bg dd {
    margin-left:10px;
    color:#666;
}
section.container.contxt  .txt_bg dt {
    line-height:25px;
    margin-bottom:5px;
    font-weight:bold;
}
section.container.contxt.txt_bg dd {
    line-height:20px;
}
```

至此，"联系我们"分支页布局完成。

4.3 相关知识

1. HTML、XHTML 和 HTML5

1）HTML

HTML 是一种基于标准通用标记语言（SGML）的应用。最早的 HTML 官方正式规范是 1995 年因特网工程任务组（Internet Engineering Task Force，IETF）发布的 HTML 2.0。万维网联盟（World Wide Web Consortium，W3C）继 IETF 之后，对 HTML 进行了几次升级，直至 1999 年发布 HTML 4.01。

2）XHTML

XHTML（eXtensible HyperText Markup Language）的中文名称是可扩展超文本标记语言，它是一种基于可扩展标记语言（XML）的应用，是 HTML 4.01 的第一个修订版本。由于 XHTML1.0 是基于 HTML4.01 的，它并没有引入任何新标签或属性（XHTML 可以看作 HTML 的一个子集），其表现方式与 HTML 类似，只是语法更加严格，例如：XHTML 中的所有标签必须小写，所有标签必须闭合，每一个属性都必须使用引号包住；< br > 要写成 < br/ >，不能写为 < BR/ >；使用了 < p > 之后必须有一个 < /p > 以结束段落。几乎所有的网页浏览器在正确解析 HTML 的同时，都可兼容 XHTML。2000 年 1 月 26 日，XHTML1.0 成为 W3C 的推荐标准。XHTML2.0 仅在注重页面规范和可用性上作了改进。

3）HTML5

XHTML 只是在内容结构上改进了原有的 HTML 系统，缺乏交互性。在这个 Web App 大行其道的时代，XHTML2 有些力不从心，这就催生了 HTML5，它是 HTML 的第 5 次重大修改。HTML5 草案的前身名为 Web Applications 1.0，于 2004 年被网页超文本技术工作小组（Web Hypertext Application Technology Working Group，WHATWG）提出，于 2007 年被 W3C 接纳。

2008 年 1 月 22 日，HTML5 的第一份正式草案公布。2013 年 5 月 6 日，HTML 5.1 正式公布。草案公布后又进行了多达近百项的修改，包括 HTML 和 XHTML 的标签，相关的 API、Canvas 等，同时 HTML5 的图像 img 标签及 svg 也进行了改进，性能得到进一步提升。

2. HTML5

1）HTML5 的主要变化

HTML5 提供了一些新的元素和属性，如 header、nav（网站导航块）和 footer。这种标签有利于搜索引擎的索引整理，同时更适用于小屏幕装置和视障人士。除此之外，它还为其他浏览要素提供了新的功能，如 audio 和 video 标记。

（1）取消了一些过时的 HTML4 标记。

被取消的标记中包括纯粹显示效果的标记，如 font 和 center，它们已经被 CSS 取代。HTML5 吸取了 XHTML2 的一些建议，包括一些用来改善文档结构的功能，比如新的 HTML 标签 header、footer、dialog、aside、figure 等的使用，这使内容创作者能够更加容易地创建文档，之前的开发者在实现这些功能时一般都是使用 div。

（2）将内容和展示分离。

b 和 i 标签依然保留，但它们的意义已经和之前有所不同，HTML5 重新定义 < b > 只表示粗体，< i > 只表示斜体，而 < strong >、< i > 表示强调。u、font、center、strike 这些标签则被完全去掉了。

（3）一些全新的表单输入对象。

新的对象包括日期、URL、Email 地址，其他的对象则增加了对非拉丁字符的支持。HTML5 还引入了微数据，这使机器可以识别标签标注内容的方法，使语义 Web 的处理更为简单。总的来说，这些与结构有关的改进使内容创建者可以创建更干净、更容易管理的网页，这样的网页对搜索引擎、读屏软件等更为友好。

（4）全新的、更合理的 Tag。

HTML5 定义了很多有较好功能的新标签，如 audio（声音）、video（视频）等标签，这使多媒体对象将不再全部绑定在 object 或 embed Tag 中。

（5）本地数据库。

HTML5 内嵌一个本地的 SQL 数据库，以加速交互式搜索、缓存以及索引功能。同时，那些离线 Web 程序也将因此获益匪浅。

（6）Canvas 对象。

其将使浏览器具有直接绘制矢量图的能力，这意味着用户可以脱离 Flash 和 Silverlight，直接在浏览器中显示图形或动画。

（7）浏览器中的真正程序。

HTML5 提供 API 实现浏览器内的编辑、拖放，以及各种图形用户界面的能力。内容修饰 Tag 将被剔除，而使用 CSS。

（8）HTML5 取代了 Flash 在移动设备的地位。

（9）HTML5 强化了 Web 页的表现性，增加了本地数据库。

2）HTML5 主要的语义和结构标签说明

在 HTML5 以前的页面布局中，<div> 是一个非常多见的标签元素，<div> 配上一定的样式就可应用于特定场景，如页眉、侧边栏、导航栏等。为了方便维护，设计人员常给这些 <div> 赋值具有特殊名称的 ClassName（样式类名）或 ID。但 <div> 的问题在于，它本身不反映与页面相关的任何信息，当搜索机器人、屏幕阅读器、设计工具、浏览器遇到 <div> 标签时，只知道它是一个独立的区块，而不知道区块的意图。要通过 HTML5 改进这种情况，则要新增标签，把 <div> 替换成更具有描述性的语义标签。这些语义标签的行为与 <div> 标签类似，它们仅为一组标签，除此之外在格式上没有其他作用，还是通过对标签应用样式来美化页面。使用语义标签会使网页更容易修改和维护、更无障碍性、更易于搜索引擎优化。HTML5 新增的页面级语义标签如下：

（1）header 标签。

其用于定义网页或文章的头部区域，可包含 logo、导航、搜索条等内容。

（2）section 标签。

其通常标注为网页中的一个独立区域，用于定义文档中的节，如章节、页眉、页脚或页面的其他部分。它可以和 <h1>、<h2> 等元素结合起来使用，表示文档结构。

（3）footer 标签。

其用于定义网页或文章的尾部区域，可包含版权、备案、联系信息等内容。

（4）nav 标签。

其表示一级链接的导航，搜索引擎会搜索它所包含的关键字。

（5）article 标签。

其为完整、独立的内容块，里面可包含独立的 <header>、<footer> 等结构元素，如新闻、博客文章等独立的内容块。

（6）aside 标签。

其定义主内容之外的内容块及页面上一些与主题联系不大而相对独立的辅助信息区域，

常见形式是侧边栏，可包含产品列表、文章列表、企业联系方式、友情链接等。

（7）figure 标签。

其代表一段独立的内容，经常与 <figcaption> 配合使用，<figcaption> 标注图题（插图的标题），<figure> 内嵌 <figcaption> 和插入图像的 <img>，反映图像和图题之间是关联的。

（8）figcaption 标签。

其用来定义 <figure> 元素的标题。

3）HTML 表单和输入元素

HTML 表单用于搜集不同类型的用户输入。表单是一个包含表单元素的区域，表单元素允许用户在表单中输入内容，比如文本域（textarea）、下拉列表、单选框（radio – buttons）、复选框（checkboxes）等。

（1）HTML 表单：使用表单标签 form 来设置。

格式如下：

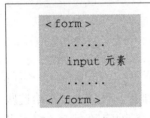

```
< form >
    ......
    input 元素
    ......
</ form >
```

（2）HTML 表单中的输入元素。

多数情况下被用到的表单标签是输入标签（input），输入类型是由类型属性（type）定义的。大多数经常被用到的输入类型有：

① 文本域（Text Fields）。

文本域通过 <input type =" text" > 定义，当用户要在表单中键入字母、数字等内容时，就会用到文本域。如输入姓名和年龄的文本框，代码如下：

```
< form >
    姓名:< input type ="text"name ="myname" > <br >
    年龄:< input type ="text"name ="myage" >
</ form >
```

② 密码字段。

密码字段通过 <input type = " password" > 定义。如输入密码的文本框，这样密码字段字符不会明文显示，而是以星号或圆点替代，代码如下：

```
< form >
    密码:< input type ="password"name ="pwd" >
</ form >
```

③ 单选按钮（Radio Buttons）。

单选按钮通过 < input type = " radio" > 定义。如性别的选择，代码如下：

```
< form >
  < input type ="radio"name ="sex"value ="男" < br >
  < input type ="radio"name ="sex"value ="女" > Female
</ form >
```

④ 复选框（Checkboxes）。

复选框通过 < input type = "checkbox" > 定义，用户需要从若干给定的选择中选取一个或若干选项。如爱好的多项选择，代码如下：

```
< form >
  < input type ="checkbox"name ="game"value ="游戏" > 游戏 < br >
  < input type ="checkbox"name ="program"value ="编程" > 编程
</ form >
```

⑤ 提交按钮（Submit Button）。

提交按钮通过 < input type = "submit" > 定义，当用户单击"确认"按钮时，表单的内容会被传送到另一个文件。表单的动作属性定义了目的文件的文件名。由动作属性定义的这个文件通常会对接收到的输入数据进行相关的处理。

```
< form name ="input"action ="html_form_action.php"method ="post " >
  用户名：< input type ="text"name ="user" >
  < input type ="submit"value ="提交 " >
</ form >
```

在上面的文本框内键入内容，然后单击"提交"按钮，那么输入数据会传送到 "html_ form_action. php" 的页面。

⑥ 重置按钮（Reset Button）。

重置按钮通过 < input type = " reset " > 定义，当用户单击重置按钮时，表单元素中的内容都被清空。

```
< form name ="input"action ="html_form_action.php"method ="post " >
  用户名：< input type ="text"name ="user" >
  < input type ="reset"value ="取消" >
</ form >
```

4）HTML5 新增表单元素属性

（1）Form 属性。

在 HTML4 中，表单内的元素必须写在表单内部，而在 HTML5 中则不一定写在内部，可以写在页面上的任何地方，只要给该元素指定一个 form 属性，该属性为 form 表单的 id，这样就可以声明该元素从属哪个指定的表单了。例如：

```
< form id ="mytest" >
    < input type ="text"/>
</ form >
< textarea form ="mytest" > </ textarea >
```

input 元素在 form 元素内部，所以它不需要使用 form 指定 id，而 textarea 在 form 表单的外面，所以它需要指定 id。

（2）formaction 属性。

在 HTML4 中，一个表单内的所有元素只能通过 action 属性统一提交到另外一个页面，然而在 HTML5 中，可以分别提交到不同页面，使用 formaction 即可，这样在单击不同的按钮时可以将表单提交到不同的页面。例如：

```
< form id ="test"action ="first.php" >
    < input type ="submit"name ="玩具"value ="玩具"formaction ="toy.php" >
    < input type ="submit"name ="日化"value ="日化" >
    < input type ="submit"name ="饰品"value ="饰品"formaction ="Decrator.php"  >
</form >
```

（3）formmethod 属性。

在 HTML4 中，一个表单只有一个 action 元素对表单内所有的元素统一指定提交页面，所以这个表单内也只会有有一个提交方式 method，但在 HTML5 中可以通过 formmethod 属性添加不同的提交方式。例如：

```
    < form id ="test"action ="first.php" >
     < input type =" submit " name ="玩具" value ="玩具" formaction =" toy.php"
formmethod ="get" >
     < input type ="submit"name ="日化"value ="日化"formmethod ="post" >
     < input type ="submit"name ="饰品"value ="饰品"formaction = "Decrator.php"
formmethod =" put"  >
    </form >
```

（4）placeholder 属性。

placeholder 指的是文本输入框处于未输入状态时文本框中显示的输入提示，其实现方法是加上 placeholder 属性，然后指定提示文字即可。例如：

```
< input type ="text"placeholder ="请输入姓名"/>
```

（5）autofocus 属性。

给文本框加上该属性，当页面打开时，该控件自动获得光标焦点。例如：

```
< input type ="text"autofocus >
```

5）HTML5 改良的 input 元素种类

（1）url 类型。

url 类型的 input 是一种专门输入 URL 地址的文本框，输入的必须是网站地址。

（2）email 类型。

email 类型的 input 元素是一种专门提交输入 Email 地址的文本框，如果提交的不是

Email 地址则不允许提交，但是它不检查该 Email 是否存在。

（3）date 类型。

date 类型的 input 元素以日历的形式方便用户输入日期。例如：

time 类型的 input 元素是一种专门用来输入时间的文本框，并且在提交时会对输入时间的有效性进行检查，它的外表取决于它的浏览器，它可以是简单的文本框。

（4）datetime 类型。

datetime 类型的 input 元素是一种专门检查 UTC 日期和时间的文本框，并且在提交时会对输入的日期和时间进行有效性检查。

（5）month 类型。

month 类型的 input 元素是一种专门输入月份的文本框，并且在提交时对输入的月份进行有效性检查。

（6）week 类型。

week 类型是一种专门输入周号的文本框，并且在提交时对输入的周号进行有效性检查。它可以是简单的文本输入框，允许用户输入一个数字，也可以更加准确。

（7）number 类型。

number 类型的 input 元素是一种专门输入数字的文本框，并且在提交时检查输入的是否为数字，它具有 max、min 和 step 属性。其中 max 表示不能超过的最大值，min 表示不能超过的最小值，setp 表示阶梯性递增递减。

（8）range 类型。

range 类型的 input 元素表示的是只允许一段范围内的文本框，它具有 min、max 和 step 属性。

（9）search 类型。

serach 类型的 input 元素是一种专门输入搜索关键词的文本框，serach 类型与 text 类型仅在外观上有区别。

（10）tel 类型。

tel 类型的 input 元素为专门输入电话号码的专用文本框，它没有专门的校验规则，不强制输入数字。

（11）color。

color 类型的 input 元素提供一个颜色选择器。

更多关于 HTML5 标签的详细情况，请查阅 HTML5 帮助文档及相关 API。

6）对不支持 HTML5 标签的浏览器的处理

HTML5 标签并不是所有的浏览器都支持，不支持的浏览器把不识别的标签当作行元素来处理，而 HTML5 的页面结构型标签需要被处理为块元素，需要在样式表中添加一条样式规则，这样大多数浏览器就能支持相关标签了。样式规则如下：

```
header,hgroup,article,figure,figcaption,section,footer,nav,aside{
  display:block;
}
```

这里所提的大多数浏览器不包括 IE8 及更早版本的浏览器，换句话说，它们会拒绝给无法识别的标签应用样式。需要采用其他方案，如通过 JavaScript 创建新元素，让 IE 识别外来元素。通过填加脚本代码等可以让 IE 识别 header 标签并为 header 标签应用样式：

```
<script>document.createElement("header")</script>
```

3. CSS3

CSS（Cascading Style Sheet）的中文名称为层叠样式表，它是 W3C 组织指定的一种网页技术。CSS 使用一系列规范的格式来设置一些规则，称为样式，并通过样式来控制 Web 页面内容的外观及特效。在网页制作时采用层叠样式表技术，可以有效地对页面的布局、字体、颜色、背景和其他效果实现更加精确的控制。只要对相应的代码作一些简单的修改，就可以改变同一页面的不同部分，或者页数不同的网页的外观和格式。

1996 年 12 月 17 日，CSS1 发布，并于 1999 年 1 月 11 日被重新修订为 CSS2 发布。CSS2 添加了对媒介（打印机和听觉设备）和可下载字体的支持。CSS3 是 CSS 技术的升级版本，CSS3 的语言开发是朝着模块化方向发展的。以前的规范作为一个模块太过庞大而且比较复杂，所以，把它分解为一些小的模块，使更多新的模块也加入进来。这些模块包括：盒子模块、列表模块、超链接方式、语言模块、背景和边框、文字特效、多栏布局等。

CSS3 完全向后兼容，网络浏览器还将继续支持 CSS2。CSS3 的主要影响是其可以使用新的可用的选择器和属性，这允许实现新的设计效果（动态和渐变）。

1）CSS 的优点

"层叠样式表"中的"叠"是指对同一个元素或 Web 页面应用多个样式的能力。例如，可以创建一个 CSS 规则来定义颜色，创建另一个 CSS 规则来定义边距，然后将两者应用于一个页面中的同一文本。所定义的样式"叠"到 Web 页面上的元素，并最终实现理想的设计效果。

CSS 有如下优点：

（1）多个样式可以重复利用。

（2）多个网页可共用同一个 CSS 文件。

（3）减少了页面代码，提高了网页加载速度。CSS 驻留在缓存里，在打开同一个网站时由于已经提前加载而不需要再次加载。

（4）容易更新，只要对 CSS 规则中定义的样式进行修改，则应用该样式的所有文档都可以自动更新。举个例子，假设一个网站的正文文字的字号要由原来的 14px 改为 12px，如果不使用 CSS，则要逐个打开站点的页面进行修改，一个站点有可能包含十几个页面，有些多达几十个页面，其工作量很大。如果应用了 CSS，则只需要在 CSS 文件中修改相应的样式，这十几个乃至几十个页面均可自动更新，从而达到事半功倍的效果。

2）CSS 样式的组成

CSS 样式的组成如下：

```
选择符 {属性：值；}
```

其中大括号内的部分称为声明。

单一选择符的复合样式声明应该用分号隔开：

```
选择符 {
        属性1：值1；
        属性2：值2；
        ......；
        属性n：值n；
}
```

选择符是标识已设置格式的元素（如 p、h1、类名称或 id）的术语，指明对谁施加规则。在下面的示例中，p 是选择器，介于大括号({})之间的所有内容都是声明：

```
p {font – family: "宋体";
   font – size: 14px;
   line – height: 20px;
   color: #FF0000;
}
```

在上例中，声明由两部分组成：属性（如 font – family）和值（如" 宋体"）。段落标识符 p 的使用规则是：字体为宋体，字号为14px，行距为20px，颜色为#FF0000（红色）。

3）如何插入样式表

浏览网页时，当浏览器读到一个样式表时，浏览器会根据它来格式化 HTML 文档，插入样式表的方法有以下三种：内联样式、内部样式表、外部样式表。

三种类型样式表的应用场合：当有多个网页要用到 CSS 时，采用外部样式表，这样网页的代码大大减少，修改起来非常方便；只在单个网页中使用的 CSS 时，采用内部样式表；只有在一个网页内的少数位置才用到 CSS 时，采用内联样式。

（1）内联样式。

内联样式是写在标签里面的，它只针对自己所在的标签起作用。如 < p style =" font – size：14px；color：red；" >学习 CSS </p >，这个 style 定义段落中的字体是 12 像素的红色字。由于内联样式要将表现和内容混杂在一起，内联样式会损失掉样式表的优势，一般不采用这种方法，当样式仅需要在一个元素上应用一次时可以使用内联样式。

（2）内部样式表。

内部样式表是写在 < head > </head >里面的，它只针对它所在的 HTML 页面有效。当单个文档需要特殊的样式时，可以使用内部样式表，如：

```
<html >
<head >
<title >无标题文档 </title >
<style type ="text/css" >
    h1.bigone {font – size:16px;color:red;text – align:center;}
</style >
</head >
<body >
```

```
< h1 class ="bigone" >标题文字是 16 像素红色居中字体。< /h1 >
< h1 >这个标题无样式。< /h1 >
< /body >
< /html >
```

可见，内部样式表的写法如下：

```
< style type ="text/css" >
  ......
< /style >
```

（3）外部样式表。

如果需要制作很多网页，而且页面结构十分复杂，并且多个页面中要利用重复的样式，就需要使用外部样式表。可以把所有的样式存放在一个以".css"为扩展名的文件里，然后将这个 CSS 文件链接到各个网页中。每个页面使用 link 标签链接到样式表。

link 标签通常用在文档的头部，如：

```
< head >
  < meta charset ="utf -8 " >
  < title >健雄书屋欢迎您！< /title >
  < link href ="css/style.css"rel ="stylesheet"type ="text/css" >
< /head >
```

浏览器会从文件外部样式表 "style.css" 中读到样式声明，并根据它来格式文档。外部样式表可以在任何文本编辑器中进行编辑。外部样式表文件不能包含任何 html 标签。

4）CSS3 的三种选择

CSS3 和 HTML5 一样，存在兼容性问题。登录网站 "http：//caniuse.com" 即可以查询浏览器版本对 CSS3 和 HTML5 的支持情况，输入 CSS3 的属性名即可。在使用 CSS3 时有三种选择：

（1）选择能用的。如果某个样式功能得到了所有浏览器的支持，则使用，否则不使用。

（2）通过 CSS 功能作为增强。允许网站在不同的浏览器中显示存在差异，使用能用的，使基本效果是一样的，然后利用 CSS3 添加不同的装饰效果。先列出兼容性最后的属性，再列出新属性，以覆盖之前的属性，而对它不识别的浏览器会忽略这些新样式。这些增强功能，也要让多数新版浏览器支持，不要让网站在不同的浏览器之间体验差别过大，以免使部分用户觉得受到了不同的待遇。

（3）通过检查兼容性，判断使用替代样式。有些样式是组合样式，在兼容性上有冲突，无法达到增强的效果。可以通过 Modernizr 工具（可在 "http：//modernizr.com/" 网站下载）判断浏览器对样式的支持情况，然后通过脚本代码针对不同的浏览器使用不同的样式，也可以用 JavaScript 代替 CSS 效果。

4.4　项　目　小　结

　　HTML5 的语义化标签及属性，可让开发者非常方便地实现清晰的 Web 页面布局；CSS3 的效果渲染，使快速建立丰富灵活的 Web 页面相对简单。本项目通过 HTML5 和 CSS3 完成了网站首页及分支页布局。

4.5　同　步　实　训

1. 实训

实训主题：校园网网站首页布局。

实训目的：会使用 HTML5 和 CSS3 布局校园网网站首页。

实训内容：

利用 HTML5、CSS3 实现校园网网站首页的布局，完成字体、超链接、图片等格式的设置。

2. 习题

（1）下面说法错误的是＿＿＿＿＿＿＿＿。

A. CSS 样式表可以将格式和结构分离

B. CSS 样式表可以控制页面的布局

C. CSS 样式表可以使许多网页同时更新

D. CSS 样式表不能制作体积更小、下载进度更快的网页

（2）CSS 样式表不可能实现＿＿＿＿＿＿＿＿功能。

A. 将格式和结构分离　　　　　　　B. 一个 CSS 文件控制多个网页

C. 控制图片的精确位置　　　　　　D. 兼容所有的浏览器

（3）若要在网页中插入样式表"main. css"，在以下用法中，正确的是＿＿＿＿＿＿。

A.　< a href =" main. css" type = text/css rel = stylesheet >

B.　< link src =" main. css" type = text/css rel = stylesheet >

C.　< link href =" main. css" rel =" stylesheet" type =" text/css" >

D.　< include href =" main. css" type = text/css rel = stylesheet >

（4）若要在当前网页中定义一个独立类的样式 myText，使具有该类样式的正文字体为 Arial，字体大小为 9pt[①]，行间距为 13.5pt，以下定义方法中，正确的是＿＿＿＿＿＿＿。

　　A.

```
<style>
.myText{font - family:Arial;font - size:9pt;line - height:13.5pt}
</style>
```

[①]　pt 是 CSS 中字体大小的单位，是 point 的缩写，表示绝对大小（px 表示相对大小）。

B.

```
.myText{ font – family:Arial; font – size:9pt;line – height:13.5pt}
```

C.

```
<style>
.myText{fontname:Arial;fontsize:9pt;lineheight:13.5pt}
</style>
```

D.

```
<style>
.myText{fontname:Arial;font – size:9pt;line – height:13.5pt}
</style>
```

（5）下面不属于 CSS 插入方式的是_____。

A. 索引式   B. 内联样式

C. 内部样式表   D. 外部样式表

项目五
网站首页动态实现

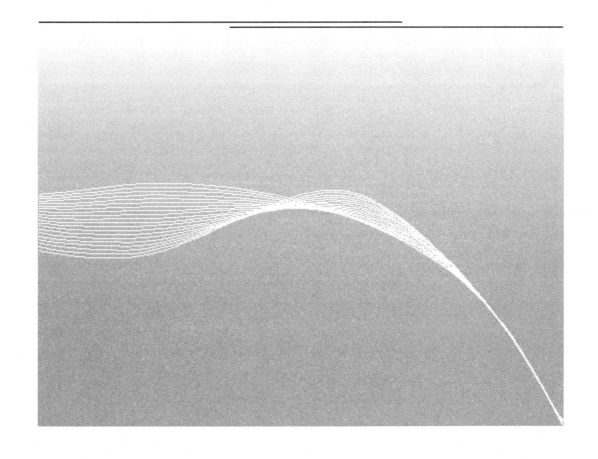

子项目1

"健雄书屋"网站数据库、数据表设计

【学习导航】

工作任务列表：

任务1："健雄书屋"网站数据库、数据表设计；

任务2：数据库、数据表的导出与导入。

【技能目标】

(1) 会使用 MySQL 库管理工具 phpMyAdmin 完成数据库、数据表的创建与管理；

(2) 会使用 MySQL 库管理工具 phpMyAdmin 完成数据库、数据表的导出与导入。

5.1.1 情境描述

开发一个动态网站需要使用数据库保存数据信息。PHP 支持操作多种数据库系统，如 MySQL、SQL Server 和 Oracle 等。在各种数据库中，MySQL 由于其免费、跨平台、使用方便、访问率高等优点得到了广泛应用。"健雄书屋"网站利用 PHP 操作 MySQL 数据库实现首页及各分支页。

5.1.2 项目实施

任务1 "健雄书屋"网站数据库、数据表设计

【任务需求】

根据"健雄书屋"网站需求，利用 phpMyAdmin 创建数据库 db_book，同时设计相应的数据表，用来完成书屋用户信息、图书信息、管理员信息、订单信息等数据的存储。

【任务分析】

"健雄书屋"可以实现从用户注册到购买图书的全部流程，并且在后台管理中可以实现对图书、图书类型、用户、公告信息、留言信息的添加和管理功能等。因此，根据系统的需求，成功创建数据库后，需要设计相应的数据表（包括创建表结构和向数据表中插入记录），才能实现对数据的存储和使用。

使用 phpMyadmin 创建数据库与 数据表 1

使用 phpMyadmin 创建数据库与 数据表 2

【任务实现】

"健雄书屋"网站数据库、数据表设计步骤如下：

步骤1：创建数据库 db_book。

（1）启动 MySQL 库管理工具 phpMyAdmin。在浏览器地址栏中输入"http：//127.0.0.1/phpmyadmin/"（或单击任务栏中的 ■ 图标，在弹出的快捷菜单中单击"phpmyadmin"命令），若站点配置时使用了 8080 端口，则输入"http：//127.0.0.1：8080/phpmyadmin"，进入软件的管理界面，如图 5 - 1 所示。

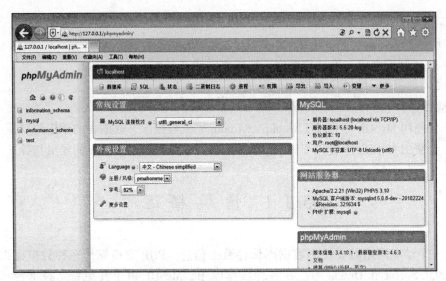

图 5 - 1   phpMyAdmin 管理界面

（2）单击 ■ **数据库** 选项卡，打开本地数据库管理页面，在"新建数据库"文本框中输入数据库的名称 db_book，在"整理"下拉列表框中，选择"utf8_general_ci"项，如图 5 - 2 所示。

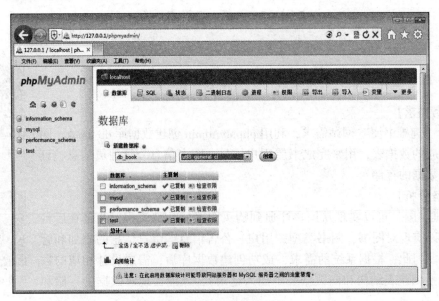

图 5 - 2   创建数据库

（3）单击"创建"按钮，返回常规设置页面，此时在数据库列表中已经建立了 db_book 数据库。

（4）数据库创建成功后，若需修改数据库名称及编码方式等，可在左侧数据库列表中选择 db_book 后，单击"操作"选项卡，进入数据库的相关操作界面，如图 5 – 3 所示。

图 5 – 3　数据库的相关操作界面

步骤 2：设计"健雄书屋"网站数据表。

（1）"健雄书屋"网站共需建立 9 张数据表，各数据表的相关信息见表 5 – 1 ~ 表 5 – 9。

① 书屋动态（通知公告）表 jx_news：用于存储网站首页发布的通知公告，见表 5 – 1。

表 5 – 1　书屋动态（通知公告）表

列名	说明	数据类型	约束
nid	公告编号	int（4）	主码（自增字段）
ntitle	公告标题	varchar（100）	not null
ncontent	公告内容	text	not null
ntime	公告发布时间	date	not null

② 图书类型信息表 jx_btype：用于存储图书的类别信息，见表 5 – 2。

表 5 – 2 图书类型信息表

列名	说明	数据类型	约束
btid	图书类型编号	int（4）	主码（自增字段）
btypename	类别名称	varchar（50）	not null

③ 图书信息表 jx_book：用于存储图书的基本信息，见表 5 – 3。

表 5 – 3 图书信息表

列名	说明	数据类型	约束
bid	图书编号	int（4）	主码（自增字段）
btid	图书类型	int（4）	not null，引用 jx_ btype 外码
bname	图书名	varchar（20）	not null
bpress	出版社	varchar（50）	not null
bpubdate	出版日期	date	not null
bversion	版次	varchar（10）	not null
bauthor	图书作者	varchar（210）	not null
btranslator	图书译者	varchar（20）	
bisbn	图书 ISBN	varchar（20）	not null
brice	图书定价	double	not null
bpages	图书页码	int（11）	not null
boutline	图书简介	text	not null
bcatalog	图书目录	text	not null
bmarketprice	市场价	double	not null
bmemberprice	会员价	double	not null
bpic	图书封面图	varchar（50）	not null
bstoremount	图书库存量	int（11）	not null
bstoretime	入库时间	date	not null
bpackstyle	封装方式	varchar（50）	not null

④ 订单信息表 jx_order：用于存储用户订单的内容，见表 5 – 4。

表 5 – 4 订单信息表

列名	说明	数据类型	约束
oid	自动编号	int	not null（自增字段）
orderid	订单编号	varchar（20）	主码
uid	客户编号	int	not null，引用 jx_user 外码
oreceiver	下单日期	datetime	not null
odate	总订购数量	int	not null

列名	说明	数据类型	约束
omount	留言	varchar（100）	
omessage	送货方式	varchar（100）	not null
oreceiveradd	支付方式	varchar（100）	not null
oreceivertel	收货人姓名	varchar（10）	not null
ototalprice	收货地址	varchar（20）	not null

⑤ 管理员信息表 jx_manager：用于存储网站管理员的相关信息，见表 5 - 5。

表 5 - 5　管理员信息表

列名	说明	数据类型	约束
mid	管理员编号	int（4）	主码（自增字段）
mname	用户名	varchar（10）	not null
mpwd	密码	varchar（20）	not null

⑥ 订单详情信息表 jx_orderdetail：用于存储订单的相关信息，见表 5 - 6。

表 5 - 6　订单详情信息表

列名	说明	数据类型	约束
odid	自动编号	int（4）	主码（自增字段）
odetailid	详细订单编号	int（11）	not null
orderid	订单号	varchar（20）	not null，引用 jx_order 外码
bid	图书编号	int（4）	not null
ordermout	订购数量	int（11）	not null
poststatus	发货状态	varchar（10）	not null，默认为未发货，其值取为 "未发货" 或 "已发货"
selltotalprice	卖出总价	double	not null

⑦ 图书评价信息表 jx_comment：用于存储用户对图书的评价信息，见表 5 - 7。

表 5 - 7　图书评价信息表

列名	说明	数据类型	约束
cid	图书评价编号	int（4）	主码（自增字段）
bid	图书编号	int（4）	not null，引用 jx_book 外码
uid	评论客户编号	int（4）	not null，引用 jx_user 外码
cdate	评论时间	date	not null
ccontent	评论内容	text	not null
cflag	审核标志	varchar（10）	not null

⑧ 客户留言信息表 jx_reply：用于存储用户对图书的留言信息，见表 5 - 8。

表 5 - 8　客户留言信息表

列名	说明	数据类型	约束
rid	用户留言编号	int（4）	主码（自增字段）
rtitle	留言标题	varchar（200）	not null
rcontent	留言内容	text	not null
uid	用户编号	int（4）	not null，引用 jx_user 外码
rdate	留言时间	date	not null

⑨ 客户信息表 jx_user：用于存储客户的相关信息，见表 5 - 9。

表 5 - 9　客户留言信息表

列名	说明	数据类型	约束
uid	客户编号	int（4）	主码（自增字段）
uname	客户姓名	varchar（10）	not null
upwd	客户密码	varchar（50）	not null，密码经过 md5 加密
ufrozen	是否冻结	int（4）	not null，0 为未冻结，1 为冻结
uphone	客户电话	varchar（20）	not null
uemail	客户 email	varchar（50）	not null
uaddress	客户地址	varchar（500）	not null
utime	注册时间	date	not null

（2）利用管理工具 phpMyAdmin 设计数据表。下面以新建客户数据表 jx_user 为例，其他数据表的创建及修改步骤相似。

① 新建数据表 jx_user。进入 phpMyAdmin，在导航栏中单击"jx_book"数据库，此时数据库还没有创建任何一张表，单击"新建数据表"，在"名字"框中输入"jx_user"，在"字段数"框输入"6"，如图 5 - 4 所示。

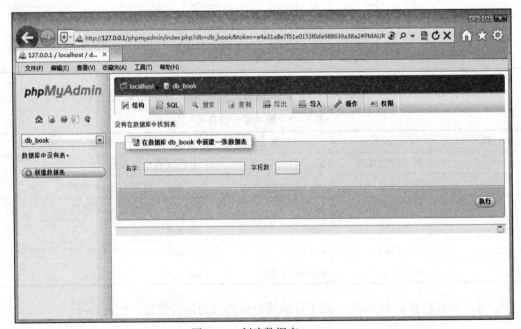

图 5 - 4　创建数据表 jx_user

② 执行之后，进入创建数据表的管理界面，输入完表结构信息后单击"保存"按钮，即创建完成数据表，如图 5 - 5 所示。

图 5 - 5　创建数据表 jx_user 中的字段

③ 数据表创建成功后，可在当前数据库的查询界面显示出表的各项信息，如图 5 - 6 所示。

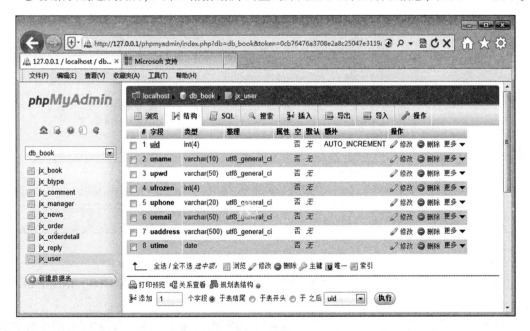

图 5 - 6　显示数据表 jx_user 的信息

（3）修改数据表结构。

在新建数据表的过程中，如果没有设置主键，没有设置自增，或者少设计了字段以及设计的过程中出现了错误，都需要使用 phpMyAdmin 编辑功能来修改已经创建的数据表中的字段或者添加新的字段。

① 添加字段。进入表的管理界面后，默认显示的是表结构，在表结构的下方，若要添加新的字段，可以填写需要添加的字段个数和字段添加的位置，有 3 种位置可选：于表结尾、于表开头、于之后，如图 5-6 所示。根据需要选取好位置后，单击"执行"按钮，即可添加。

② 修改字段。表结构中每个字段都提供了修改和删除功能，在需要修改的字段后单击"修改"按钮，进入字段修改界面，即可按需要进行修改。

● 假如在设计表结构时忘了设置主键，则需添加主键，如图 5-7 所示。

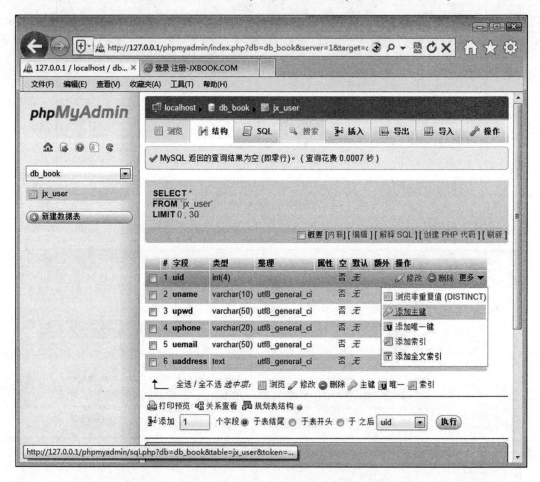

图 5-7　为 jx_user 表添加主键

● 增加字段的自增功能。单击"修改"按钮后，在界面中勾选"AUTO_ INCREMENT"选项，如图 5-8 所示。

步骤 3： 为数据表添加记录。由于 jx_user 中的密码由 md5 加密，不方便采用这种方式添加记录，这里以为数据表 jx_book 添加记录为例。

在 phpMyAdmin 管理界面左侧的导航列中选择 db_book 数据库中的 jx_book 数据表，单击"插入"选项卡完成数据的插入和添加，信息输入完毕后，单击"执行"按钮后提示数据库插入数据成功，如图5-9所示。

图5-8　为 jx_user 表添加 AUTO_ INCREMENT 字段

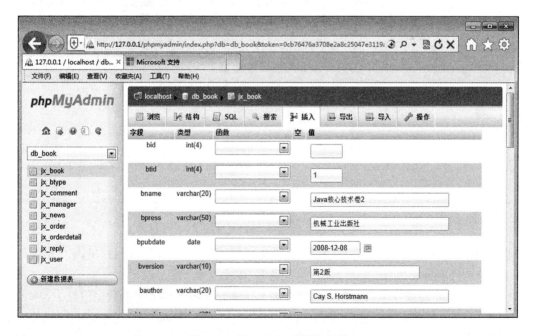

图5-9　为 jx_book 表添加记录

注意：对于自增字段，添加记录时不需要输入信息，如 jx_book 中的 bid 的值会自动生成。

任务 2 "健雄书屋"网站数据库、数据表的导出与导入

【任务需求】

数据库、数据表创建完成后,将数据库中的数据表结构、表记录导出为"db_book.sql"脚本文件。若机房装有还原卡,在下次使用数据表时,需要将"db_book.sql"脚本文件导入。

【任务分析】

为了方便数据库中数据的转移,在 phpMyAdmin 管理工具中可以将数据表结构、表记录导出为".sql"脚本文件,通过生成和执行 MySQL 脚本实现数据库的备份和还原操作。下次在机房再次使用数据库时需要将导出的脚本文件导入。

【任务实现】

"健雄书屋"网站数据库、数据表的导出与导入步骤如下:

步骤 1:导出数据。将 db_book 中的数据表及其记录导出"db_book.sql"脚本文件,存于站点文件夹下的"data"文件夹中(若"data"文件夹不存在,则新建)。

(1)选择 db_book 数据库。在左边的导航列中选择 db_book 数据库,默认以列表的方式显示数据库中的所有表,如图 5 - 10 所示。

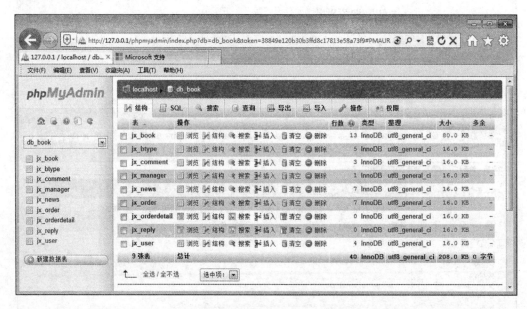

图 5 - 10 db_book 数据库管理界面

(2)单击"导出"选项卡,看到信息为导出数据库中的数据表后,单击"执行"按钮,如图 5 - 11 所示。

注意:一定要确认导出数据库中的数据表,这样导出的才是完整的数据信息。

步骤 2:导入数据。将站点中"data"文件夹下的"db_book.sql"导入 phpMyAdmin 数据管理界面中。

(1)进入 phpMyAdmin 数据管理界面后,单击"导入"选项卡,如图 5 - 12 所示。

图 5 – 11 导出 db_book 数据库

图 5 – 12 导入选项卡信息

（2）单击"浏览"按钮，选取"data"文件夹下的"db_book. sql"，即可在左侧导航列中看到 db_book 数据库。

5.1.3 相 关 知 识

1. phpMyAdmin

phpMyAdmin 是最常用的 MySQL 维护工具，是一个用 PHP 开发的基于 Web 方式架构的在网站主机上的 MySQL 图形管理工具，它支持中文，管理数据库也非常方便。phpMyAdmin 使用非常广泛，尤其是在进行 Web 开发方面。其不足之处在于对大数据库的备份和恢复不方便。

WampServer 软件在安装后自动对 MySQL 进行配置，内部集成了 phpMyAdmin，非常方便初学者使用。

MySQL 图形管理工具很多，常用的还有 MySQL GUI Tools、Navicat、SQLyog 等。通过这些图形管理工具，可以使 MySQL 的管理更加方便。

2. MySQL 及其数据类型

1）MySQL

要想长期保留网站数据，除了可以把数据存储在文件中，还可以使用数据库保存数据信息。PHP 支持操作多种数据库系统，如 MySQL、Access 和 Oracel 等。其中，PHP 和 MySQL 的组合使用最为广泛，被称为"最佳组合"，其由于开放源码，被广泛应用于 Internet 上的中小型网站。

2）MySQL 数据类型

可以使用 MySQL 的命令行创建数据表，但这对初学者来说比较困难，而使用 phpMyAdmin 可以把这个过程变得简单。在存储数据时，必须先确定字段类型。MySQL 的字段类型分为 3 个种类，包括数值类型、日期时间类型、字符串类型。每个类型又分小类，这些小类的长度各有差别。下面列出 MySQL 的字段类型及其占用的字节数。

（1）数值类型：分为整型、浮点型，其对应的含义见表 5 - 10 和表 5 - 11。

表 5 - 10 MySQL 整型数据类型及其含义

MySQL 数据类型	含义（有符号）
tinyint	1 字节，范围（ - 128 ~ 127）
smallint	2 字节，范围（ - 32768 ~ 32767）
mediumint	3 字节，范围（ - 8388608 ~ 8388607）
int	4 字节，范围（ - 2147483648 ~ 2147483647）
bigint	8 字节，范围（ + - 9. 22 * 10 的 18 次方）

表 5 - 10 定义的是有符号数据类型，若加上 unsigned 关键字，定义成无符号的类型，那么对应的取值范围就要发生变化，如 tinyint unsigned 的取值范围为 0 ~ 255。

表 5 - 11 MySQL 浮点型数据类型及其含义

MySQL 数据类型	含义（有符号）
float(m, d)	4 字节，单精度浮点型，m 总个数，d 小数位
double(m, d)	8 字节，双精度浮点型，m 总个数，d 小数位
decimal(m, d)	decimal 是存储为字符串的浮点数

（2）日期和时间数据类型，其对应含义见表 5 - 12。

表 5 – 12　日期和时间数据类型及其含义

MySQL 数据类型	含义（有符号）
date	3 字节，日期，格式：2014 – 09 – 18
time	3 字节，时间，格式：08：42：30
datetime	8 字节，日期时间，格式：2014 – 09 – 18 08：42：30
timestamp	4 字节，自动存储记录修改的时间
year	1 字节，年份

（3）字符串数据类型，其含义见表 5 – 13。

表 5 – 13　字符串数据类型及其含义

MySQL 数据类型	含义（有符号）
char(n)	固定长度，最多 255 个字符
varchar(n)	可变长度，最多 65 535 个字符
tinytext	可变长度，最多 255 个字符
text	可变长度，最多 65 535 个字符
mediumtext	可变长度，最多 $2^{24} - 1$ 个字符
longtext	可变长度，最多 $2^{32} - 1$ 个字符

相关说明：

（1）char(n) 和 varchar(n) 中 n 代表字符的个数，并不代表字节个数，所以在使用中文的时候（UTF8）其意味着可以插入 n 个中文，但是实际会占用 n×3 个字节。

（2）char 和 varchar 的最大区别就在于 char 不管实际 value 都会占用 n 个字符的空间，而 varchar 只会占用实际字符应该占用的空间 +1，并且（实际空间 +1）≤n。

（3）超过 char 和 varchar 的 n 设置后，字符串会被截断。

（4）char 的上限为 255 字节，varchar 的上限为 65 535 字节，text 的上限为 65 535 字节。

（5）char 在存储的时候会截断尾部的空格，varchar 和 text 则不会。

（6）varchar 会使用 1 ~ 3 个字节来存储长度，text 则不会。

3）数据类型属性

（1）auto_increment。

auto_increment 能为新插入的行赋一个唯一的整数标识符。为列赋此属性将为每个新插入的行赋值上一次插入的 ID +1。MySQL 要求将 auto_increment 属性作为主键的列。此外，每个表只允许有一个 auto_increment 列。

（2）binary。

binary 属性只用于 char 和 varchar 值。当为列指定了该属性时，可将其以区分大小写的方式排序。与之相反，忽略 binary 属性时，将使用不区分大小写的方式排序。

（3）default。

default 属性确保在没有任何值可用的情况下，赋予某个常量值。这个值必须是常量，因为 MySQL 不允许插入函数或表达式。此外，此属性无法用于 BLOB 或 TEXT 列。如果已经为此列指定了 null 属性，没有指定默认值时默认值将为 null，否则默认值将依赖字段的数据类型。

（4）index。

如果所有其他因素都相同，要加速数据库查询，使用索引通常是最重要的一个步骤。索引一个列会为该列创建一个有序的键数组，每个键指向其相应的表行。以后针对输入条件可以搜索这个有序的键数组，与搜索整个未索引的表相比，这将使数据库在性能方面得到极大的提升。

（5）not null。

如果将一个列定义为 not null，将不允许向该列插入 null 值。建议在重要情况下始终使用 not null 属性，因为它提供了一个基本验证，确保已经向查询传递了所有必要的值。

（6）null。

为列指定 null 属性时，该列可以保持为空，而不论行中其他列是否已经被填充。注意，null 的精确说法是"无"，而不是空字符串或 0。

（7）primary key。

primary key 属性用于确保指定行的唯一性。指定为主键的列中，值不能重复，也不能为空。为指定为主键的列赋予 auto_increment 属性是很常见的，因为此列不必与行数据有任何关系，而只是作为一个唯一标识符。主键又分为以下两种：

① 单字段主键。

如果输入到数据库中的每行都已经有不可修改的唯一标识符，一般会使用单字段主键。注意，此主键一旦设置就不能再修改。

② 多字段主键。

如果记录中任何一个字段都不可能保证唯一性，就可以使用多字段主键。这时，多个字段联合起来确保唯一性。如果出现这种情况，指定一个 auto_increment 整数作为主键是更好的办法。

（8）unique。

被赋予 unique 属性的列将确保所有值都不同，只有 null 值可以重复。一般指定一个列为 unique，以确保该列的所有值都不同。

（9）zerofill。

zerofill 属性可用于任何数值类型，用 0 填充所有剩余字段空间。例如，无符号 int 的默认宽度是 10，因此，当"零填充"的 int 值为 4 时，这表示它为 0000000004。

5.1.4　项 目 小 结

PHP 与 MySQL 的完美结合，成为开发中小型网站的首选，WampServer 的配置简单，是初学者搭建动态站点环境的首选。本项目利用 WampServer 中的 MySQL 管理工具 phpMyAdmin 完成了"健雄书屋"动态网站数据库和 9 张数据表的设计工作，为后续首页及分支页中信息的获取提供了保障。

5.1.5　同 步 实 训

实训

实训主题：校园网数据库、数据表设计。

实训目的：会使用 MySQL 管理工具 phpMyAdmin 完成数据库、数据表的创建。

实训内容：

（1）利用 phpMyAdmin 创建数据库 db_campus。

（2）利用 phpMyAdmin 创建校园网动态网站的各数据表。数据表结构自主确定，各表的主要功能为：

① 校园新闻数据表：浏览者可以查看校园新闻，管理者能发布新闻。

② 管理员数据表：可以在利用用户名和密码登录成功后完成校园新闻的发布。

子项目 2

"健雄书屋" 网站首页动态实现

【学习导航】

工作任务列表:

任务1:"健雄书屋" 网站前台与后台数据库连接;

任务2:"健雄书屋" 网站首页信息从数据库动态获取;

任务3:"健雄书屋" 网站首页搜索功能的实现。

【技能目标】

(1) 会利用 PHP 访问 MySQL 数据库;

(2) 会利用 PHP 对数据表和记录等进行操作;

(3) 能完成 jQuery 特效制作。

5.2.1 情 境 描 述

用户在网站购书,首先进入的是网站的首页,所以在首页上制作简洁、清晰、详细的图书展示区域,是吸引用户的一个关键因素。图书如何与数据表中的相关信息进行关联,实现动态更新,是本项目的重点。

5.2.2 项 目 实 施

任务1 "健雄书屋" 网站前台与后台数据库连接

【任务需求】

在站点文件夹 "conn" 文件夹下新建 "conn. php" 文件,用来存放 PHP 连接 MySQL 数据库的代码。

【任务分析】

设计数据库之后,需要将数据库连接到网页上,这样网页才能调用数据库显示和存储相应的信息。由于网站中大部分页面都需要与数据库进行交互,为了减少冗长代码,同时也便于后续修改,一般情况下,将数据库连接的程序代码写在一个文件中,在需要连接数据库的页面中进行调用即可。

php 连接 mySQL
数据库1

php 连接 mySQL
数据库2

【任务实现】

"健雄书屋"网站前台与后台数据库连接的步骤如下：

步骤1：检查是否存在 db_book 数据库，若无，则导入。进入 MySQL 管理工具 phpMyAdmin 界面，检查左侧列中是否存在 db_book 数据库，若没有，将站点文件夹下的"data"文件夹中的"db_book.sql"脚本文件导入。

步骤2：文件夹及文件的创建。在站点文件夹"conn"文件夹下新建"conn.php"文件。

步骤3：将自动生成的代码全部删除。

步骤4：输入连接代码，如下所示：

```php
<?php
//连接数据库,本地服务器,数据名为 db_book, 用户名为 root, 密码为空, 字符集为 utf8
$conn = new PDO ( " mysql: host = localhost; dbname = db_ book; charset = utf8"," root","");
//检查是否连接成功, 返回连接错误信息
if (mysqli_ connect_ errno ()) {
    die ('数据库连接错误!') . mysqli_ connect_ error ();
}
//设置数据库的字体为 utf8
$conn ->query (" set names utf8");
?>
```

步骤5：检测连接是否成功。打开站点文件夹下的"test.php"文件（若该文件已删除，则新建该文件），在该文件的 < body > </body > 标签内输入代码，如下所示：

```php
<?php
//调用数据库连接文件
require_once('conn/conn.php');
//根据连接情况,给出相应提示
if( $conn == false){
    echo "数据库连接失败!";
}
else{
    echo "数据库连接成功!";
}
?>
```

步骤6：若弹出"数据库连接成功!"，表明正确连接数据库；若弹出"连接失败"，则首先检查 WampServer 是否启动并显示为绿色图标，其次检查数据库名称是否书写正确。

任务2 "健雄书屋"网站首页信息从数据库动态获取

【任务需求】

从数据库获取项目四中首页布局中的"最新动态""新书上架"两个栏目中的信息，并

正确显示之。

【任务分析】

获取"最新动态""新书上架"两个栏目中的信息，前提是数据表中有这两个栏目对应的记录信息，然后通过 PHP 操作 MySQL 数据库 db_book，完成数据信息的显示。PHP 对 MySQL 的操作过程为：连接数据库 > 执行 SQL 语句 > 操作结果集 > 关闭数据库。

该任务分为如下子任务：

子任务 1："最新动态"栏目数据信息的显示；

子任务 2："新书上架"栏目数据信息的显示。

【任务实现】

由于两个子任务都需要操作 db_book 数据库，连接数据库为两个子任务的共性操作，为此，先完成数据库的连接：打开"index. php"文件，将光标定位于 < body > 标签的上一空行（按回车键实现空行），调用"conn"文件夹下的"conn. php"文件，完成数据库连接，代码如下：

```
<!doctype html >
<html >
<head >
    ......
</head >
<?php require_once('conn/conn.php');?>
<body >
<header >
    ......
```

子任务 1   "最新动态"栏目数据信息的显示

步骤如下：

步骤 1：为 jx_news 数据表填加记录。进入 phpMyAdmin 管理界面，为 db_book 数据库中的 jx_news 数据表填加至少 7 条记录。

步骤 2：将光标定位到能重复显示最新动态信息的标签处。进入 Dreamweaver CS6 代码视图界面，在"index. php"文件中找到"最新动态"栏目所在的 < div > 区域，这里采用 < ul > < li > 标签静态显示了 6 条信息，重复显示的是 < li > </li > 标签内的内容。

步骤 3：删除重复显示的后 5 条 < li > </li > 标签及其内容，留第 1 条 < li > </li > 标签及其内容。

步骤 4：完成页面中 6 条标题的显示。

（1）连接数据库。前面已完成该操作，此处略。

（2）将光标定位于 < ul > 标签末尾，按下回车键，在空行处书写代码，将 db_book 数据库 jx_news 表中的前 6 条记录按信息加入时间降序排列查询，代码如下：

```
<div class ="book_notice" >
    <h2 >......</h2 >
    <ul >

    <?php
    $rsnews = $conn -> query ( " SELECT * FROM jx_news ORDER BY ntime DESC
LIMIT 0,6");
```

```
    $ rownews = $ rsnews -> fetch( );
?>
        < li > < a href ="#" > 客服中心防诈骗重要提示 </a > </li >
    </ul >
</div >
```

（3）将"< li > < a href = "#" > 客服中心防诈骗重要提示 </a > </li >"中的内容替换为查询结果集中的相关信息，代码如下：

```
< li > < a href ="#" > <?php echo $ rownews['ntitle'] ? > </a > </li >
```

（4）浏览网页观察效果，发现不能显示所指定的6条动态信息，只显示1条，此时需加入循环语句，以完成指定条数记录的显示，代码如下：

```
<ul >
<?php
    $ rsnews = $ conn -> query( "SELECT * FROM jx_news ORDER BY ntime DESC LIMIT 0,6");
    while( $ rownews = $ rsnews -> fetch()){
?>
        < li > < a href ="#" > <?php echo $ rownews['ntitle'] ? > </a > </li >
<?php
        }
?>
</ul >
```

加入循环代码后显示的前6条信息如图5-13所示。

步骤5：依据布局空间大小，调整标题显示的字符数。观察图5-13可发现，若标题字符数太多，会出现多行显示的情况，为了达到统一一致的美观效果，将字符数超过一定数量后多余的字符进行截取。这里截取前15个字符作为动态信息的标题。如"健雄书屋荣获'江苏省太仓市新闻出版业网站十佳'荣誉称号"标题将以"健雄书屋荣获'江苏省太仓市新闻…'"显示。

（1）判断字符串长度，若长度大于15个字符则截取，代码如下：

```
< li > < a href ="#" >
    <?php
        $ newt = $ rownews['ntitle'];
        if(strlen( $ newt ) >45){
                $ newt = substr( $ newt,0,45)."...";
        }
        echo $ newt;
    ?>
</a > </li >
```

说明：由于 utf8 编码中 1 个汉字占 3 个字节，所以长度比较时取值为 45。

（2）浏览网页，观察效果，如图 5 – 14 所示。

图 5 – 13　"最新动态" 栏目的最新发布的前 6 条信息　　　图 5 – 14　标题字符截取后的效果

子任务 2　"新书上架" 栏目数据信息的显示

步骤如下：

步骤 1：为 jx_book 数据表填加记录。进入 phpMyAdmin 管理界面，为 db_book 数据库中的 jx_book 数据表填加至少 10 条记录。

注意：bpic 字段的值为图片的文件名，只需文件名，不需文件所在的路径。

步骤 2：将光标定位到能重复显示图书信息的标签处。进入 Dreamweaver CS6 代码视图界面，在 "index. php" 文件中找到 "新书上架" 栏目所在的 < div > 区域，这里采用 < dl > < dt > 和 < dd > 标签静态显示了 10 条最新图书的信息，重复显示的是 < dl > </dl > 标签内的内容。

步骤 3：删除重复显示的后 9 条 < dl > </dl > 标签及其内容，留第 1 条 < dl > </dl > 标签及其内容。

步骤 4：完成页面中 10 项新书信息的相关内容显示。

（1）连接数据库。前面已完成该操作，此处略。

（2）将光标定位于 < dl > 标签的上方，按下回车键，在空行处书写代码，将 db_book 数据库 jx_book 表中的前 10 条记录按信息加入时间降序排列查询，由于要显示 10 项相关信息，需要加入循环语句，代码如下：

```
< div class ="book_new" >
    < p class ="title" >新 书 上 架 </p > < span class ="morebook" >…< a href ="#" >
        更多新书 </a > </span >

        <?php
            $rsbooks = $conn -> query( "SELECT * FROM jx_book ORDER BY bstoretime
DESC LIMIT 0,10" );
            while( $rowbooks = $rsbooks -> fetch()){
        ?>
        < dl >

        < dt > < a href ="#" > < img src ="book/images/nb_01.png" alt ="Java 核心
技术卷 2 "/> </a > </dt >
        < dd >
            < p > < a href ="#" >Java 核心技术卷 2 </a > </p >
            Cay S.Horstmann 著 < br/>
            < span > ￥24.80 </span >
```

```
        </dd>
    </dl>
        <?php
            |
        ?>
    </div>
```

（3）将"＜dt＞＜/dt＞标签内的 src 和 alt 属性、＜dt＞＜/dt＞和＜dd＞＜/dd＞标签内的内容替换为查询结果集中的相关信息，代码如下：

```
<dl>
    <dt><a href="#"><img src="book/images/ <?php echo $rowbooks["bpic"]; ?>"alt="<?php echo $rowbooks["bname"]; ?> "/></a></dt>
    <dd>
        <p><a href="#"> <?php echo $rowbooks["bname"]; ?> </a></p>
        <?php echo $rowbooks["bauthor"]; ?> <br/>
        <span>￥< ?php echo $rowbooks["bmemberprice"]; ?> </span>
    </dd>
</dl>
```

说明：网站将所有关于图书的图片信息均存储于站点文件夹下的"book/images"文件夹中。
（4）浏览网页，观察效果，如图 5 – 15 所示。

图 5 – 15　"新书上架"栏目的显示效果

步骤 5：观察图 5 – 15 可发现，若书名字符数太多，会出现多行显示的情况，为了达到统一一致的美观效果，将字符数超过一定数量后多余的字符进行截取。这里截取书名的前 9

个字符显示。

（1）判断字符串长度，若长度大于 9 个字符则截取，代码如下：

```
<dd>
    <p><a href="#">
        <?php
            $newb = $rowbooks['bname'];
            if(strlen($newb)>27){
                $newb = substr($newb,0,27);
            }
            echo $newb;
        ?>
    </a></p>
    ......
</dd>
```

（2）浏览网页，观察效果，如图 5 - 16 所示。

图 5 - 16　图书名称截取后的效果

"特价图书"栏目中图书信息的显示同"新书上架"栏目，此处略。

任务 3　"健雄书屋"网站首页搜索功能的实现

【任务需求】

在搜索框中输入搜索关键字，单击"搜索"按钮，完成相关信息的搜索及显示功能。如在搜索框中输入"哈佛经验"后，弹出相应的搜索结果页面，如图 5 - 17、图 5 - 18 所示。

【任务分析】

搜索功能是完成网站中图书信息的查询，并将查询到的结果以页面的形式显示。搜索时在搜索框内输入的信息是不全面的，为了完成相应的信息搜索，相对应的 SQL 查询语句应该是模糊查询。

图 5-17　在首页搜索框中输入信息

图 5-18　搜索结果页面

【任务实现】

搜索功能实现的步骤如下：

步骤 1：搜索框中文本框及下拉列表框的命名。下拉列表框的 name 和 id 属性均取名为"searchitem"，文本框的 name 和 id 属性均取名为"searchinfo"，代码如下：

```
< div class ="search" >
    < form name ="form1" method ="post" action ="" >
        < select name ="searchitem" id ="searchitem" class ="searchselect" >
            < option value ="bname" > 书名 </option >
            ......
        </select >
        < input type ="text" name ="searchinfo" id ="searchinfo" class ="searchinput" >
    ......
    </form >
</div >
```

步骤 2：新建文件，并将表单提交给该文件。在站点文件夹下新建"searchresult. php"

文件，设置 < form > 标签的 action 属性值为"searchresult. php"，并设置 target 属性的值，以使搜索结果页面在新窗口中打开，代码如下：

```
< div class ="search" >
        < form name ="form1" method ="post" action ="searchresult.php"  target ="_
blank" >
        ......
        < /form >
< /div >
```

步骤3：变更站点文件夹下"conn"文件夹中的"header. php"。由于各个分支页中的 header部分都引用"header. php"，为了实现在各分支页中也能实现信息搜索功能，对"header. php"中的 < form > < /form > 中的代码进行相应变更。

步骤4："searchresult. php"页面布局。

（1）整体布局。观察图5-18可见，整体布局分为三部分，HTML代码如下：

```
< !doctype html >
< html >
< head >
< meta charset ="utf -8 " >
< title >无标题文档 < /title >
< /head >
< body >
    < header > < /header >
    < section > < /section >
    < footer > < /footer >
< /body >
< /html >
```

（2）设置标题，引用"style. css"样式表文件，共用头部和底部代码。设置 < title > 标签的值为"健雄书屋——信息搜索"，引用"style. css"样式表文件，分别在 < header > < /header > 和 < footer > < /footer > 内共用"conn"文件夹下的"header. php"和"footer. html"文件，代码如下：

```
< !doctype html >
< html >
< head >
    ......
    < title >健雄书屋 -- 信息搜索 < /title >
    < link href ="css/style.css" rel ="stylesheet" type ="text/css" >
< /head >
< body >
< header >
```

```
        < iframe src ="conn/header.php"width ="100%"scrolling ="no"height ="
162px"frameborder ="0" > </iframe >
   </header >
   <section > </section >
   <footer >
      < iframe src ="conn/footer1.html"width ="100%"scrolling ="no"height ="110px"
frameborder ="0" > </iframe >
   </footer >
   </body >
   </html >
```

（3）section 部分布局。section 部分采用表格布局，在 < section > </section > 标签内插入一个 5 行 3 列的表格（在代码视图下将光标定位于 < section > 与 </section > 标签中间，进入代码视图，执行"插入"/"表格"命令），表格选项设置如图 5－19 所示。

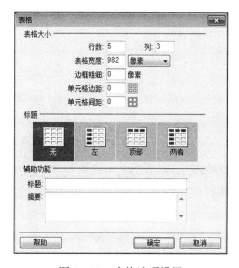

图 5－19　表格选项设置

（4）表格处理。将第 1 行的第 1、2 列合并；分别将第 2、3、4 行的第 1 列和第 3 列合并；将第 5 行的第 1、2、3 列合并，最终效果如图 5－20 所示。

图 5－20　合并处理后的表格

（5）为表格第 1 行加入左侧的前景图像和整体背景图像，为第 1 行最后 1 列输入文字"共有 XX 项符合条件的查询结果"（其中 XX 的值需要数据库统计，这里先占位）。前景图像通过 < img > 标签加入，背景图像通过 CSS 样式实现。

① HTML 代码如下：

```
< table width ="982"border ="0"cellspacing ="0"cellpadding ="0" >
      <tr class ="result_head" >
```

```
            < td colspan ="2" > < img src ="images/search_xx.gif" > </td >
            < td >   </td >
        </tr >
        ......
    </table >
```

② 在"style. css"文件的最后书写 CSS 样式，代码如下：

```
    /* searchresult.php 样式 */
section table.result_head{
    background:url(../images/ssbg.gif) repeat -x;
}
```

（6）将搜索到的结果信息分页显示。

① 获取由"index. php"页面中用户输入的相关信息（搜索信息和搜索类别），在 < table > 标签的上方空出一行，在空行处书写代码以获取用户输入的信息，代码如下：

```
    < ? php
    //isset 函数检测变量是否设置,第一次接收表单来的信息,第二次接收地址栏的信息
    $ searchitem = isset( $ _POST['searchitem'])? $ _POST['searchitem']: $ _GET['
searchitem'];  $ searchinfo = isset( $ _POST['searchinfo'])? $ _POST['searchinfo']:
$ _GET['searchinfo'];
    ? >
```

② 连接数据库，依据用户输入的相关信息完成数据表相关信息的查询（若查询结果不止一个，则按出版日期降序排列），依据查询结果给出相应的信息提示，代码如下：

```
    < ? php
    //isset 函数检测变量是否设置,第一次接收表单来的信息,第二次接收地址栏的信息
    $ searchitem = isset( $ _POST['searchitem'])? $ _POST['searchitem']: $ _GET['
searchitem'];  $ searchinfo = isset( $ _POST['searchinfo'])? $ _POST['searchinfo']:
$ _GET['searchinfo'];
    require_once('conn/conn.php');
    $ rs = $ conn -> query ( " SELECT * FROM jx_book WHERE " . $ searchitem. " LIKE '%" .
$ searchinfo. "%' ORDER BY bpubdate DESC");
    $ count = $ rs -> rowCount();
    if( $ count ==0){
        echo " < script > alert ('目前没有您要搜索的图书! '); location.href ='
index.php'; </script >";
        }
    else{
    ? >
    < table width ="982" border ="0" cellspacing ="0" cellpadding ="0" >
    ......
```

```
</table >
<?php
    |
?>
```

③ 依据查询到的信息的条数，完成"共有××项符合条件的查询结果"中××值的显示。光标定位于"××"处，将"××"删除，并在该位置书写代码，完成查询到的项数的统计，代码如下：

```
< table width ="982"border ="0"cellspacing ="0"cellpadding ="0" >
    < tr >
        < td >......</td >
        < td width ="231"height ="27"class ="result_head" > < span class ="
search_jg" >共有<?php echo  $count? >项符合条件的查询结果 < /span > < /td >
    < /tr >
        ......
< /table >
```

④ 在第5行加入分页显示的文字。将光标定位于第5行的单元格内，输入相应的文字，并换行，HTML代码如下：

```
< tr >
    < td colspan ="3 " >
            共有 a 条记录,第 x 页/共 y 页 < br >
    < /td >
< /tr >
```

⑤ 在第5行内判断"第一页""上一页""下一页""最后一页"文字的显示情况。设置当前页变量 $currentPage，书写代码完成判断：若当前页是第一页，那么第一页和上一页没有超链接，否则有超链接；若当前页是最后一页，则下一页和最后一页没有超链接，否则有超链接，代码如下：

```
< tr >
    < td colspan ="3 " >
            共有 a 条记录,第 x 页/共 y 页 < br >
    <?php
        if( $currentppage < >1){
        ? >
        < a href ="#" >第一页 < /a > < a href ="#" >上一页 < /a >
    <?php
        |
        else{
        echo "第一页 上一页";
        |
```

```
    if( $ currentPage < > $ pages){
?>
    <a href ="#" >下一页 </a >  <a href ="#" >最后一页 </a >
<?php
    }
    else{
        echo "下一页 最后一页";
    }
?>
```

```
</td >
</tr >
```

⑥ 预览效果时会有未定义变量的错误提示，如图 5 – 21 所示，解决方法是阻止其提示这种警告，在文档的最前面加入代码，代码如下：

```
    <?php error_reporting(E_ALL ^E_NOTICE); //显示除去 E_NOTICE 之外的所有错误信
息? (即提醒变量未定义这种提示不要出现)? >
```

```
<!doctype html >
<html >
......
</html >
```

Notice: Undefined variable: CurrentPage in D:\myweb\searchresult1.php on line 45

Call Stack			
#	Time	Memory	Function	Location
1	0.0012	376416	{main}( )	..\searchresult1.php:0

图 5 – 21　未定义变量错误提示

⑦ 为"共有 a 条记录，第 x 页/共 y 页"中的 3 个变量赋值；定义 $ pages 变量为总页数，为变量赋值的代码如下：

```
<td colspan ="3" >
    共有 <?php echo $ count? >条记录,第 <?php echo $ currentPage? >页/共 <?php
echo $ pages? > 页 <br >
    ......
</td >
```

⑧ 为⑤中的"第一页""上一页""下一页"和"最后一页"加入超链接，变量 page 用来传递用户单击了哪个超链接的信息，代码如下：

```
<?php
    if( $ currentppage < >1){
?>
    <a href =" searchresult.php? page = 1 " >第 一 页 </a >  <a href ="
searchresult.php? page =<?php echo $ currentage -1? >&searchitem =<?php echo
$ searchitem? >&searchinfo =<?php echo $ searchinfo ? >" >上一页 </a >
    ......
```

```php
    }
    if( $currentPage < > $pages){
?>
```

```html
    <a href ="searchresult.php?page =<?php echo $currentPage +1 ?>&searchitem =
<?php echo $searchitem ?>&searchinfo =<?php echo $searchinfo ?>">下一页</a>
    <a href ="searchresult.php?page =<?php echo $pages ?>">最后一页</a>
```

```php
    <?php
    ......
    ?>
```

⑨ 接收 page 变量传递的信息，按每页显示 3 条记录的要求，完成分页功能。将光标定位于第 1 行末尾，按下回车键，在空行处书写代码，代码如下：

```php
    <table width ="982"border ="0"cellspacing ="0"cellpadding ="0">
        <tr class ="result_head">
        ......
        </tr>
        <?php
            $pagesize =3;
            if( $count <=$pagesize){
                $pages =1;
            }
            if( $count%$pagesize ==0){
                $pages =$count/$pagesize;
            }
            else{
                $pages =ceil( $count/$pagesize);
            }
            if( $_GET["page"] ==""){
                $currentPage =1;
            }
            else{
                $currentPage =intval( $_GET["page"]);
            }
            $rsnew =$conn ->query( "SELECT * FROM jx_book WHERE ".$searchitem."
LIKE '%".$searchinfo."% ' ORDER BY bpubdate DESC LIMIT ".( $CurrentPage -1)*
$pagesize.", $pagesize");
            while ( $row =$rsnew ->fetch()){
        ?>
        <tr>
        <td width ="209"rowspan ="3"></td>
        <td width ="513"></td>
```

```
            < td rowspan ="3 " > </td >
        </tr >
        <tr >
            <td >  </td >
        </tr >
        <tr >
            <td >  </td >
        </tr >
        <?php
            |
        ? >
```

⑩ 完成循环体内表格中各单元格中信息的显示，代码如下：

```
    <tr >
        <td width ="209 "rowspan ="3 " > <a href ="#" > <img src ="book/images/ <?
php echo $row["bpic"];?>"alt =" <?php echo $row["bname"]; ? >" > </a > </td >
        <td width ="513 " > <?php echo $row['bname']? > </td >
        <td rowspan ="3 " > <a href ="#" > <img src ="images/shopcart.gif" > </a >  </td >
    </tr >
    <tr >
        <td > <?php echo $row['bauthor']? >著/<?php echo $row['bpress']? >/<?
php echo $row['bpubdate']? > </td >
    </tr >
    <tr >
        <td > <?php echo $row['boutline']? > </td >
    </tr >
```

⑪ 预览效果信息能正常显示，但样式需要设置：表格第 5 行的文字需要居中，书名所在行及简介行需要设置字体样式，为两行所在的单元格添加类，然后在"style. css"文件中设置相应的样式，适当调整表格的行高，就可达到图 5 –18 所示的效果。具体代码如下：
HTML 代码：

```
    <td width ="605" > < span class ="result_title" > <?php echo $row['bname']?>
</span > <br > </td >
    < td > < span class ="result_outline" > <?php echo $row['boutline']?>
</span > <br > <hr/> </td >
    <tr >
        <td colspan ="3" class ="result_pages" >
            共有<?php echo $count?>条记录,第<?php echo $currentPage?>页/共<?
php echo $pages?>页 <br >
        ......
    </tr >
```

CSS 代码：

```
section table.result_bookname{
    font:bold 16px "Microsoft Yahei";
}
section table.result_pages{
    text - align:center;
}
section table.result_bookline{
    display:block;
    line - height:20px;
}
```

5.2.3　相关知识

1. PHP

1）PHP 标记

PHP 和其他几种 Web 语言一样，都是使用一对标记将 PHP 代码部分包含起来，以便和 HTML 代码区分。PHP 的标记有4种基本形式。

（1）形式1：XML 风格（这是标准及常见风格，也是本书使用的风格），代码如下：

```
<?php
    语句1;
    ......
    语句n;
?>
```

该风格在所有的服务器环境中都能使用，在 XML、XHTML 中也都可以使用。

（2）形式2：短标记风格，代码如下：

```
<?
    语句1;
    ......
    语句n;
?>
```

使用该风格时，需要在"php. ini"中设置 short _open_tag = on，使用该风格可能会影响 XML 文档的声明及使用，所以一般情况下不建议使用这种风格。

（3）形式3：Script 标记风格，代码如下：

```
<script language ="PHP "
    语句1;
    ......
    语句n;
</script >
```

Script 标记风格与 JavaScript、VBScript 的标记风格相同。

（4）形式4：ASP 标记风格，代码如下：

```
<%
    语句1;
    ......
    语句n;
% >
```

ASP 标记风格与 ASP 的标记风格相同，与短标记风格一样，默认是禁止的。

2）PHP 输出语句

PHP 程序代码输出信息到网页中，使用的是 echo、sprintf 和 printf 语句，其中 echo 语句是 PHP 程序中最常用的。

echo 语法格式：echo " 显示的内容";

echo 语句说明：

（1）语句后需加";"（分号为英文状态下的分号）；

（2）输出的内容可以用单引号也可以用双引号界定；

（3）字符串与字符串、变量与字符串间的连接可以用逗号也可以用"."（逗号和点均为英文状态）

例如，输出"您好！欢迎使用 PHP"，代码如下：

```
<?php
    echo '您好!';
    echo "欢迎","使用 PHP!";   //使用逗号连接两个字符串
?>
```

3）PHP 注释语句

注释是对 PHP 代码的解释和说明，在程序运行时，注释内容会被 Web 服务器忽略，不会被解释执行。注释可以提高程序的可读性，减少后期的维护成本。

PHP 注释一般分为多行注释和单行注释。

（1）多行注释，以"/＊"开始，以"＊/"结束；

（2）单行注释，以"//"或"#"注释。

例如，单行注释与多行注释的使用，代码如下：

```
<?php
    /* 完成时间:2016.09
        echo 语句的使用 */
    echo '您好!';        #用单引号来包围输出字符串
    echo "欢迎","使用 PHP!";  //使用逗号连接两个字符串
?>
```

4）PHP 中的变量

（1）什么是变量和常量。

在程序执行的过程中，变量存储的值可以随时改变，而常量存储的值是不可以改变的。

变量用于存储临时数据信息。某一变量被定义的时候，系统会自动为该变量分配一个存储空间存放变量的值。可以在定义变量的时候对其赋值，如果需要改动变量的值，再次对其进行赋值即可。那些临时数据信息或者处理过程，都可以存放在变量中。

常量用于存储不经常改变的数据信息。定义常量的时候可以对其赋值，在程序的整个执行期间，这个赋值都有效且不可再次对该常量进行赋值操作。

（2）变量的命名规则。

① 变量以美元符号"$"开头，如 $ name、$ age。

② 美元符号"$"后面的第一个字符不可以是数字，只能是下划线"_"或者字母，如 $1_1 这样的变量是错误的。

③ 除了下划线"_"外，变量名中不允许出现任何空格或标点符号，也就是说变量名只能包含：a ~ z、A ~ Z、0 ~ 9 以及下划线"_"。

④ PHP 变量名严格区分大、小写，如 $ name 与 $ Name 是两个不同的变量。

（3）变量命名的其余注意事项。

① 当用两个或两个以上的单词命名变量时，可以将除第一个单词以外的所有单词的首字母大写，如 $ myName、$ yourFamilyName。

② 以下划线"_"开始命名的变量通常代表特殊的变量，如在类中创建受保护的属性、PHP 预定义变量（$_GET）、全局数组等。

③ 定义变量的时候，不要贪图简短，而应该使用具有描述性的名称定义变量。

（4）变量的赋值。

在 PHP 中，变量的赋值往往是和变量的命名一起进行的，PHP 中的变量为弱类型变量，即不需要指定其数据类型。

赋值语法格式：$变量名称 = 变量的值

例如：$userName ="张三"；

（5）PHP 默认系统变量。

PHP 提供了很多的默认系统变量，用于获得系统配置信息、网络请求相关信息等。PHP默认的系统变量的名称及其作用见表 5 - 14。

表 5 - 14　PHP 默认系统变量

名称	作用
$ GLOBALS	存储当前脚本中的所有全局变量，其中 KEY 为变量名，VALUE 为变量值
$ _SERVER	当前 Web 服务器变量数组
$ _GET	存储以 GET 方法提交表单中的数据
$ _POST	存储以 POST 方法提交表单中的数据
$ _COOKIE	取得或设置用户浏览器 Cookies 中存储的变量数组
$ _FILES	存储上传文件提交到当前脚本的数据

关于 PHP 所提供的默认系统变量，可以通过调用 phpinfo( ) 函数进行查看，但是由于操作系统版本、服务器版本及 PHP 配置文件的差异，在不同环境下显示的内容可能会有所不同。

（6）PHP 中的常量。

在 PHP 中常量分为自定义常量和系统常量。

① 自定义常量。

自定义常量通过 define( ) 函数来定义。其语法格式如下：

```
define ("常量名", "常量值");
```

常量一旦定义，就不能再改变或取消定义，为常量命名的时候，同样需要遵循变量的命名规则，并且建议全部使用大写字母。另外，常量与变量的使用方法不同，使用常量的时候并不需要在常量前面加"$"符号。常量是全局的，可以在脚本的任何位置引用。

例如，常量的定义，代码如下：

```php
<?php
    define("COLOR","red");          //定义一个常量 COLOR,值为 red
    echo COLOR." <br>";             //输出常量 COLOR 的值
    echo color." <br>";             //不能正确输出常量 COLOR 的值
?>
```

② 系统常量。

与默认系统变量一样，PHP 也提供了一些默认的系统常量供用户使用。在程序中可以随时应用 PHP 的默认系统常量，但是不能任意更改这些常量的值。PHP 中常用的一些默认系统常量名称及其作用见表 5 – 15。

表 5 – 15   PHP 默认系统常量

名称	作用
__FILE__	存储当前脚本的（物理地址）绝对路径及文件名称
__LINE__	存储该常量所在行号
__FUNCTION__	存储该常量所在函数的名称

__CLASS__	存储该常量所在类的名称
PHP_VERSION	存储当前 PHP 的版本号
PHP_OS	存储当前服务器的操作系统

（7）PHP 中的流程控制语句。

控制结构确定了程序中的代码流程，例如，某条语句是否多次执行，执行多少次，以及某个代码块何时交出执行控制权。

① if 语句。

if 语句在条件满足时作出反应。其语法格式如下：

```
if(条件表达式){
    语句;}
```

例如，判断是否成年，代码如下：

```php
<?php
    $age=28;      //定义变量并赋值
    if($age>=18){
    echo "已成年";}
?>
```

② if…else 语句。

if…else 语句可以对条件满足或不满足的情况分别作出相应的反应。其语法格式如下：

```
if(条件表达式){
    语句块1;}
else{
    语句块2;}
```

如果条件表达式的值为 true，则执行语句块 1；如果条件表达式的值为 false，则执行语句块 2。

例如，对是否成年的判断，代码如下：

```php
<?php
    $age=28;
    if($age>=18){
        echo "已成年";}
    else{
        echo "未成年";}
?>
```

③ if…else if…else 语句。

if…else 语句只提供两种选择，但在某些情况下，遇到两种及以上的选择，则需要使用多分支结构 if 语句，其语法格式为：

```
if(条件表达式){
    语句块 1;}
else if(条件表达式){
    语句块 2;}
......
else if(条件表达式){
    语句块 n-1;}
else {
    语句块 n;
}
```

④ switch 语句。

当分支比较多时，使用 if…else 语句会让程序变得难以阅读，而 switch 语句则显得结构清晰，便于阅读。其语法格式如下：

```
switch(表达式){
  case 值 1:
      语句块 1;
      break;
  case 值 2:
      语句块 2;
      break;
  ......
  case 值 n:
      语句块 n;
      break;
  [default:
      语句块 n+1;
      break;]
}
```

switch 语句将表达式的值与常量表达式进行比较，如果相符，则执行相应常量表达式后面的语句块；如果表达式的值与所有值均不相符，则执行 default 后面的语句块。

例如，依据钱数决定商品的折扣，代码如下：

```php
<?php
    $payMoney = 5000;
    switch( $pagMoney){
        case 5000:
            echo "购物满 5000 打 6 折";
            break;
        case 4000:
            echo "购物满 4000 打 7 折";
            break;
        case 3000:
            echo "购物满 3000 打 8 折";
            break;
        case 2000:
            echo "购物满 2000 打 9 折";
            break;
        default:
            echo "不打折";
            break;
    }
?>
```

（8）PHP 中的循环语句。

PHP 中的循环与 C 语言类似，其有 3 种循环方式，分别为 while、do…while 和 for 语句。

① while 语句。

while 语句为先测试循环，即只有条件判断成立后，才会执行循环内的程序。其语法格式如下：

```php
while(条件表达式){
    循环体语句;
}
```

例如，输入"该数小于 10" 4 次，代码如下：

```php
<?php
    $num = 6;
    while( $num < 10){
        echo '该数小于 10';
        $num ++ ;
    }
?>
```

② do…while 语句。

do…while 语句为后测试循环。与 while 语句不同的是该语句一定要先执行一次循环体语句，然后再去判断循环是否终止。其语法格式如下：

```php
do{
    循环体语句;
}while(条件表达式);
```

例如，将 while 语句的示例，改为用 do…while 语句实现，代码如下：

```php
<?php
    $num=6;
    do{
        echo '该数小于
10';
        $num++;
    } while( $num<10);
?>
```

③ for 语句。

在使用 for 语句时，需要判断变量的初始值与循环是否继续重复执行的条件，以及每循环一次后所要做的动作。其语法格式如下：

```php
for(初始值;执行条件;执行动作){
    循环体语句;
}
```

示例代码如下：

```php
<?php
    for( $i=2; $i<=4; $i++)
      echo "2*$i=".$i*2;       //输出 2*2=4 2*3=6 2*4=8
?>
```

④ 终止循环语句 break。

其作用是跳出整个循环，执行后续代码。

⑤ 终止循环语句 continue。

其作用是跳出当次循环，继续执行下一次循环操作。

（9）PHP 中的函数。

函数是一段完成指定任务的已命名代码，函数可以遵照给它的一组值或参数完成任务。PHP 中的函数有两种，一种是标准的程序内置函数，该类函数在 PHP 中已经预定义过，有数百种，用户可以不定义而直接使用。另一种是用户自定义函数，该类函数完全由用户根据实际需要而定义。

① 内置字符串函数。

● 统计字符串长度函数 strlen( )。

该函数用于获取字符串的长度。在 utf8 编码方式下，1 个汉字占 3 个字符位，数字、英文、小数点等符号占 1 个字符位。其语法格式如下：

```php
int strlen (string $string );
```

其中 $string 表示要计算长度的字符串。

示例代码如下：

```php
<?php
    echo strlen("I am a 中国人"); //输出的长度值为16
?>
```

- 截取字符串函数 substr( )。

该函数从字符串的指定位置截取一定长度的字符。其语法格式如下：

```
string substr(string $string,int start[,int length])
```

其中 $string 用于指定字符串对象。start 用于指定开始截取的位置，如果 start 为负数，则从字符串的末尾开始截取。length 表示截取的长度，若该值缺省，表示从 start 处开始一直截取到字符串的末尾。

示例代码如下：

```php
<?php
    $myStr ="I am a 中国人";
    echo substr( $myStr,3,2); //输出 m a
    echo substr( $myStr,3); //输出 m a 中国
?>
```

- 判断变量是否已配置函数 isset( )。

该函数检测变量是否已配置。其语法格式如下：

```
bool isset(mixed var);
```

如果 var 存在则返回 true，否则返回 false。

例如，判断从表单处获取到的值 $_POST ['searchitem'] 是否存在，若存在，则取该值，若不存在，则接收从地址栏中获取的信息 $_GET ['searchitem']。代码如下：

```
$searchitem = isset ( $_POST['searchitem'])? $_POST['searchitem']: $_GET
['searchitem'];
```

- 向上舍入为最接近的整数函数 ceil( )。

ceil( ) 函数的语法格式如下：

```
ceil(x);
```

其返回不小于 x 的一个整数，x 如果有小数部分则进一位。

示例代码如下：

```php
<?php
  echo(ceil(0.60);      //输出 1
  echo(ceil(0.40);      //输出 1
  echo(ceil(5);         //输出 5
  echo(ceil(5.1);       //输出 6
  echo(ceil( -5.1);     //输出 -5
  echo(ceil( -5.9));    //输出 -5
?>
```

- 将变量转成整数类型函数 intval( )。

intval( )函数的语法格式如下：

```
int intval(mixed var, int [base]);
```

其中转换的变量 var 可以为数组或类之外的任何类型变量，base 是转换的基底，默认值为 10。

示例代码如下：

```php
<?php
  echo intval(4.3); //输出 4
  echo intval(9.999); //输出 9
?>
```

- 字符串分隔函数 explode( )。

字符串的连接与分割是非常重要的两个内容，通过该函数可以将数组按照指定的规则转换成字符串，也可以将字符串按照指定的规则进行分割，返回值为数组。其语法格式如下：

```
array explode(string separator,string $string[, int limit]);
```

其中 separator 为分隔符。$string 为要分割的字符串。limit 表示返回数组中最多包含的元素个数，规定所返回的数组元素的最大数目。

示例代码如下：

```php
<?php
$str ="1,2,3,4,5";
$arr = explode(",", $str);  //结果 $arr 为组, $arr[0] =1, $arr[1] =2……
foreach( $arr as $v){
    echo "<br>". $v;
}
?>
```

- 字符串合并函数 implode( )。

该函数将数组中的元素合成一个字符串。其语法格式如下：

```
string implode(string glue, array pieces);
```

其中 glue 为连接符。pieces 表示要合并的数组。

示例代码如下：

```php
<?php
  $arr = array('Hello','World!','I','love','Shanghai!');
  echo implode(" ",$arr);    //输出 Hello World! I love Shanghai!
?>
```

• 报错级别 error_reporting( ) 函数。

该函数设置 PHP 的报错级别并返回当前级别。错误报告是按位表示的，可将数字加起来得到想要的错误报告等级。

E_ALL：所有的错误和警告；

E_ERROR：致命性运行时错误；

E_WARNING：运行时警告（非致命性错）；

E_PARSE：编译时解析错误；

E_NOTICE：运行时提醒（这些经常是由代码的漏洞引起的，也可能是有意的行为造成的。

例如，关闭运行时提醒的错误级别，代码如下：

```php
<?php
    error_reporting(E_ALL ^E_NOTICE);
?>
```

② 自定义函数。

• 函数定义。

在 PHP 中，自定义函数的语法格式如下：

```
function   函数名([参数1,参数2,......])
{
    函数体;
    [return 函数返回值;]
}
```

注意：函数名的命名规则与变量的命名规则相同；不能与 PHP 内置函数重名，也不能与 PHP 关键字同名；函数体必须用大括号括起来，即使只包含一条语句；函数可以没有返回值。

• 函数调用。

在 PHP 中，可以直接用函数名进行函数的调用。如果函数带有参数，调用时需要传递相应参数。其语法格式如下：

```
函数名(实参列表);
```

例如，自定义函数，实现从 0 到 n 的累加和，然后调用该函数，计算 0 到 15 的累加和。代码如下：

```php
<?php
//自定义函数 mySum,其中 $n 为形参
function mySum( $n)
{
    $sum = 0;
    for( $i = 0; $i <= $n; $i ++ )
        $sum += $i;
    echo $sum;
}
//调用函数,为形参 $n 赋值 15
mySum(15);
?>
```

（10）PHP 表单处理。

在程序中要实现与用户交互就要用到表单。

① HTML5 表单的组成。

· 表单。

HTML 中表单由 < form > … < /form > 标记组成，其语法格式如下：

```
< form name ="form1"method ="post"action ="searchresult.php" >
......
< /form >
```

其中 name 指明表单的名称，在同一个页面中，表单具有唯一的名称。method 指明表单数据提交的方式，有 get 和 post 两种方式。get 方式是将表单数据以 url 传值的方式提交，即将数据附加到 url 后面以参数形式发送，在地址栏中能见到传递的参数信息，不安全；post 方式是将表单数据以隐藏方式发送，以安全方式传递信息。

· 表单元素。

包含在 < form > < /form > 标签内的元素可以是文本框、密码框、隐藏域、按钮、单选框、复选框、下拉列表框和文件上传框等，用于采集用户输入或选择的数据。

② 表单传值。

method 的值有两个，对应的页面中接收表单信息的方式也有两种，与 get 方式对应的是 $_GET，与 post 对应的是 $_POST，它们属于 PHP 中的全局变量，在 PHP 中的任何地方均可以调用这些变量。

2. PHP 操作 MySQL 数据库

1）PHP 连接 MySQL 数据库

PHP 要实现对 MySQL 数据库的操作，首要任务是连接数据库，PHP 与 MySQL 的连接有三种 API 接口，分别是：PHP 的 MySQL 扩展、PHP 的 mysqli 扩展、PHP 数据对象（PDO）。

PDO 方式操作
数据库 1

（1）三种接口的特性及对比。

PHP 的 MySQL 扩展是设计开发允许 PHP 应用与 MySQL 数据库交互的早期扩展。MySQL 扩展提供了一个面向过程的接口，并且是针对 MySQL4.1.3 或更早版本设计的。因此，这个扩展虽然可以与 MySQL4.1.3 或更新的数据库服务端进行交互，但并不支持后期 MySQL 服

务端提供的一些特性。由于太过古老,又不安全,所以它已被后来的 mysqli 完全取代。

　　PHP 的 mysqli 扩展,有时被称为 MySQL 增强扩展,可以用于 MySQL4.1.3 或更新版本中新的高级特性。其特点为:面向对象接口、prepared 语句支持、多语句执行支持、事务支持、增强的调试能力、嵌入式服务支持、预处理方式完全解决了 SQL 注入问题。不过它也有缺点,就是只支持 MySQL 数据库。如果不操作其他数据库,它无疑是最好的选择。

PDO 方式操作
数据库 2

　　PDO 是 PHP 数据对象(PHP Data Objects)的缩写,它是一个轻量级的、具有兼容接口的 PHP 数据连接拓展,是一个 PHP 官方的 PECL 库,随 PHP5.1 发布,需要 PHP5 的面向对象支持,因而在更早的版本上无法使用。PDO 提供了一个统一的 API 接口,可以使 PHP 应用不去关心具体要连接的数据库服务器系统类型。也就是说,如果使用 PDO 的 API,可以在任何需要的时候无缝切换

PDO 方式操作
数据库 3

数据库服务器,比如从 Oracle 到 MySQL,仅仅需要修改很少的 PHP 代码。其功能类似于 JDBC、ODBC、DBI 之类的接口。同样,它也解决了 SQL 注入问题,有很好的安全性。它不但有跨库的优点,更有读写速度快的特点。

　　本书采用 PDO 方式连接数据库,下面对 PDO 方式连接数据库进行讲解。

　　(2)三种连接及操作数据库的字符串。

　　下面对三种方式进行介绍,以使读者在查阅其他资料时,若遇到另外两类方法能够明白与理解其含义。

　　① PDO 方式。

```
    //连接数据库,本地服务器,database 为使用的数据库名,username 为使用的 MySQL 用户名,
password 为密码,字符集为 utf8
    $conn = new PDO("mysql:host = localhost;dbname = database;charset = utf8","
username","password");
    //检查是否连接成功,返回连接错误信息
    if(mysqli_connect_errno()){
        die('数据库连接错误!').mysqli_connect_error();
    }
    //设置数据库的字体为 utf8
    $conn -> query("set names utf8");
    $result = $conn -> query("SELECT 字段名 FROM 数据表");
    //提取数据
    $row = $result -> fetch();
```

　　② 面向对象的方式——PHP 的 mysqli 扩展。

```
$conn = new mysqli($dbhost, $username, $userpass, $dbdatabase);
if(mysqli_connect_error()){
  echo '连接数据库失败';
exit;
}
//执行 MySQL 语句
$result = $conn->query("SELECT id,name FROM user");
//提取数据
$row = $result->fetch_row();
```

③ 面向过程的方式——PHP 的 MySQL 扩展。

该方式为普通方法，其连接字符串如下：

```
$mysql_server ="localhost";
$mysql_username ="数据库用户名";
$mysql_password ="数据库密码";
$mysql_database ="数据库名";
//建立数据库链接
$conn = mysql_connect($mysql_server, $mysql_username, $mysql_password) or die("数据库链接错误");
//选择某个数据库
mysql_select_db($mysql_database, $conn);
mysql_query("set names 'utf8'");
//执行 MySQL 语句
$result = mysql_query("SELECT id,name FROM? 数据库表");
//提取数据
$row = mysql_fetch_row($result);
```

在提取数据的时候，可使用 mysql_fetch_row，也可使用 mysql_fetch_assoc 和mysql_fetch_array。

2）关闭数据库连接

PHP 打开数据库，对数据库操作完毕，需要关闭数据库，与上述三种方式对应的关闭数据库的方式也有差异：

（1）PDO 方式：不用显式关库；

（2）面向对象方式：$conn->close()；

（3）面向过程的方式：mysql_close($conn)。

3）PDO 方式操作数据库

本书采用 PDO 方式连接与操作数据库，这里只介绍用 PDO 方式执行 SQL 语句。操作数据库的方法。

（1）执行 SQL 语句。

SQL 语句分为查询、增加、删除、修改等功能。

① 查询功能。

PHP 通过 query( ) 函数执行查询 SQL 语句，来实现查询操作，主要用于有记录结果返回的操作。函数语法格式如下：

```
$conn -> query(string sql);
```

该函数将 SQL 语句发送到当前活动的数据库并执行语句，返回结果。参数 $conn 为连接数据库返回的连接字符串；sql 表示一个查询的 SQL 语句，返回结果为记录集。

例如，查询数据表 jx_news 中最新发布的 6 条动态信息，代码如下：

```
$rsnews = $conn -> query("SELECT * FROM jx_news ORDER BY ntime DESC LIMIT 0,6");
```

② 增加、修改和删除功能。

PHP 通过 exec( ) 函数执行增加、修改、删除 SQL 语句，来实现增加、删除、修改操作，主要用于没有结果集合返回的操作，它返回的结果是当前操作影响的列数。函数的语法格式如下：

```
$conn -> exec(string sql);
```

参数含义同上。返回结果为整型，即影响的记录数。

例如，删除数据表 jx_book 中作者是陈晓龙的所有图书信息，代码如下：

```
$count = $conn -> exec("DELECT * FROM jx_ book WHERE bauthor ='陈晓龙'");
```

（2）SQL 执行结果操作（获取结果集操作）。

① fetch( )，返回查询结果中的一行。若想逐行获取数据，则处理执行结果需要放在 while 循环中，遍历每一行。

例如，显示 jx_news 数据表中的一条信息，代码如下：

```
$rsnews = $conn -> query("SELECT * FROM jx_news ORDER BY ntime DESC LIMIT 0,6");
$rsrow = $rsnews -> fetch();
```

若将 6 条信息都显示出来，代码如下：

```
$rsnews = $conn -> query("SELECT * FROM jx_news ORDER BY ntime DESC LIMIT 0,6");
while( $rsrow = $rsnews -> fetch()){
    ......
}
```

② rowCount( )，返回查询结果的记录数。

例如，查询 jx_book 数据表中作者是孙红霞的图书有多少本，代码如下：

```
$rs = $conn -> query("SELECT * FROM jx_book WHERE bauthor ='孙红霞'");
$count = $rs -> rowCount();
```

结果通过 rowCount( ) 统计后赋值给变量 count。

（3）结果集中信息的输出。

通过 query（）函数完成信息查询后，查询结果被存放到了记录集中，将记录集中每一个字段的信息输出，采用"查询结果记录集名称["字段信息"]"的方式。

例如，将作者是孙红霞的图书信息查询出来后，存放到 $rsrow 中，若想显示该图书的书名、出版社、定价等信息，则代码如下：

```
$rs = $conn -> query("SELECT * FROM jx_book WHERE bauthor ='孙红霞'");
$rsrow = $rs -> fetch();
echo $rsrow["bname"];
echo $rsrow["bpress"];
echo $rsrow["bprice"];
```

3．PHP 中的包含文件

当构建一个较大的系统时，总有一些内容需要重复使用，如一些常用的函数，或者页面的头部、底部等。可以把这些重复的内容集中写入一些文件内，然后根据具体情况，在需要的地方包含进来，这样可以节约开发时间，使代码文件统一简练，便于维护。

用于这种文件的包含函数有 include（）和 require（）。两者在使用方法上相同，不同点如下：

（1）出现包含错误时两者的处理方法不同。当包含的文件不存在时（包含发生错误），若使用 require（），则程序立刻停止执行。而如果使用 include（），系统除了提示错误外，下面的程序内容还会继续执行。大多情况下推荐使用 require（），以避免在错误引用发生后的程序继续执行。

（2）包含文件加入的情况不同。不管 require（）语句是否执行，程序执行包含文件都被加入进来。include（）只有在执行时文件才会被包含，所以在有条件判断的情况下，用 include（）显然更合适。

（3）多次引用时处理的方法不同。使用 require（）多次引用时，只执行一次对被引用文件的引用动作。而 include（）则每次都要在进行读取和评估后引用文件。

（4）函数的放置位置不同。require（）函数通常放在 PHP 程序的最前面，PHP 程序在执行前，就会先读入 require（）所指定引入的文件，使它变成 PHP 程序网页的一部分。include（）函数一般是放在流程控制的处理部分中。PHP 程序网页在读到 include（）的文件时，才将它读进来。这种方式，可以把程序执行的流程简单化。

与 require（）和 include（）函数相对应的还有 require_once（）和 include_once（）函数。require_once（）和 include_once（）都是在脚本执行期间包含并运行指定文件。此行为与 require（）和 include（）类似，唯一区别是如果该文件中的代码已经被包含了，则不会再次包含，即只包含一次。

如前面任务中将数据库连接的代码写入"conn.php"文件，在需要之处采用 require_once（）函数进行引用。

4．HTML5 内联框架 iframe

iframe 标签用来创建包含另一个文档的内联框架（即行内框架），使用该标签可以在当前 HTML 文档中嵌入另一个文档。

相对于 HTML 4.0 来说，HTML5 在安全性方面有了很大的提升。在 HTML5 中保留了 HTML4.0 中的 src、width、height、name 属性，另外还增加了 srcdoc、sandbox、seamless 属性。

HTML5 中支持的 iframe 标签属性见表 5 - 16。

表 5 - 16　iframe 标签属性

属性	值	描述
src	URL	规定在 < iframe > 中显示的文档的 URL
name	Name	规定 < iframe > 的名称
height	Pixels	规定 < iframe > 的高度
width	Pixels	规定 < iframe > 的宽度
srcdoc	HTML_code	规定页面中的 HTML 内容显示在 < iframe > 中
sandbox	" " allow - forms allow - same - origin allow - scripts allow - top - navigation	对 < iframe > 的内容定义一系列额外的限制
seamless	seamless	规定 < iframe > 看起来像是父文档中的一部分

5. PHP 表单传递参数方法

PHP 页面间参数传递的方法有 4 种：

方法一：使用表单传递参数。

方法二：使用地址栏传递参数（即超链接传递参数）。

方法三：使用客户端浏览器的 cookie。

方法四：使用服务器端的 session。

这里介绍使用表单传递信息的方法。使用表单传递参数，出于安全考虑，多数情况下会选择 POST 方式提交参数信息，即将 < form > 表单中的属性 method 设置成 POST，如：< form name =" form1" method =" post" action =" searchresult. php" target =" _blank" >。以 POST 方式提交的信息在后台传输。

使用 POST 方式传递过来的参数，使用 $_ POST 来获取参数值。

格式：$_POST ["表单控件的 name 属性值"]

6. 分页显示

目前众多网站上的新闻系统、留言簿、BBS 等程序为了提高页面的读取速度，一般不会将数据库中的所有记录全部在一页中显示，而是将其分成多页显示，每页显示一定数目的记录，如 10 条，这样可以大大提高页面显示的速度。

（1）常用的几种分页形式：

形式 1：1 2 3 4（当记录很多时，会造成页面布局的混乱）；

形式 2：第一页 上一页　下一页 最后一页；

形式 3：请输入页码：2 提交；

形式 4：转到第2 页。

（2）进行分页显示的步骤：

步骤 1：完成控制显示记录条数的 SQL 语句查询，将查询结果存放在结果集中。

步骤 2：通过循环语句将限定的各条记录的信息显示出来。

综上可见，要实现存取数据库时的分页显示，有两个重要参数：每页显示几条记录（\$pagesize）和当前页是第几页（\$currentPage）。

分析下面的 SQL 语句，利用上述两个变量最后给出一个统一的语句实现。

选择数据表 jx_book 中的前 10 条记录：SELECT * FROM jx_book limit 0,10

选择数据表 jx_book 中的 11~20 条记录：SELECT * FROM jx_book limit 10,10

选择数据表 jx_book 中的 21~30 条记录：SELECT * FROM jx_book limit 20,10

从上述语句中可发现通过 limit 关键字可以控制显示记录条数。若每页显示 10 条，那么第一个变量每翻一页增加 10，第二个变量为每页显示条数，固定不变。

如果想从 MySQL 中取出表内某段特定内容，可以使用如下 SQL 语句实现：

SELECT * FROM tablename limit 记录偏移量，记录条数

这里的记录偏移量 = \$currentPagc * (\$pagesize - 1)，记录条数就是 \$pagesize，即每页显示几条记录。最终实现分页显示的 SQL 语句为：

SELECT * FROM tablename limit　\$currentPage * (\$pagesize - 1)，\$pagesize

5.2.4　项 目 小 结

通过 PDO 方式连接数据库，并查询数据表中的相关信息实现了首页中"新书上架""最新动态"及"站内搜索"功能模块。PHP 对 MySQL 数据库操作的过程可总结为：连接数据库 > 执行 SQL 语句（增加、删除、修改、查询）> 操作结果集 > 关闭数据库。用 PDO 方式操作数据库后数据库会自动关闭。

5.2.5　同 步 实 训

实训

实训主题：校园网主页动态页面的实现。

实训目的：能用 PHP 操作 MySQL 数据库。

实训内容：

（1）利用 PDO 方式连接数据库 db_campus；

（2）利用 PHP 操作 MySQL 数据库，完成校园网中新闻标题的动态显示；

（3）利用模糊查询实现校园网主页中站内新闻查询功能。

子项目 3

"健雄书屋" 网站首页特效制作

【学习导航】

工作任务列表：

任务1："健雄书屋"网站首页图片轮番显示（焦点图）效果制作；

任务2："健雄书屋"网站首页"特价图书"板块效果制作；

任务3："健雄书屋"网站首页"编辑推荐"板块效果制作。

【技能目标】

(1) 会利用搜索引擎查找合适的 JavaScript 特效引入到网站中；

(2) 会使用 myFocus 插件；

(3) 能完成 jQuery 特效制作。

5.3.1 情境描述

要创建一个完美的、吸引人的商务网站，适当地加入动画效果会使页面赏心悦目，从而吸引浏览者加大网站的浏览次数。如何以最简单的特效让网站"亮起来"，是本项目的主要任务。

5.3.2 项目实施

任务1 "健雄书屋"网站首页图片轮番显示（焦点图）效果制作

【任务需求】

利用网上的 myFocus 插件实现网站首页左上部图片轮番显示功能。

【任务分析】

在网页中加入轮番显示的图片可以为页面增色，更能吸引浏览者。实现图片轮番显示的方法有多种：可以使用 JavaScript 脚本代码实现，可使用 Flash、GIF animator 等动画制作软件实现，还可以以二者相结合的方法来实现。

根据实现的方法不同，本任务可以采用如下三种方法来实现：

方法一：利用搜索引擎查找相应的 JavaScript 脚本，直接引用嵌入；

方法二：自己编写 JavaScript 脚本代码实现；

方法三：使用 GIF animator、Flash 等动画制作软件实现。

这里讲述采用方法一完成图片轮番显示效果的过程。

【任务实现】

"健雄书屋"网站首页左上部图片轮番显示功能的步骤如下：

步骤1：进入"http：//demo. jb51. net/js/myfocus/"网站，浏览查看 myFocus 插件的效果，可以选取需要的风格，以备后续操作，如图 5 – 22 所示。

图 5 – 22　myFocus 焦点图库网站页面

步骤2：由于步骤 1 中的网站下载速度不稳定，进入 51CTO 下载页面（http：//down. 51cto. com/data/695063）完成 myFocus v2. 0. 4 压缩包的下载。

步骤3：将步骤 2 中下载的压缩包解压，然后将其中 js 文件夹内的内容（包含 "mf – patter" 文件夹和 "myfocus – 2. 0. 4. min. js" 文件）复制到站点文件夹下的 js 文件夹中。

步骤4：准备好要轮番切换的大、小相同的 5 张图片保存到站点文件夹下的 "images" 文件夹中，图片的文件名按规律起名，这里为 5 张图片依次取名为 "ad_1. png" "ad_2. png" ……"ad_5. png"。

步骤5：引入 myFocus 库文件，代码如下：

```
<!doctype html >
<html >
<head >
  ……
<link href ="css/style.css"rel ="stylesheet"type ="text/css" >
<script src ="js/myfocus –2.0.4.min.js" > </script>
</head >
```

步骤6：创建 myFocus 标准的 HTML 结构，并填充内容。将光标定位于类名为 book_pic 的 <div> 标签内，删除 <img src =" images/ad_ 1. png" > 代码，在该位置加入创建 myFocus 标准的代码，代码如下：

```html
<div id ="content_notice" >
  <div class ="book_pic" >
        <div id ="hotfocus" >
          <div class ="pic" >
          <ul >
          <li > <a href ="#" > <img src ="images/ad_1.png"thumb =""alt =""
text =""/> </a > </li >
                <li > <a href ="#" > <img src ="images/ad_2.png"thumb =""alt
="" text =""/> </a > </li >
                <li > <a href ="#" > <img src ="images/ad_3.png"thumb =""alt
="" text =""/> </a > </li >
                <li > <a href ="#" > <img src ="images/ad_4.png"thumb =""alt
="" text =""/> </a > </li >
                <li > <a href ="#" > <img src ="images/ad_5.png"thumb =""alt
="" text =""/> </a > </li >
          </ul >
          </div >
        </div >
  </div >
  ......
</div >
```

若想为每幅图片加上文字说明，则在 alt 处添加。

步骤7：在步骤5引入 myFocus 库代码之后的任意一个位置调用（建议在 head 标签结束前调用），代码如下：

```html
<script type ="text/javascript" >
  myFocus.set({
    id:'hotfocus',          //div 的 id 名
    pattern:'mF_expo2010',   //焦点图所采用的风格
    //wrap:false   //去除图片的边框,此例中我们没用
});
</script >
```

步骤8：设置#hotfocus 的样式，进入"style. css"文件中，书写代码实现样式的控制，代码如下：

```css
/*首页焦点图样式 */
  section #content_notice.book_pic #hotfocus{
  width:750px;
  height:190px;
  margin:0 auto;
  border:2px #e8e8e3 solid;}
```

步骤 9: 观察预览效果, 如图 5 - 23 所示, 到此效果制作完成。

图 5 - 23　焦点图制作效果

任务 2　"健雄书屋" 网站首页 "特价图书" 板块效果制作

【任务需求】

"特价图书" 板块中给出了 4 个选项卡, 分别为 "历史" "家教" "文件" 和 "小说", 要求默认情况下显示 "历史" 选项卡中的图书信息, 当鼠标划过其他选项卡时, 则显示相应的选项卡中的图书信息。

对于选项卡中的图书信息, 当鼠标移过图书信息时, 添加效果, 当鼠标移出时, 恢复初始状态。

【任务分析】

实现切换选项卡及鼠标移过图书信息时的效果, 可以用 JavaScript 脚本代码实现, 但使用 JavaScript 库——jQuery 实现, 代码更简洁。在本任务中, 读者若熟悉 jQuery, 则可以自主编码实现, 若不熟悉, 能明白代码的功能, 实现特效即可。使用 jQuery 库的流程: 下载 jQuery 库 > 编写 jQuery 代码 > 引用 jQuery 库 > 引用书写 jQuery 代码的 js 文件。jQuery 不需安装, 只要把下载的库文件放到网站的一个公共位置即可, 本任务将库文件放在 "js" 文件夹中, 无论什么时候, 当用户想在某个页面上使用 jQuery 时, 只需要在相关的 HTML 文档中超链接到该库文件的位置即可, 引用时使用的是相对路径。可以直接书写链接代码, 也可以通过 Dreamweaver 中的 "插入" / "HTML" / "脚本对象" 命令, 浏览并选择 "js" 文件夹中的库文件链接到文档中。

【任务实现】

"健雄书屋" 网站首页 "特价图书" 板块效果制作的步骤如下:

步骤 1: 在首页中添加 3 个选项卡的信息。在制作首页静态页面时, 只给出了一个 "历史" 选项卡及其图书的信息, 在制作特效前需要添加另外三个选项卡及其相关图书的信息, HTML 代码如下:

```
< div class ="book_class" >
    <! -- 历史选项卡 -->
        < dl id ="book_history" >
            ......
        < /dl >
    <! -- 家教选项卡 -->
        < dl id ="book_family" >
```

```
<dt > <img src ="images/dd_family_1.jpg"alt ="history"/> </dt >
<dd >
      <font class ="book_title" >嗨,我知道你 </font > <br />
       兰海 著 <br />
      <font class ="book_publish" >出版时间:2009 年10 月 </font > <br />
      <span class ="old -price" > ¥39.80 </span > <span > ¥17.5 </span >
</dd >
<dt > <img src ="images/dd_family_2.jpg"alt ="history"/> </dt >
<dd >
      <font class ="book_title" >择业要趁早 </font > <br />
       (美)列文 <br />
      <font class ="book_publish" >出版时间:2009 年10 月 </font > <br />
      <span class ="old -price" > ¥39.80 </span > <span > ¥17.5 </span >
</dd >
<dt > <img src ="images/dd_family_3.jpg"alt ="history"/> </dt >
<dd >
      <font class ="book_title" >爷爷奶奶的"孙子兵法" </font > <br />
      伏建全 编著 <br />
      <font class ="book_publish" > 出版时间:2009 年8 月 </font > <br />
      <span class ="old -price" > ¥39.80 </span > <span > ¥17.5 </span >
</dd >
<dt > <img src ="images/dd_family_4.jpg"alt ="history"/> </dt >
<dd >
      <font class ="book_title" >1 分钟读懂孩子心理 </font > <br />
       海韵 著 <br />
      <font class ="book_publish" >出版时间:2009 年10 月 </font > <br />
      <span class ="old -price" > ¥39.80 </span >0 <span > ¥17.5 </span >
</dd >
<dt > <img src ="images/dd_family_2.jpg"alt ="history"/> </dt >
<dd >
      <font class ="book_title" >择业要趁早 </font > <br />
      (美)列文 <br />
      <font class ="book_publish" >出版时间:2009 年10 月 </font > <br />
      <span class ="old -price" > ¥39.80 </span > <span > ¥17.5 </span >
</dd >
<dt > <img src ="images/dd_family_1.jpg"alt ="history"/> </dt >
<dd >
      <font class ="book_title" >嗨,我知道你 </font > <br />
      兰海 著 <br />
      <font class ="book_publish" >出版时间:2009 年10 月 </font > <br />
      <span class ="old -price" > ¥39.80 </span > <span > ¥17.5 </span >
```

```
            </dd>
    </dl>
<!-- 文化选项卡 -->
<dl id ="book_culture" >
    ......
</dl>
<!-- 小说选项卡 -->
<dl id ="book_novel" >
    ......
</dl>
</div>
```

步骤 2：实现在默认情况下，只显示"历史"选项卡的信息，即另外三个选项卡的信息不可见。在"index. php"中为三个选项卡添加类，并在"style. css"中编码设置其 CSS 样式，代码如下：

HTML 代码：

```
<!-- 历史选项卡 -->
        <dl id ="book_history" >
            ......
        </dl>
<!-- 家教选项卡 -->
        <dl id ="book_family" class ="book_none" >
            ......
        </dl>
<!-- 文化选项卡 -->
        <dl id ="book_culture" class ="book_none" >
            ......
        </dl>
<!-- 小说选项卡 -->
        <dl id ="book_novel" class ="book_none" >
            ......
        </dl>
```

CSS 代码：

```
/*首页特价图书样式 */
section.book_spec_author.book_class.book_none{
    display:none;
}
```

步骤 3：获取 jQuery 库。进入 jQuery 官网（http：//jquery.com），单击"Download jQuery"下载，如图 5 - 24 所示。

图 5 - 24　下载 jQuery 页面

步骤 4：在 jQuery 文件内编码实现选项卡的切换。编码时依据 id 来区分哪个是选项卡，需在首页"index.php"文件中，为总项和各选项添加 id，然后在"js"文件夹下新建"booktj.js"文件，编写 jQuery 代码完成选项卡的切换。代码如下：

HTML 代码：

```html
<div class ="book_spec_author" >
    <div id ="bookTab" class ="book_spec" >
        <div class ="book_tj" >
            <div class ="book_left" >特价图书</div >
            <div class ="book_type book_type_out" id ="history" >历史</div >
            <div class ="book_type" id ="family" >家教</div >
            <div class ="book_type" id ="culture" >文化</div >
            <div class ="book_type" id ="novel" >小说</div >
            <div class ="book_right" ><a href ="#" >更多 &gt;&gt;</a ></div >
        </div >
```

jQuery 代码：

```
$(function($){
  //Tab 切换
    $("#bookTab").children(".book_tj").find("[id]").mouseover(function(){
        var id ="#book_"+$(this).attr("id");
        $("#bookTab").children(".book_class").find("[id]").hide();
        $(this).addClass("book_type_out").siblings().removeClass("book_type_out");
        $(id).show();
    });
});
```

步骤 5：书写 jQuery 代码实现鼠标移动至选项卡内的图书信息时，添加边框效果。在"booktj. js"文件内书写 jQuery 代码，完成效果。代码如下：

```
$(function($){
  //Tab 切换
    $("#bookTab").children(".book_tj").find("[id]").mouseover(function(){
    ......
  });

    //鼠标经过内容效果
    $("#bookTab").children(".book_class").find("Dd") .mouseover (function () {
        $ (this) .css (" border"," 2px solid #F96");
    }) .mouseout (function () {
        $ (this) .css (" border"," 2px solid #fff");
    });
});
```

步骤 6：在"index. php"页面 < head > </head >标签内引用 jQuery 库和"booktj. js"文件。代码如下：

```
<script src ="js/jquery -1.8.3.min.js" > </script >
<script src ="js/booktj.js" > </script >
```

至此，首页"特价图书"板块效果制作完成。对于其中各选项卡中的图书信息，读者可自主完成从数据库中动态获取的操作，制作过程同"新书上架"板块。

任务3 "健雄书屋"网站首页"编辑推荐"板块效果制作

【任务需求】

静态页面制作完成后,只显示了第一项图书的图像及相关信息。特效要求当鼠标划过推荐的图书书名时,在书名下方显示图书的图像及相关信息,同时上一项显示的图书的图像及相关信息隐藏。

【任务分析】

实现图书图像及相关信息的隐藏与显示,首先要把所推荐的图书的图像及相关信息以静态的方式加入,然后采用 jQuery 的相关方法确定何时隐藏、何时显示。

【任务实现】

"健雄书屋"网站首页"编辑推荐"板块效果制作的步骤如下:

步骤1:为所推荐的所有图书加上图像及相关信息。实现静态页面时,只为第一本推荐的图书添加了图像及相关信息,这里模仿第一本推荐图书的样式为其他图书添加图像及相关信息。由于当鼠标移动至书名时,显示出图书的图像及相关信息,在书写脚本代码时为便于标识,为每个书名加上 <em> </em> 标签,代码如下:

```
< div class ="book_editor" >
    < p class ="title" >编辑推荐 </p >
    < ul >
      < li >
        < a href ="#" > < span >1 < /span > < em >二十四节气养生经 </em >
            ......
            < /a >
      < /li >
      < li >
      < a href ="#" > < span >2 < /span > < em >咬牙坚持,你终将成就无与伦比的自己 </em >
            < div >
              < img src ="images/icon -2.jpg"alt ="咬牙坚持,你终将成就无与伦比" />
              < p >现价:¥36.8  原价:¥25.4 </p >
              < /div >
      < /a >
    < /li >
    < li >
      < a href ="#" > < span >3 < /span > < em >学会自己长大 </em >
          < div >
            < img src ="images/icon -3.jpg"alt ="学会自己长大" />
            < p >现价:¥29.80  原价:¥14.90 </p >
            < /div >
        < /a >
      < /li >
      ......
    < /ul >
  < /div > < ! --book_editor 区域结束 -->
```

步骤2：在"style. css"中设置"编辑推荐"板块的样式处书写 < em >、超链接未访问及访问过后的样式、鼠标划过时阿拉拍序号背景小圆圈的样式，代码如下：

```
section #content_newbook.book_editor em{
    font-style:normal;     /* 加入 em 标签后字体会变为斜体,将字体设置为正常体 */
}
section #content_newbook.book_editor ul li a{
    color:#666666;
    text-decoration:none;
}
section #content_newbook.book_editor ul li a:hover{
    color:#e9185a;
}
section #content_newbook.book_editor ul li a:hover span{
    color:#FFF;
    background:url(../images/dot_02.gif)  no-repeat;
}
```

步骤3：在站点文件夹的"js"文件夹下新建"picql. js"文件，书写 jQuery 代码，实现当鼠标移过对应的书名时显示相应的图像及相关信息，代码如下：

```
$(document).ready(function(){
    $list_li =$(".book_editor ul li div");
     $list_li.eq(0).show();
    var i =1;
    for(i =1;i <=8;i ++)
     {
        $list_li.eq(i).hide();
     }
    $(".book_editor ul li em").hover(function(){
        $('.book_editor ul li div').hide();
        $(this).siblings('div').toggle();
    });
});
```

步骤4：由于在上一任务中已完成 jQuery 库的引用，这里在"index. php"页面的相应位置引用"js"文件夹下的"picql. js"文件即可，代码如下：

```
<script src ="js/picql.js" > </script >
```

至此，首页"编辑推荐"板块特效制作完成。对于其中书名及相应的图像信息，读者可自主完成从数据库中动态获取的操作，制作过程同"新书上架"板块。

5.3.3　相关知识

1. JavaScript

1）认识 JavaScript

JavaScript 是一种基于对象、事件驱动的解释型脚本语言。脚本是一种能够完成某些特殊功能的指令序列，这些指令在运行过程中被浏览器内置解释器逐行运行。由于其运行环境是浏览器，与操作系统无关，所以使用它可以开发跨平台的 Internet 客户端应用程序，它是在程序运行过程中被逐行地解释执行的，无须编译。在 HTML 文档中嵌入 JavaScript 程序，调用文档对象来控制页面的呈现、响应对文档对象的操作事件，从而弥补了 HTML 的不足。

2）JavaScript 与 Java 的区别

除语法上有相似之处外，二者毫无关系。二者的区别主要有：

（1）JavaScript 是基于对象，Java 是面向对象；

（2）JavaScript 是解释型，Java 是编译型；

（3）JavaScript 是弱变量类型，Java 是强变量类型。

3）JavaScript 的基本结构

```
< script language ="javascript" >
  <! --
      JavaScript 语句；
  -->
</script >
```

说明：

（1）JavaScript 脚本代码是与 HTML 代码结合使用的。

（2）< script >标签可以放在 HTML 文档的任何地方，一般放在 HTML 代码的< head >标签对内，< title >标签对的下方，只要保证这些代码在被使用前已读取并加载到内存即可。

（3）<! -- -->为 HTML 起始和结束注释标记，其作用是让那些不支持< script >标签的浏览器忽略< script > </ script >标签对中的内容。

（4）"language =" javascript" "可以省略。

4）JavaScript 代码的三种引用方式

方式一：与 HTML 代码混合，使用< script >…</script >标签区分。

方式二：引用外部 js 文件，例如：< script src =" hello. js" > </ script >。

方式三：直接在 HTML 标签中（代码写入事件中），例如：< input name =" btn" type =" button" value =" 弹出消息框" onclick =" javascript：alert（'欢迎你'）;" / >。

2. jQuery

结构与行为分离，行为能增加用户的体验感，脚本代码的应用越来越受到人们的重视，一系列 JavaScript 程序库蓬勃发展起来，而 jQuery 以独特的处理方式、优美的效果，成为流行趋势。

1）认识 jQuery

jQuery 由美国人 John Resig 于 2006 年创建，是目前最流行的 JavaScript 程序库，它是对 JavaScript 对象和函数的封装，其设计思想是"write less, do more"。

2）jQuery 能做什么

jQuery 能做的，javaScript 也都能做，但使用 jQuery 能大幅提高开发效率。其主要功能如下：

（1）访问和操作 DOM 元素；

（2）控制页面样式；

（3）对页面事件进行处理；

（4）扩展新的 jQuery 插件；

（5）与 Ajax 技术完美结合。

3）jQuery 的优势

（1）体积小，压缩后只有 100 KB 左右；

（2）强大的选择器；

（3）出色的 DOM 封装；

（4）可靠的事件处理机制；

（5）出色的浏览器兼容性；

（6）使用隐式迭代简化编程；

（7）丰富的插件支持。

4）jQuery 库的两种不同版本

jQuery 库分为开发版和发布版，两者的区别见表 5 – 17。

表 5 – 17　jQuery 库的两种版本的区别

名称	大小	说明
jQuery – 1. 版本号 . js（开发版）	约 268 KB	完整无压缩版本，主要用于测试、学习和开发
jQuery – 1. 版本号 . min. js（发布版）	约 91 KB	经过工具压缩或经过服务器开启 Gzip 压缩，主要应用于发布的产品和项目

jQuery 库文件可以从 jQuery 官网下载，网址为 http：//jquery. com/download/，可以下载最新版的库文件，然后在使用的时候引入本地的库文件，也可以用 CDN 的方式使用 jQuery。在使用 jQuery 前需先引入 jQuery 库。引入 jQuery 库的两种格式如下：

格式 1：< script src =" jQuery 库本地地址所在的路径/库名" > < /script >

格式 2：< script src =" http：//code. jquery. com/jquery – latest. min. js" > < /script >

注意：采用格式 2，即以 CDN 方式使用 jQuery，计算机需要连接到互联网，否则就只能使用本地的 jQuery 库。

5）jQuery 框架结构

（1）内嵌式代码框架结构：

```
<script src ="jQuery 库所在的路径/库名" ></script >
<script >
  $(document).ready(function() {
      jQuery 语句;
  });
</script >
```

（2）外联式代码框架结构：

```
<script src ="jQuery 库所在的路径/库名" ></script >
<script src ="jQuery 代码所在的路径/文件名" ></script >
```

其中页面加载事件绑定方法" $(document).ready(function() {});"可简写为" $(function() {});"。该方法与 window.onload 类似，但也有区别，其区别见表 5 - 18。

表 5 - 18　window.onload 与 $(document).ready() 的区别

区别项	window.onload	$(document).ready()
执行时机	必须等待网页中的所有内容加载完毕后（包括图片、Flash、视频等）才能执行	网页中所有 DOM 文档结构绘制完毕后即刻执行，可能与 DOM 元素关联的内容（图片、Flash、视频等）并没有加载完
编写个数	同一页面不能同时编写多个	同一页面能同时编写多个

简化写法	无	$(function() {
		 //执行代码
		 });

6）jQuery 的相关内容

jQuery 代码的基本语法结构：

$(selector).action();

其中 selector 为选择器，和 CSS 样式中的选择器用法相同；action() 为相应的事件与方法。

（1）jQuery 选择页面元素：

$("#ID 名称")　　　　　//根据 id 获取节点

$(".类名")　　　　　//根据类名获取节点

$("标签名")　　　　　//根据标签获取节点

$("[属性名 = 属性值]")//根据指定的属性及其值获取节点

（2）jQuery 的简单取值、赋值函数：

$("选择器").val()　　　 //获取指定的选择器节点的值，一般用于表单控件

$("选择器").val('abc')　 //为指定的选择器节点赋值 abc，一般用于表单控件

$("选择器").html()　　　 //获取相应选择器 HTM 元素内容，一般用于非表单控件

$("选择器").html('abc') //为指定的选择器节点赋值 abc，一般用于非表单控件

$("选择器").text()　　　 //获取相应选择器的文本内容，一般用于非表单控件

$("选择器").text('abc') //为指定的选择器节点文本赋值 abc，一般用于非表单控件

（3）jQuery 中动态设置样式的方法：

css("属性","属性值")　　 //为元素设置 CSS 样式

addClass("类名")　　　　 //为元素添加类样式

removeClass("类名")　　　 //为元素移除样式

其中 addClass()和 removeClass()两个方法的等价方法为 toggleClass()。

（4）元素的遍历方法：

children(selector)　　　 //返回匹配元素集合中每个元素的所有子元素（仅沿着 DOM
　　　　　　　　　　　　　　　树向下遍历单一层级）

find（selector）　　　　 //返回子元素，找出正在处理的元素的后代元素（找出所有的
　　　　　　　　　　　　　　　后代）

siblings(selector)　　　 //返回同辈元素，用于选取每个匹配元素的所有同辈元素（前
　　　　　　　　　　　　　　　面和后面的同辈元素）

next()　　　　　　　　　 //获得元素其后紧邻的同辈元素

（5）jQuery 事件。

jQuery 事件是对 JavaScript 事件的封装，常用事件分为基础事件与复合事件。基础事件包括鼠标事件、键盘事件、表单事件。

① 鼠标事件是当用户在文档上移动或单击鼠标时产生的事件，常用鼠标事件有：

click()　　　　　　　　 //单击鼠标时触发

mouseover()　　　　　　 //鼠标移过时触发

mouseout()　　　　　　　 //鼠标移出时触发

② 键盘事件是用户每次按下或者释放键盘上的键时都会产生的事件，常用键盘事件有：

keydown()　　　　　　　 //按下键盘时触发

keyup()　　　　　　　　 //释放按键时触发

keypress()　　　　　　　 //产生可打印的字符时触发

③ 表单事件是在表单中光标定位时会产生的事件，常用的表单事件有：

focus()　　　　　　　　 //获得焦点，在光标定位于表单控件中时触发

blur()　　　　　　　　　 //失去焦点，在光标离开表单控件时触发

④ 复合事件（多个事件的组合）：

hover()　　　　　　　　 //mouseover 与 mouseout 事件的组合

toggle()　　　　　　　　 //用于模拟鼠标连续 click 事件，有几个 function()就有几次 click
　　　　　　　　　　　　　　　事件

（6）jQuery 动画事件。

show( )　　　　　　//在显示元素时，能定义显示元素时的效果，如显示速度，例
　　　　　　　　　　 show（2000）表示在 2s 内显示，show("slow")表示慢速显示；
　　　　　　　　　　 不带参数的 show( )与 css("display","block")效果相同

hide( )　　　　　　//将元素隐藏起来，不带参数的 hide( )与 css("display","none")
　　　　　　　　　　 效果相同

5.3.4　项目小结

为了实现交互和特效效果，在网页中加入 jQuery 代码可使页面更有吸引力，但在页面制作的过程中若各类特效都通过编码实现将耗费大量的时间和精力，从而使 Web 网页的制作周期大大加长，为了缩短周期，可从网上查找相应的脚本，修改后直接嵌入引用即可。本项目的三个特效均可在网上找到相应的脚本。

5.3.5　同步实训

实训
实训主题：校园网首页特效制作。
实训目的：能利用 JavaScript 脚本完成特效制作。
实训内容：
（1）完成首页中"热门专题"部分图片的轮番滚动效果（焦点图效果）；
（2）完成首页中通知公告文字的上、下滚动效果。

项目六
网站分支页动态实现

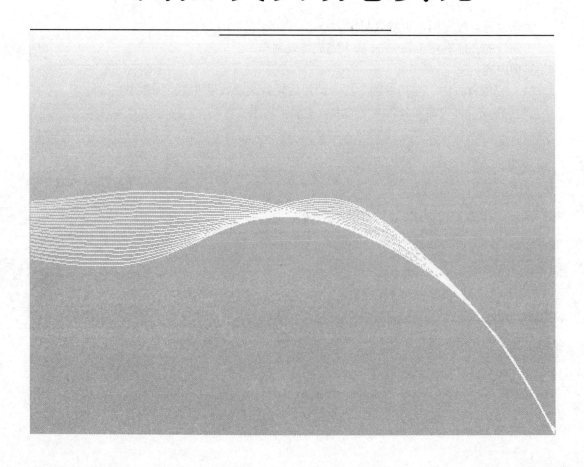

子项目 1

"健雄书屋" 最新动态相关页面实现

【学习导航】

工作任务列表：

任务1："健雄书屋" 最新动态内容页面实现；

任务2："健雄书屋" 最新动态标题分页显示实现。

【技能目标】

(1) 会使用地址栏传递参数；

(2) 能完成信息的分页显示；

(3) 能灵活使用 SQL 语句完成信息的查询。

6.1.1 情 境 描 述

查看动态标题对应的相应内容，单击动态标题，标题对应的内容在分支页中展示。同时因空间限制，主页中只显示了最新发布的 6 条书屋动态信息，更多的动态信息也需要在分支页中查看。

6.1.2 项 目 实 施

任务1 "健雄书屋" 最新动态内容页面实现

【任务需求】

当单击书屋首页中最新动态标题时，在新弹出的窗口中显示所选动态内容，如图 6 - 1 所示。

【任务分析】

实现所选动态标题对应的内容的显示，需要将所选动态标题的主键值传递到动态内容页面，在内容页面根据传递过来的主键值完成数据表中信息的查询及相应信息的显示。完成任务的关键是将所选动态标题的主键值从首页传递到内容页面。从一个页面传递参数到另一个页面，方式有多种，这里采用地址栏传递参数的方式。

【任务实现】

"健雄书屋" 最新动态内容页面实现的步骤如下：

图 6 - 1　最新动态内容页面

步骤 1：最新动态内容页面布局。

（1）在站点文件夹下新建"news"文件夹，在该文件夹下新建"newscontent. php"文件，用于实现动态标题相应内容的显示。

（2）整体布局。观察图 6 - 1 可见，整体布局分为三部分，HTML 代码如下：

```
<!doctype html >
<html >
<head >
<meta charset ="utf -8" >
<title >无标题文档 </title >
</head >
<body >
    <header > </header >
    <section > </section >
    <footer > </footer >
</body >
</html >
```

（3）设置标题，引用"style. css"样式表文件，共用头部和底部代码。设置 <title> 标签的值为"健雄书屋欢迎您！"，引用"style. css"样式表文件，分别在 <header> </header> 和 <footer> </footer> 内共用"conn"文件夹下的"header. php"和"footer. html"文件，代码如下：

```
<!doctype html >
<html >
<head >
  ......
  <title>健雄书屋欢迎您！</title>
  <link href ="../css /style.css"rel ="stylesheet"type ="text/css" >
</head >
<body >
<header >
    <iframe src ="../../conn/header.php"width ="100%"scrolling ="no"height
="162px"frameborder ="0" > </iframe >
</header >
<section > </section >
<footer >
    <iframe src ="../../conn/footer.html"width ="100%"scrolling ="no"height
="96px"frameborder ="0" > </iframe >
</footer >
</body >
</html >
```

步骤 2： 在数据表中查询将要显示的那条最新动态的相关信息，并在表格中显示。

（1）将"index. php"中的最新动态标题超链接到"newscontent. php"页面，同时通过地址栏传递参数的方式传递主键值，并将其在新窗口中打开，代码如下：

```
<li >
  <a href = "news/newscontent.php? id =<?php echo $ rownews ["nid"]? > "
target =" _ blank"  >
    <?php
      $ newt =$ rownews ['ntitle'];
      ......
      echo $ newt;
    ? >
  </a >
</li >
```

（2）在"newcontent. php"页面连接数据库，接收地址栏传递的信息，并依据该信息完成数据表中相关内容的查询。将光标定位于 < table > 标签的上方，按下回车键，书写代码，代码如下：

```
<?php
    require_once('../conn/conn.php');
    $ myid =$ _GET[ "id"];
    $ rs =$ conn ->query( "SELECT * FROM jx_news WHERE nid =".$ myid."");
    $ row =$ rs ->fetch();//读取 $ rs 中的信息,并进行显示
? >
```

（3）显示相应的信息，其中打印和关闭超链接调用的是 JavaScript 脚本代码，以实现调用打印机和关闭当前页面功能，同时在"style. css"中书写代码，为各行设置相应的 CSS 样式。代码如下：

HTML 代码：

```
< section >
    <?php
        ......
    ?>
    < div class ="t_title" > <?php echo $row['ntitle'] ?> </div >
    < div class ="t_border" >[ < a href ="javascript:print()" >打印 </a >][ < a
href ="javascript:window.close()" >关闭 </a >] </div >
    < div class ="t_time" > <?php echo $row['ntime'] ?> </div >
    < div class ="t_content" > <?php echo $row['ncontent'] ?> </div >
</section >
```

CSS 代码：

```
/*newscontent.php styles*/
section.t_title{
    text -align:center;
    font -family:黑体;
    font -size:18px;
    padding:20px 0 20px 0;
}
section.t_content{
    text -indent:2em;
    line -height:200% ;
    min -height:250px; /*当内容不满一屏时,阻止页脚内容上移*/
    font -size:14px;
}
section.t_border{
    font -size:14px;
    border -top:solid 2px #0f60ae;
    padding -left:900px;
    padding -top:5px;
}
section.t_border a{
    font -size:12px;
    text -decoration:none;
}
section.t_time{
    padding -left:900px;
    padding -top:5px;
}
```

步骤3：预览，查看效果，至此任务1完成。

任务2 "健雄书屋"最新动态标题分页显示页面实现

【任务需求】

首页中由于空间限制只显示了最新发布的6条动态标题，当需要查看更多的动态标题时，需单击最新动态板块中的"more…"超链接，如图6-2所示。

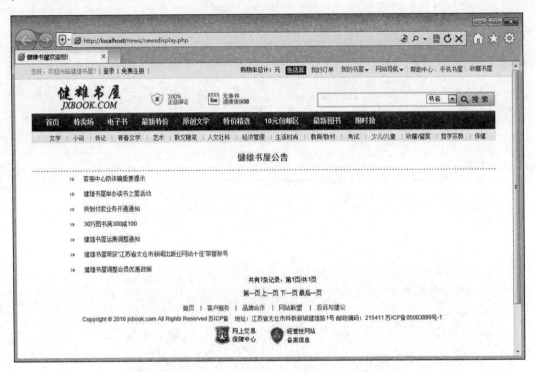

图6-2 标题分页显示页面

【任务分析】

动态信息标题条数会随着网站的使用逐渐增加，当动态信息标题较多时，采用分页显示的方式可以大大提高页面显示的速度。本任务需查询数据表中的所有动态标题，并进行分页显示。

【任务实现】

"健雄书屋"最新动态标题分页显示实现的步骤如下：

步骤1：最新动态标题分页显示布局。

（1）在"news"文件夹下新建"newsdisplay. php"文件。

（2）整体布局及在 < header > 区域包含 "header. php"，在 < footer > 区域包含 "footer. html"，设置标题及引用 "style. css" 样式同 "newscontent. php" 文件。

（3）section 部分布局。section 部分采用表格布局，在 < section > </section >标签内插入一个3行3列的表格，表格各项设置如图6-3所示。

（4）表格处理。将第1行的第1、2、3列合并，将第3行的第2、3列合并，并在表格第1行输入"健雄书屋公告"，最终效果如图6-4所示。

图6-3　分页显示页面表格选项设置

健雄书屋公告

图6-4　合并处理后的表格

步骤2：将更多动态标题（公告）分页显示。

（1）为首页中的"more…"加超链接，链接到"newsdisplay. php"页面，并在新窗口中打开，代码如下：

```
< div class ="book_notice" >
        < h2 > 最 新 动 态 < a href ="news / newsdisplay.php" target ="_blank" >
more... </ a > </ h2 >
```

（2）在"newsdiplay. php"页面内，连接数据库，完成数据表jx_news中所有信息的查询。将光标定位于表格第2行<tr>标签的上方，按回车键空一行后，书写代码，代码如下：

```
< table width ="982" border ="0" cellspacing ="0" cellpadding ="0" >
   < tr >
      < td height ="49" colspan ="3" class ="ns_title" > 健雄书屋公告 </ td >
   </ tr >
   < ? php
   require_once('../conn/conn.php');
   $ rs =$ conn -> query( "SELECT * FROM jx_news ORDER BY ntime DESC" );
   $ count =$ rs -> rowCount();   // 总的记录数
   ? >
   < tr >
   ......
   </ table >
```

（3）依据查询到的信息的条数，完成"共有××项符合条件的查询结果"中"××"值的显示。将光标定位于"××"处，将"××"删除，并在该位置书写代码，完成查询到的项数的统计，代码如下：

```html
<table width ="982"border ="0"cellspacing ="0"cellpadding ="0">
    <tr>
        <td>......</td>
        <td width ="231"height ="27"class ="result_head"><span class ="
search_jg">共有 <?php echo $count?>项符合条件的查询结果</span></td>
    </tr>
    ......
</table>
```

（4）加入分页显示的文字。将光标定位于第3行第2列的单元格内，输入相应的文字，并换行，代码如下：

```html
<tr>
    <td> </td>
    <td colspan ="2">
            共有 a 条记录,第 x 页/共 y 页<br>
    </td>
</tr>
```

（5）在第3行内判断"第一页""上一页"和"下一页""最后一页"文字的显示情况。设置当前页变量 $currentPage，书写代码完成判断：若当前页是第一页，那么第一页和上一页没有超链接，否则有超链接；若当前页是最后一页，则下一页和最后一页没有超链接，否则有超链接。代码如下：

```html
<tr>
    <td> </td>
    <td colspan ="2">
            共有 a 条记录,第 x 页/共 y 页<br>
<?php
    if($currentppage <>1){
?>
        <a href ="#">第一页</a> <a href ="#">上一页</a>
<?php    <?php
    }
    else{
        echo "第一页 上一页";
    }
    if($currentPage <> $pages){
?>
        <a href ="#">下一页</a> <a href ="#">最后一页</a>
```

```
<?php
    }
    else{
       echo "下一页 最后一页";
    }
?>
  </td>
 </tr>
```

（6）预览，发现有未定义变量的错识别提示，在文档的最前面加入代码，代码如下：

```
<?php error_reporting(E_ALL ^E_NOTICE);
<!doctype html >
<html >
......
</html >
```

（7）为"共有 a 条记录，第 x 页/共 y 页"中的 3 个变量赋值；定义 $pages 变量为总页数，为变量赋值的代码如下：

```
<td colspan ="2" >
    <td >共有 <?php echo $count?> 条记录,第 <?php echo $currentPage?> 页/
共 <?php echo $pages?> 页 <br > <br >
    ......
</td >
```

（8）为第（5）步中的"第一页""上一页""下一页"和"最后一页"加入超链接，变量 page 用来传递用户单击了哪个超链接的信息，代码如下：

```
<?php
    if( $currentppage < >1){
?>
    <a href ="newsdisplay.php?page =1" >第一页 </a > <a href ="newsdisplay.php?
page =<?php echo $currentage -1 ?> " >上一页 </a >
    ......
    }
    if( $currentPage < > $pages){
?>
        <a href ="newsdisplay.php? page =<?php echo $currentPage +1 ?> " >下一页
</a > <a href ="newsdisplay.php? page =<?php echo $pages ?> " >最后一页 </a >
    <?php
        ......
?>
```

(9) 接收 page 变量传递的信息，按每页显示 8 条记录的要求，完成分页功能。将光标定位于第 (2) 步中的 PHP 代码后，按下回车键，在空行处书写代码，代码如下：

```php
<?php
......
    $count = $rs -> rowCount();    //总的记录数
    $pagesize = 8;
    if( $count <= $pagesize){
            $pages = 1;
    }
    if(( $count % $pagesize) == 0){
            $pages = $count / $pagesize;
    }
    else{
            $pages = ceil( $count / $pagesize);// $pages = intval( $count / $pagesize)+1;
    }
    //依据用户单击的是哪一页,来显示对应的页
    if(( $_GET[ "page"]) ==""){
            $currentPage = 1;
    }
    else{
            $currentPage = $_GET[ "page"];
    }
    //按指定的记录数进行查询
    $rs = $conn -> query( "SELECT * FROM jx_news  ORDER BY ntime DESC limit ".( $currentPage -1) *$pagesize.", $pagesize");
    while( $row = $rs -> fetch()){
?>
<!-- 下面一行为循环体 -->
<tr>
    <td width ="81" >  </td>
    <td width ="722" >  </td>
    <td width ="179" >  </td>
</tr>
<?php
    }
?>
```

(10) 完成循环体内标题信息的显示，并添加小图像，代码如下：

```html
<tr>
    <td width ="81" >  </td>
```

```
        < td width ="722" >  < img src ="../images/arrow.gif" > <?php echo $row
["ntitle"]?> </td >
        < td width ="179" >  </td >
    </tr >
```

（11）预览效果信息能正常显示，但样式需要设置：表格第 1 行的文字居中并设置字体，标题小图像右对齐，设置各标题行行间距。在"style.css"文件中设置相应的样式，就可达到图 6-2 所示的效果。具体代码如下：

HTML 代码：

```
  <tr >
        < td height ="29"colspan ="3" class ="ns_title" >健雄书屋公告 </td >
  </tr >
  ......
  <tr >
        ......
        < td width ="722" class ="ns_content" > < img src ="../images/arrow.gif"
> <?php echo $row["ntitle"]?> </td >
    ......
    </tr >
    <tr >
        ......
        < td colspan ="2" class ="ns_pages" >共有 <?php echo $count?> 条记录,第
<?php echo $currentPage?>页/共 <?php echo $pages?>页 <br > <br >
    ......
```

CSS 代码：

```
/*newsdisplay.php styles */
setcion table{
    margin:0 auto;
}
setcion table.ns_title{
    font:18px 黑体;
    color:#0f60ae;
    text-align:center;
    border-bottom:dashed 1px #0f60ae;
    padding-bottom:10px;
}
setcion table.ns_content{
    line-height:270% ;
}
setcion table.ns_content img
{
    margin-right:20px;
```

```
        }
setcion table.ns_pages{
    text –align:center;
        }
```

步骤 3：预览，观察效果，至此任务 2 完成。

6.1.3 相 关 知 识

1. PHP 地址栏传递参数方法

地址栏传递参数实际是通过 GET 方法传递参数。使用 GET 方法时，表单数据被当作 URL 的一部分一起传过去。

格式：http：// URL?参数 1 = 参数值 1& 参数 2 = 参数值 2&……

其中 URL 和表单元素之间用"?"（英文状态下的问号）隔开，多个参数间用"&"隔开，要传递的参数都是"参数 = 参数值"的格式。

在 PHP 中使用 $_GET 预定义变量自动保存通过 GET 方法传过来的值。

格式：$_GET["参数"]

这样就可以直接使用传递过来的参数的值。

使用 GET 方式传递参数信息，因为参数信息都显示在地址栏中，没有使用 POST 方式传递参数信息安全。

2. CSS 中的 min – height

min – height 属性浏览器支持情况：Firefox、Chrome、Safari、Opera、IE（其中 IE6 不支持）。

min – height 的定义：① 元素拥有默认高度；② 当内容超出该默认高度时，元素的高度随内容的增加而增加，这样会使页面整体效果更加美观。

min – height 的 CSS 用法：选择器｛min – height：XXXpx｝。

6.1.4 项 目 小 结

首页中展示了书屋的相关信息，对于动态公告部分，由于空间限制，首页中显示最新发布的几条，更多的信息需通过分支页展示，当动态标题较多时需通过分页显示的方法提高显示效率及页面效果。本项目通过使用带 limit 关键字的 SQL 语句完成了动态标题的分页显示，同时通过地址栏传递参数的方法实现了单击相应动态标题在分支页中展现对应的标题内容的功能。

6.1.5 同 步 实 训

实训

实训主题：校园网首页更多新闻标题的显示及新闻内容的查看功能。

实训目的：会利用地址栏传递参数和分页显示。

实训内容：

（1）完成首页中新闻标题中"more…"按钮的超链接功能，实现更多新闻标题的分页显示，如图 6-5 所示。

图 6-5　校园网新闻标题分页显示

（2）完成单击首页中的新闻标题查看对应新闻标题内容功能，如图 6-6 所示。

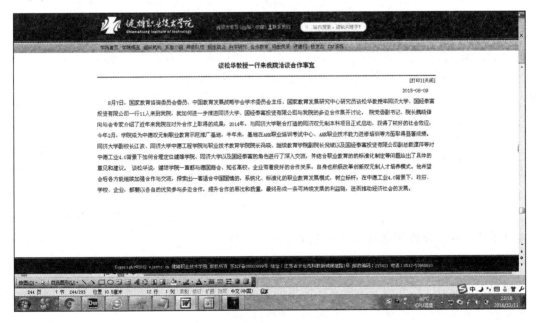

图 6-6　校园网新闻内容显示页

子项目 2

"健雄书屋"会员登录注册页面动态实现

【学习导航】

工作任务列表：

任务1：登录页面中注册表单各项信息验证；

任务2：会员注册页面动态实现；

任务3：登录页面中登录表单各项信息验证；

任务4：登录页面中验证码功能实现；

任务5：会员登录页面动态实现。

【技能目标】

（1）会使用 SQL 语句完成信息的插入和查询；

（2）会使用 JavaScript 脚本及正则表达式完成表单中用户输入的信息是否为空、格式是否正确的判断。

6.2.1 情 境 描 述

在"健雄书屋"网站购书，需要先注册成为会员，通过用户注册，网站管理员可以获取用户的详细信息并且能定位不同的用户，而用户可以通过此方式参与网站的各项活动。因此，用户注册为用户、网站管理员及网站之间建立了沟通的桥梁。用户注册成功后在将图书加入购物车时利用已注册的用户名和密码完成登录，登录成功后可完成图书的购买、图书评论等网站相关活动。

6.2.2 项 目 实 施

任务1 登录页面中注册表单各项信息验证

【任务需求】

项目四的任务2已完成会员登录注册页面的静态布局，本任务完成的是会员注册时各项信息是否为空及输入的各项信息格式是否正确的验证。

在客户端完成注册表单信息的验证，当各项信息都没有输入，单击"同意以上条款并注册"按钮时，给出相应的提示，如图6-7所示。

注册新用户

Email地址:	电子邮件是必填项，请输入您的Email地址
注册密码:	密码为必填项，请设置您的密码
密码确认:	请再次输入您的密码
姓　　名:	输入真实姓名，发货时使用
电话号码:	请输入您的电话号码
家庭地址:	请输入您的地址

请阅读《"JXBOOK网站"服务条款》

同意以上条款并注册

图6-7　注册各项信息均为空时的提示

当输入的 Email 地址格式不正确时，给出提示"电子邮件格式不正确，请重新输入"；当输入的密码长度不在 6~20 范围内时，给出提示"密码长度为 6~20 个字符"；当密码确认框中输入的密码与注册密码不相同时，给出提示"两次输入密码不一致，请重新输入"；当输入的电话号码格式不正确时，给出提示"请输入 13、15、17 或 18 开头的 11 位电话号码"。

【任务分析】

在浏览器端完成用户输入的各项信息是否为空的检测，在各项不为空的前提下再检测各项格式是否正确，从而减轻服务器端的压力。

【任务实现】

登录页面中注册表单各项信息验证的实现步骤如下：

步骤 1：注册表单中各项信息是否为空及格式是否正确的验证方法的选择。

利用 HTML5 新增的表单属性及使用 JavaScript 代码都可以完成验证。使用 HTML5 新增的表单属性完成 Email 地址框中信息是否为空的判断，加载页面后将光标定位于 Email 框中时给出框中的提示文字信息，代码如下：

```
< input name ="remail" id ="remail" type ="email" class ="register_input"
required autofocus placeholder ="请输入 Email 地址" >
```

浏览器不全部支持 HTML5 新增的表单属性，浏览器对 HTML5 新增表单属性的支持情况见表 6-1。本书采用 jQuery 完成各项信息是否为空及格式是否正确的验证。

表 6-1　浏览器对 HTML5 新增的表单属性的支持情况

属性值	IE	Firefox	Opera	Chrome	Safari
atuocomplete	8.0	3.5	9.5	3.0	4.0
autofocus	不支持	不支持	10.0	3.0	4.0
required	不支持	不支持	9.5	3.0	不支持

属性值	IE	Firefox	Opera	Chrome	Safari
placeholder	不支持	不支持	不支持	3.0	3.0
form	不支持	不支持	9.5	不支持	不支持
min，max，step	不支持	不支持	9.5	3.0	不支持

步骤 2：在"login. php"文件中为表单取名为"myregister"，加入步骤 3 中给出的提示信息所占据的位置，并为后续设置样式加入类 explain，代码如下：

```
< form action ="" method ="post" id ="myregister" >
    ......
    < div >
        < label >Email 地址:</label >
        < input name ="remail" id ="remail" type ="email" class ="register_input" >
        < span class ="explain" id ="email_prompt" > </span >
    </div >
    < div >
        < label >注 册 密 码:</label >
        ......
        < span class ="explain" id ="pwd_prompt" > </span >
    </div >
    < div >
        < label >密 码 确 认:</label >
        ......
        < span class ="explain" id ="qpwd_prompt" > </span >
    </div >
    < div >
        < label >姓 名:</label >
        ......
        < span class ="explain" id ="name_prompt" > </span >
    </div >
    < div >
        < label >电 话 号 码:</label >
        ......
        < span class ="explain" id ="phone_prompt" > </span >
    </div >
    < div >
        < label >家 庭 地 址:</label >
        ......
        < span class ="explain" id ="address_prompt" > </span >
    </div >
```

步骤3：利用 jQuery 完成信息是否为空及格式是否正确的验证。在站点文件夹下的"js"文件夹中新建"checkreginput. js"文件，在文件内书写验证代码，当信息为空以及格式不正确时分别给出相应的提示，代码如下：

```javascript
$(document).ready(function(){
  //验证方法
    function validate($dom){
        var v = $dom.val();
        var nid = $dom.attr("id");
        var flag = true;
        switch(nid){
            case "remail":
                $("#email_prompt").html("");
                var reg = /^\w+@\w+(\.[a-zA-Z]{2,3}){1,2}$/;
                if(v==""){
$("#email_prompt").removeClass().addClass("register_prompt_error").html
("电子邮件是必填项,请输入您的 Email 地址");
    $dom.removeClass().addClass("register_input register_input_Blur");
                    flag = false;
                }else if(reg.test(v)==false){
$("#email_prompt").removeClass().addClass("register_prompt_error").html
("电子邮件格式不正确,请重新输入");
    $dom.removeClass().addClass("register_input register_input_Blur");
                    flag = false;
                }else{
$("#email_prompt").removeClass().addClass("register_prompt_ok");
                    $dom.removeClass().addClass("register_input");
                    //利用 Ajax 检测该 Email 地址数据库中是否存在
                    $.post('chkemail.php',{remail:v},function(result){
$("#email_prompt").removeClass().addClass("register_prompt_error").html
(result);
                    });
                }
                break;
            case "rname":
                $("#name_prompt").html("");
                var reg = /^[\u4e00-\u9fa5]{2,4}$/;
                if(v==""){
$("#name_prompt").removeClass().addClass("register_prompt_error").html("
输入真实姓名,发货时使用");
```

```
                                    flag = false;
                    }else if(reg.test(v) == false){
$("#name_prompt").removeClass().addClass("register_prompt_error").html("
请输入2个到4个的中文");
                                    flag = false;
                    }else{
$("#name_prompt").removeClass().addClass("register_prompt_ok");
                        $dom.removeClass().addClass("register_input");
                    }
                    break;
            case "rpwd":
                $("#pwd_prompt").html("");
                var reg = /^[\@A-Za-z0-9\!\#\$\%\^\&\*\.\~]{6,20}$/;
                if(v == ""){
$("#pwd_prompt").removeClass().addClass("register_prompt_error").html("
密码为必填项,请设置您的密码");
                                flag = false;
                    }else if(reg.test(v) == false){
$("#pwd_prompt").removeClass().addClass("register_prompt_error").html("
密码长度为6-20个字符");
                                flag = false;
                    }else{
            $("#pwd_prompt").removeClass().addClass("register_prompt_ok");
            $dom.removeClass().addClass("register_input");
                    }
                    break;
            case "rqpwd":
                $("#qpwd_prompt").html("");
                if(v == ""){
$("#qpwd_prompt").removeClass().addClass("register_prompt_error").html("
请再次输入您的密码");
                                flag = false;
                    }else if( $("#rpwd").val()!= v){
$("#qpwd_prompt").removeClass().addClass("register_prompt_error").html("
两次输入密码不一致,请重新输入");
                                flag = false;
                    }else{
            $("#qpwd_prompt").removeClass().addClass("register_prompt_ok");
                $dom.removeClass().addClass("register_input");
                    }
                    break;
```

```
            case "rphone":
             $("#phone_prompt").html("");
             var reg = /^[1][3578][0-9]{9}$/;
             if(v==""){
$("#phone_prompt").removeClass().addClass("register_prompt_error").html
("请输入您的电话号码");
                 flag = false;
             }else if(reg.test(v)==false){
$("#phone_prompt").removeClass().addClass("register_prompt_error").html
("请输入您的13、15或18开头的11位电话号码");
                 flag = false;
             }else{
$("#phone_prompt").removeClass().addClass("register_prompt_ok");
                 $dom.removeClass().addClass("register_input");
             }
             break;
            case "raddress":
             $("#address_prompt").html("");
             if(v==""){
$("#address_prompt").removeClass().addClass("register_prompt_error")
.html("请输入您的地址");
                 flag = false;
             }
             break;
          default :
             break;
        }
        return flag;
    }
    //验证邮箱
    $("#remail").focus(function(){
        $(this).removeClass().addClass("register_input register_input_
Focus");
    }).blur(function(){
        validate($(this));
    });
    //验证姓名
    $("#rname").focus(function(){
      $(this).removeClass().addClass("register_input register_input_Focus");
      }).blur(function(){
        validate($(this));
```

```
        });
    //验证密码
    $("#rpwd").focus(function(){
      $(this).removeClass().addClass("register_input register_input_Focus");
        }).blur(function(){
            validate( $(this));
    });
    //验证重复密码
    $("#rqpwd").focus(function(){
      $(this).removeClass().addClass("register_input register_input_Focus");
    }).blur(function(){
            validate( $(this));
    });
    //验证电话号码
    $("#rphone").focus(function(){
      $(this).removeClass().addClass("register_input register_input_Focus");
    }).blur(function(){
            validate( $(this));
    });
    //验证地址
    $("#raddress").focus(function(){
      $(this).removeClass().addClass("register_input register_input_Focus");
      }).blur(function(){
            validate( $(this));
    });
    //提交表单
    $("#myregister").submit(function(){
          var flag = true;
          $(this).find("input").each(function(i,ele){
              if(! validate( $(ele))){
                    flag = false;
              }
    });
    return flag;
});
});
```

步骤 4：在"login. php"文件的 < head > </ head >标签内完成 jQuery 库代码和"checkreginput. js"外部代码的引用，代码如下：

```
<script src ="../js/jquery -1.8.3.min.js" > </script >
<script src ="../js/checkreginput.js" > </script >
```

步骤5：进入"style. css"页面，将光标定位于为"login. php"页面设置样式的相应位置，书写代码，为 explain 类设置字体为红色的样式（这里 span 不详细限定，以便于登录表单中也可以进行共用），代码如下：

```
section.bookuser_login span{
    color:#ff0000;
}
```

步骤6：测试，检测验证情况。至此，任务1完成。

任务2   会员注册页面动态实现

【任务需求】

在任务 1 的基础上，完成用户输入的各项信息的入库，即实现注册功能。其中密码经由 MD5 加密。任务 1 主要用于收集用户信息，本任务负责将用户信息添加到数据库中。

【任务分析】

注册的过程就是将用户输入的各项信息获取后，通过 SQL 语句中的 INSERT INTO 语句将信息保存到 jx_user 表的相应字段中，并根据相应的情况给出不同的提示。

【任务实现】

会员注册页面动态实现，密码采用 MD5 加密，实现步骤如下：

步骤1：完成用户输入的 Email 地址是否存在同名情况的判断。子任务 1 中完成了 Email 信息是否为空及格式是否正确的检测后，还需要对用户输入的 Email 信息是否存在同名情况进行检测，检测数据表 jx_user 中是否存在用户输入的 Email 信息，若已存在，给出提示"该 Email 地址已存在，请更换"，若不存在，给出"该 Email 地址可以使用"的提示。

（1）检测用户输入的 Email 地址信息在数据表 jx_user 中是否存在。在"bookuser"文件夹下新建"checkemail. php"文件，在文件的 < body > < /body > 标签内书写代码，完成连接数据库、用户输入信息的获取及数据表中信息的查询任务，代码如下：

```php
<?php
 require_once('../conn/conn.php');
 $nemail =trim( $_POST["remail"]);
 $rs =$conn ->query("SELECT * FROM jx_user WHERE uemail ='".$nemail."'");
 $rcount =$rs ->rowCount();  //查到的行数
 if( $rcount ==1)
 {
   echo "该 Email 地址已存在,请更换";
 }
else{
```

```
      echo "该 Email 地址可以使用";
   }
? >
```

（2）在"checkreginput. js"文件内书写代码，完成检测任务，代码如下：

```
case "remail":
      $("#email_prompt").html("");
      var reg = /^\w + @ \w + ( \.[a - zA - Z]{2,3}){1,2} $ /;
         ......
      $ dom. removeClass().addClass("register_input");
      //检测该 email 地址数据库中是否存在
      $ .post('chkemail.php', {remail:v}, function(result) {
$("#email_prompt").removeClass().addClass("register_prompt_error").html
(result);
         });
      }
   break;
```

（3）检测结果，输入数据表中存在和不存的的 Email 地址信息进行检测。

步骤2：将"login. php"页面中的表单信息提交到"registercheck. php"文件（"registercheck. php"是后台用来将会员提交的各项信息入库的文件）。在"bookuser"文件夹下新建"registercheck. php"文件，打开该文件夹下的"login. php"文件，将光标定位于注册表单内，将表单的"action"属性值设为"registercheck. php"，代码如下：

```
< div class ="registerform" >
    < form action = "registercheck.php"  method ="post" id ="myregister" >
    ......
    </ form >
 </ div >
```

步骤3：在"registercheck. php"文件内书写代码，完成表单中用户输入信息的获取，连接数据库，将获取的信息通过 SQL 语句入库，并根据情况给出相应的提示。代码如下：

```
< body >
 < ? php
require_once('../conn/conn.php');
//获取用户信息
$ aemail = $ _POST['remail'];
$ apwd = md5( $ _POST['rpwd']);
$ aqpwd = $ _POST['rqpwd'];
$ aname = $ _POST['rname'];
$ aphone = $ _POST['rphone'];
$ aaddress = $ _POST['raddress'];
```

```
    $ afrozen = 0;
    $ atime = date("Y-m-d");
    $ count = $ conn -> exec ( " INSERT INTO jx_user ( uemail, upwd, ufrozen, uname,
uphone,uaddress,utime) VALUES ('".$ aemail."','".$ apwd."','".$ afrozen."','".
$ aname."','".$ aphone."','".$ aaddress."','".$ atime."')");
    if( $ count >0){
        echo " < script >alert('注册成功!');location.href ='login.php'; </script
>";
    }
    else{
        echo " < script >alert('注册失败!'); </script >";
    }
    ? >
    </body >
```

步骤4：测试，检测注册情况。至此，任务2完成。

任务3 登录页面中登录表单各项信息验证

【任务需求】

按下"登录"按钮，将登录表单中的各项信息提交到服务器前，需要验证各项信息是否空及格式是否正确。当表单中的各项信息都没有输入，单击"登录"按钮时，给出相应的提示，如图6-8所示。

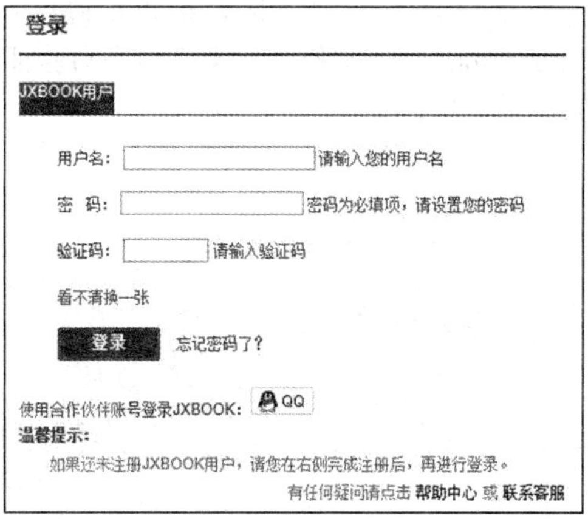

图6-8 登录表单各项信息均为空时的提示

当输入的密码长度不在6~20范围内时，给出提示"密码长度为6~20个字符"。

【任务分析】

登录表单中的各项信息是否为空及格式是否正确的检验与注册表单类似，考虑到各类浏览器的支持情况，仍采用jQuery代码完成检测。

【任务实现】

本任务的实现过程同注册表单中各项信息的验证类似，步骤如下：

步骤1：在"login.php"文件中为表单取名为"mylogin"，为每个 < input > 标签添加

id，id 属性值与 name 相同，加入 jQuery 代码中给出提示信息所占据的位置代码，加入类 explain，重用注册时使用的样式。代码如下：

```html
< form action ="" method ="post" id ="mylogin" >
    ......
    < div class ="box" >
      < p >
        < label >用户名:< /label >
        < input name ="lname" type ="text" id ="lname" >
        < span class ="explain" id ="lname_prompt" > < /span >
      < /p >
      < p >
        < label class ="pw" >密    码:< /label >
        < input name ="lpwd" type ="password" id ="lpwd" >
        < span class ="explain" id ="lpwd_prompt" > < /span >
      < /p >
      < p >
        < label >验证码:< /label >
      < input name ="lcode" type ="text" id ="lcode" class ="code" size ="6" >
        < span class ="explain" id ="lcode_prompt" > < /span >
        < span class ="changenode" > < a href ="#" >看不清换一张 < /a > < /span >
      < /p >
```

步骤 2：利用 jQuery 完成信息是否为空及格式是否正确的验证。在站点文件夹下的 "js" 文件夹中新建 "checklogininput. js" 文件，在文件内书写验证代码，当信息为空以及格式不正确时分别给出相应的提示。代码如下：

```javascript
//JavaScript Document
$(document).ready(function(){
  //验证方法
    function validate( $dom){
        var v =$dom.val();
        var nid =$dom.attr("id");
        var flag =true;
        switch(nid){
            case "lname":
                $("#lname_prompt").html("");
                if(v ==""){
$("#lname_prompt").removeClass().addClass("register_prompt_error").html
("请输入您的用户名");
                    flag =false;
                }
                break;
```

```
            case "lpwd":
                $("#lpwd_prompt").html("");
                var reg = /^[\@A-Za-z0-9\! \#\$\% \^\&\*\.\~]{6,20}$/;
                if(v==""){
$("#lpwd_prompt").removeClass().addClass("register_prompt_error").html("
密码为必填项,请设置您的密码");
                    flag = false;
                }else if(reg.test(v) == false){
$("#lpwd_prompt").removeClass().addClass("register_prompt_error").html("
密码长度为6-20个字符");
                    flag = false;
                }else{
            $("#lpwd_prompt").removeClass().addClass("register_prompt_ok");
                $dom.removeClass().addClass("register_input");
                }
                break;
            case "lcode":
                $("#lcode_prompt").html("");
                if(v==""){
$("#lcode_prompt").removeClass().addClass("register_prompt_error").html
("请输入验证码");
                    flag = false;
                }
                break;
                default :
                break;
        }
        return flag;
    }


    //验证用户名
    $("#lname").focus(function(){
        $(this).removeClass().addClass("register_input register_input_Focus");
        }).blur(function(){
            validate( $(this));
    });
    //验证密码
    $("#lpwd").focus(function(){
        $(this).removeClass().addClass("register_input register_input_Focus");
```

```
        |).blur(function(){
          validate( $(this));
      });
      //验证验证码
      $("#lcode").focus(function(){
        $(this).removeClass().addClass("register_input register_input_Focus");
        }).blur(function(){
          validate( $(this));
      });
      //提交表单
      $("#mylogin").submit(function(){
          var flag = true;
          $(this).find("input").each(function(i,ele){
            if(! validate( $(ele))){
                flag = false;
            }
          });
          return flag;
      });
  });
```

步骤3：在"login. php"文件的 < head > </ head >标签内完成"checklogininput. js"外部代码的引用。代码如下：

```
<script src ="../js/checkreginput.js" > </script >
```

步骤4：预览，检测验证情况。至此，任务3完成。

任务4　登录页面中验证码功能实现

【任务需求】

在登录页面中加入验证码，只有输入的验证码正确，才能判断用户输入的用户名和密码是否正确，才能完成登录功能。

【任务分析】

验证码就是将一串随机产生的数字或符号生成一幅图片，图片里加上一些干扰像素（防止 OCR），由用户肉眼识别其中的验证码信息，输入表单，提交网站验证，验证成功后才能使用某项功能。其作用是防止有人利用机器人自动批量注册、对特定的注册用户用特定程序以暴力破解方式进行不断地登录、"灌水"。验证码可以自己编码完成，也可以在网上搜索合适的代码完成，本任务采用在网上搜索代码的方式完成。

【任务实现】

在登录页面中加入验证码功能，实现步骤如下：

步骤1：在网上搜索适合 PHP 脚本的生成验证码的代码。

步骤2： 在站点文件夹下的"conn"文件夹下新建"code. php"文件，进入代码视图方式，删除自动产生的代码，将搜索到的验证码代码行复制到"code. php"文件中。

步骤3： 进入"login. php"文件内，将光标定位于验证码框后，进入代码视图，书写代码，将验证码文件以图像的形式插入。代码如下：

```
<p>
    <label>验证码:</label>
    <input name ="lcode"id ="lcode"type ="text"class ="code"size ="6">
    <span class ="explain"id ="lcode_prompt" > </span>
    <img src ="../conn/code.php">
    <p class ="changenode" > <a href ="" >看不清,换一张</a> </p>
</p>
```

步骤4： 预览，观察验证码加入效果。

步骤5： 完成"看不清，换一张"功能。

（1）为验证码加入 id 属性值 checkpic，代码如下：

```
<span class ="explain"id ="lcode_prompt" > </span>
<img src ="code.php"id ="checkpic">
```

（2）利用 JavaScript 代码重新生成验证码。在 < head > </ head > 标签内书写 JavaScript 代码，完成完成重新生成验证码功能，代码如下：

```
<script language ="javascript" >
    function changing(){
    document.getElementById('checkpic').src ="../conn/code.php?"  +Math.random ();
    }
</script >
```

（3）为"看不清，换一张"超链接加入空链接，单在超链接单击时调用上述代码中的 changing( )函数，代码如下：

```
<p class ="changenode" > <a href ="#"onClick ="changing()"  >看不清,换一张</a> </p>
```

步骤6： 预览，检测验证码加入及刷新情况。至此，任务4完成。

任务5 会员登录页面动态实现

【任务需求】

在登录表单中的各项信息不为空、格式正确的情况下，完成用户输入的验证码是否正确的判断，当验证码输入正确后，在后台文件中完成用户输入的用户名和密码是否正确的检测。

【任务分析】

页面中显示的验证码信息实际是存储在"code. php"文件中的 $ _SESSION['verfyCode'] 变量中的信息，所以验证码检测就是将用户输入的验证码与 $ _SESSION['verfyCode']变量的值进行比较。

当会员登录时，后台检查程序将从数据库中查找与输入的用户名和密码匹配的记录，并给出相应的提示信息。检测用户名、密码都正确后，再根据帐户的冻结情况，给出相应的提示。

【任务实现】

会员登录功能的实现步骤如下：

步骤 1：将"login. php"页面中的登录表单信息提交到"logincheck. php"文件。在"bookuser"文件夹下新建"logincheck. php"文件，打开该文件夹下的"login. php"文件，将光标定位于登录表单内，将表单的 action 属性值设为"logincheck. php"。代码如下：

```
< div class = "loginform" >
    < form action = "logincheck.php"  method = "post" id = "mylogin" >
        ......
    < /form >
< /div >
```

步骤 2：在"logincheck. php"文件的 < body > < /body > 内书写代码，完成登录表单中用户输入信息的获取，连接数据库，判断验证码是否正确，将用户输入的用户名和密码与数据表jx_user中的相应信息进行比较，若用户名和密码均正确，再判断用户是不是冻结用户，并根据情况给出相应的提示，登录成功后页面跳转到"index. php"页面。代码如下：

```
<?php
//用户输入信息的获取
$luname = trim( $_POST["lname"]);
$lupwd = trim( $_POST["lpwd"]);
$lucode = trim( $_POST["lcode"]);
//连接数据库
require_once('.. /conn/conn.php');
//验证码是否正确的判断
session_start();
if( $lucode < > $_SESSION['verfyCode']){
    echo " < script > alert('输入的验证码错误,请重新输入! ');location.href ='
login.php';</script >";
    }
else{
    $rs = $conn ->query("SELECT * FROM jx_user WHERE uemail ='".$luname."'");
    $row = $rs -> fetch();
    $count = $rs -> rowCount();
    if( $count < 1){
        echo " < script >alert('登录失败,请重新输入用户名! ');location.href ='
login.php' </script >";
        }
    else{
```

```
            if(md5($lupwd) < > $row["upwd"]){
                echo "<script>alert('登录失败,请重新输入密码! ');location.href
='login.php'</script>";
                exit;
        }
        if($row["ufrozen"]==1){
                echo "<script>alert('该用户已被冻结,不能使用! ');location.href
='login.php'</script>";
                exit;
        }
        else{
            echo
"<script>alert('登录成功! ');location.href ='../index.php'</script>";
        }
        }
    }
    ?>
```

步骤3：预览，弹出未定义变量的错误提示，在"logincheck. php"页面的最上方输入
解决代码，代码如下：

```
<?php error_reporting(E_ALL ^E_NOTICE);
<!doctype html>
```

至此，任务 5 完成。

6.2.3　相关知识

1. jQuery 中的表单验证

在客户端完成表单验证（检测表单中信息是否为空，以及输入的信息格式是否满足要
求）可以减轻服务器端的压力、保证输入的数据符合要求。

1）表单验证事件和方法

表单验证需要运用元素的事件和方法，见表 6 - 2。

表 6 - 2　表单验证事件和方法

类别	名称	描述
事件	onblur	失去焦点，当光标离开某个文本框时触发
	onfocus	获得焦点，当光标进入某个文本框时触发
方法	blur( )	从文本域中移开焦点
	focus( )	在文本域中设置焦点，即获得鼠标光标
	select( )	选取文本域中的内容，突出显示输入区域的内容

2) 表单验证中正则表达式的使用

(1) 正则表达式 (regular expression)。

正则表达式描述了一种字符串匹配的模式，可以用来检查一个串是否含有某种子串、将匹配的子串作替换或者从某个串中取出符合某个条件的子串等。

在表单验证中使用正则表达式可以使代码简洁，同时能够严谨地验证文本框中的内容。

(2) 正则表达式的模式及字符含义。

正则表达式是由普通字符（例如字符 a ~ z 等）以及特殊字符（例如 * 、/等字符，其称为"元字符"）组成的文字模式。模式描述在搜索文本时要匹配的一个或多个字符串。正则表达式作为一个模板，将某个字符模式与所搜索的字符串进行匹配。

普通字符包括没有显式指定为元字符的所有字符，是组成正则表达式的基本单位，包括所有大写和小写字母、所有数字、所有标点符号和一些其他符号。特殊字符，就是一些有特殊含义的字符，许多元字符要求在试图匹配它们时特别对待，表 6 – 3 列出了正则表达式中的特殊字符及其含义。

表 6 – 3   正则表达式中的特殊字符及其含义

符号	描述
/……/	代表正则模式的开始与结束
^	匹配字符串的开始
$	匹配输入字符串的结尾位置，如果设置了 RegExp 对象的 Multiline 属性，则 $ 也匹配'\ n'或'\ r'，要匹配 $ 字符，请使用 \ $
\ s	任何空白字符
\ S	任何非空白字符
\ d	匹配一个数字字符，等价于 [0 – 9]
\ D	除了数字之外的任何字符，等价于 [^0 – 9]
\ w	匹配一个数字、字母或下划线，等价于 [a – zA – Z0 – 9_]
\ W	任何非单字字符，等价于 [^a – zA – Z0 – 9_]
.	除了换行符\n 之外的任意字符，要匹配 . 字符，请使用 \.
{n}	匹配前一项 n 次
{n,}	匹配前一项 n 次，或者多次
{n, m}	匹配前一项至少 n 次，但是不能超过 m 次
*	匹配前一项 0 次或多次，等价于 {0,}，要匹配 * 字符，请使用 \ *
+	匹配前一项 1 次或多次，等价于 {1,}，要匹配 + 字符，请使用 \ +
?	匹配前一项 0 次或 1 次，即前一项是可选的，等价于 {0, 1}，要匹配? 字符，请使用 \?
[……]	位于括号内的任意一个字符

(3) 常用的正则表达式。

电子邮件：/^\ w + @ \ w + (\ . [a – zA – Z] {2, 3}) {1, 2} $/

手机号码：/^1 [3578] \ d {9} $/

邮政编码：/^\ d {6} $/或/^ [1-9] \ d {5} $/

（4）RegExp 对象的方法和属性。

给定的值是否匹配正则表达式，需要使用 RegExp 对象的相关属性和方法。RegExp 对象的方法见表 6-4。

表 6-4　RegExp 对象的方法

方法	描述
exec	检索字符中是正则表达式的匹配，返回找到的值，并确定其位置
test	检索字符串中指定的值，返回 true 或 false

RegExp 对象的属性见表 6-5。

表 6-5　RegExp 对象的属性

方法	描述
global	RegExp 对象是否具有标志 g
ignorCase	RegExp 对象是否具有标志 i
multiline	RegExp 对象是否具有标志 m

2. 使用 jQuery 实现 Ajax

Ajax 即"Asynchronous Javascript And XML"（异步 JavaScript 和 XML），是指一种创建交互式网页所应用的网页开发技术，其核心是 JavaScript 对象 XMLHttpRequest。通过在后台与服务器进行少量数据交换，Ajax 可以使网页实现异步更新。这意味着可以在不重新加载整个网页的情况下，对网页的某部分进行更新。不使用 Ajax 的网页如果需要更新内容，必须重载整个网页页面。

Ajax 不是一种新的编程语言，而是一种用来创建更好、更快以及交互性更强的 Web 应用程序的技术。它可以在后台与服务器之间进行通信，在不刷新页面的情况下显示得到的结果，从而让页面与用户的交互更加顺畅。

JQuery 对 Ajax 异步操作进行了封装，常用的方式有 $. ajax、$. post、$. get 和 $. getJSON。

（1）$. ajax，是 jQuery 对 Ajax 的最基础封装，它可以完成异步通信的所有功能。其缺点是参数较多，常用的参数有：

```
var configObj = {
    method        //数据的提交方式:GET 和 POST
    url           //数据的提交路径
    async         //是否支持异步刷新,默认是 true
    data          //需要提交的数据
```

```
        dataType              //服务器返回数据的类型,例如 xml,String,Json 等
        success               //请求成功后的回调函数
        error                 //请求失败后的回调函数
    |
  $.ajax(configObj);          //通过 $.ajax 函数进行调用
```

（2）$.post，对 $.ajax 进行了更进一步的封装，减少了参数，简化了操作，其缺点是使用的范围更小了。$.post 简化了数据提交方式，只能采用 POST 方式提交，只能异步访问服务器，不能同步访问。它的几个主要参数，像 method、async 等进行了默认设置，不可以改变。常用的参数有：

```
var configObj = |
        url                  //数据的提交路径
        data                 //待发送 Key/value 参数,以 JSON 风格的字符串作为数据格式
        callback             //发送成功时回调函数,便于对返回的数据进行处理
    |
  $.post(configObj);         //通过 $.ajax 函数进行调用
```

（3）$.get，和 $.post 一样，是对用 get 方法提交的数据进行封装，只能使用在以用 get 方法提交数据解决异步刷新的方式上，其使用方式和 $.post 类似。

（4）$.getJSON，为进一步的封装，也就是对返回数据类型 Json 进行操作。

3. JavaScript 中的页面跳转 "location.href"

无论在静态页面中还是动态输出页面中，"window.location.href" 都是不错的页面跳转的实现方案。Javascript 中的 "location.href" 有很多种用法，主要如下：

self.location.href ="/url"（当前页面打开 URL 页面）；

location.href ="/url"（当前页面打开 URL 页面）；

windows.location.href="/url"（当前页面打开 URL 页面,与前面用法相同）；

this.location.href ="/url"（当前页面打开 URL 页面）；

parent.location.href ="/url"（在父页面打开新页面）；

top.location.href ="/url"（在顶层页面打开新页面）。

如果页面中自定义了 frame，那么可将 parent self top 换为自定义 frame 的名称，其效果是在 frame 窗口打开 URL 地址。此外，"window.location.href = window.location.href;" 和 "window.location.Reload()" 都是刷新当前页面，其区别在于是否有提交数据。当有提交数据时，"window.location.Reload()" 会提示是否提交，"window.location.href = window.location.href;" 则是向指定的 URL 提交数据。

6.2.4　项目小结

在信息未提交到服务器端时，在客户端完成各项信息是否为空及信息格式是否正确的检

测工作可以减轻服务器端的负担。利用 jQuery 代码完成检验工作相比使用 JavaScript 代码更加简洁，本项目利用正则表达式在客户端完成了信息的检测，同时在注册时采用 jQuery Ajax 完成了注册 Email 信息在数据表中唯一性的检测。

6.2.5　同步实训

实训

实训主题：校园网管理员登录功能的实现。

实训目的：会利用 jQuery 代码完成信息的检测。

实训内容：

（1）完成校园网管理员登录页面的布局（自主设计与布局）；

（2）完成登录页面中用户名、密码及验证码是否为空及格式是否正确的检测；

（3）实现登录功能。

子项目 3

"健雄书屋" 图书相关页面动态实现

【学习导航】

工作任务列表：

任务 1："新书上架" 板块中 "更多新书" 展示页面动态实现；

任务 2："新书上架" 板块图书详细内容页面动态实现。

【技能目标】

(1) 能完成信息的分页显示；

(2) 能灵活使用 SQL 语句完成信息的查询；

(3) 会使用 Session 完成用户登录信息的存储。

6.3.1 情境描述

由于首页中的空间限制，查看更多新书需在分支页中完成。在图书详细内容页面中完成图书的评论时需要用户登录。

6.3.2 项目实施

任务 1 "新书上架" 板块中 "更多新书" 展示页面动态实现

【任务需求】

当单击 "index. php" 页面中的 "更多新书" 超链接时，页面跳转到 "更多新书" 展示页面，如图 6 - 9 所示。

【任务分析】

"更多新书" 展示页面即将数据表 jx_book 中的图书按出版时间降序排列，并按每页 6 条记录的方式显示出来。分页显示 SQL 语句中的 limit 关键字的使用是重点。

【任务实现】

"更多新书" 展示页面的实现步骤如下：

步骤 1："更多新书" 展示页面布局。

(1) 在站点文件夹下的 "book" 文件夹内新建 "newbook. php" 文件，并将所需图像存放于该文件夹下。

(2) 整体布局。观察图 6 - 9 可见，整体布局分为三部分，HTML 代码如下：

图 6 – 9　"更多新书"展示页面

```
<!doctype html >
<html >
<head >
<meta charset ="utf - 8" >
<title >无标题文档 </title >
</head >
<body >
    <header > </header >
    <section > </section >
    <footer > </footer >
</body >
</html >
```

（3）设置标题，引用"style. css"样式表文件，共用头部和底部代码。设置 < title > 标签的值为"新书到货!"，引用"style. css"样式表文件，分别在 < header > </header > 和 < footer > </footer > 内共用"conn"文件夹下的"header. php"和"footer. html"文件。

（4） section 区域布局。

① section 区域采用三个 div 进行布局，各区域如图 6 –9 中边框线标示，代码如下：

```
<section >
<div class ="newbook -title" > </div >
<div class ="newbook -list" > </div >
<div class ="newbook_pages" > </div >
</section >
```

② 在各区域内加入相应的内容，加入类，并按一行显示 3 本图书信息的方式设置 CSS 样式，代码如下：

HTML 代码：

```
< div class ="newbook - title" >
    < span class ="serarch - box" > < input type ="text" / > < select > < option >
全部 < /option > < /select > < button class ="imgsearch" > < /button > < /span >
< /div >
< div class ="newbook - list" >
    < h3 > 新书上架 < /h3 >
    < dl >
        < dt > < a href ="#" > < img src ="" alt ="" > < /a > < /dt >
        < dd >
            < p > < a href ="#" > < /a > < /p >        < ! -- 书名 -->
            作者：< br/ >
            出版社：< br/ >
            < span > 出版时间：< /span > < br/ >
            定价：¥ < br/ >
            书屋价：¥
        < /dd >
    < /dl >
< /div >
< div class ="newbook_pages" > < /div >        < ! -- 用来完成分页显示 -->
```

CSS 代码：

```
section.mainbody{
    padding - top:10px;
}
section.newbook - title {
    position:relative;
    height:30px;
    border - bottom:1px solid #9b0312;
    background:url(../book/images/img01.png) no - repeat 0 0;
}
section.serarch - box {
    position:absolute;
    left:480px;
    top:3px;
}
section.serarch - box input,.serarch - box select,.serarch - box button {
    vertical - align:middle;
}
```

```
section.imgsearch{
    width:53px;
    height:20px;
    border - width:0;
    background:url(../book/images/img02.png) no - repeat 0 0;
}
section.newbook - list {
    margin - bottom:30px;
}
section.newbook - list h3 {
    height:34px;
    line - height:34px;
    padding - left:34px;
    background:url(../book/images/img03.png) no - repeat 0 0;
    border - bottom:1px solid #d0d0d0;
    margin - bottom:10px;
}
section.newbook - list h3 span {
    font - size:14px;
    font - weight:normal;
}
section.newbook - list h3 span b {
    color:#9b0a07;
    margin:0px 5px 0px 5px;
}
section.newbook - list dl {
    float:left;
    width:315px;
    overflow:hidden;
    border:1px solid #cbcbcb;
    margin:0px 5px 10px 5px;
}
section.newbook - list dl dt {
    float:left;
    width:145px;
    text - align:center;
    overflow:hidden;
    margin - top:10px;
}
section.newbook - list dl dd {
    float:left;
    width:150px;
```

```css
        line - height:22px;
        overflow:hidden;
        margin - top:12px;
}
section.newbook - list dl dd span {
        color:#D90000;
}
section.newbook - list dd a {
        color:#0D5B95;
        text - decoration:none;
        font - size:14px;
}
section.newbook - list dd a:hover {
        color:#0D5B95;
        text - decoration:underline;
}
section.newbook_pages{
    width:982px;
    margin:0 auto;
    text - align:center;
    line - height:25px;
}
```

步骤 2：获取并显示全部新书信息。连接数据库，按图书出版日期降序查询图书信息，并循环显示，对于书名和出版社长度超过一定范围的进行截取。

```php
    <div class ="newbook - list" >
      <h3 >新书上架 </h3 >
        <?php
        require_once('../conn/conn.php');
        $rsbook =$conn ->query("SELECT * FROM jx_book ORDER BY bpubdate DESC");
        $recordcount =$rsbook ->rowCount();   //总的记录数
        while( $row =$rsbook ->fetch()){
      ?>
      <dl >
        <dt > <a href ="#" > <img src ="images/<?php echo $row["bpic"]; ?>"
alt =" <?php echo $rowbooks["bname"]; ?>" > </a > </dt >
        <dd >
          <p > <a href ="#" >
                  <?php
                      $newb =$row['bname'];
                      if(strlen( $newb) >24){
```

```php
            echo substr( $newb, 0, 24) . "..." ;
            }
          else{
           echo $newb;
          }
        ?>
  </a></p>
      作者:<?php echo $row[ "bauthor" ]; ?>著<br/>
      出版社:
        <?php
        $newp = $row['bpress'];
        if( strlen( $newp ) >15){
         echo substr( $newb, 0, 15);
        }
        else{
         echo $newp;
          }
        ?>
        <br/>
  <span>出版时间:<?php echo $row[ "bpubdate" ]; ?></span><br/>
       定价:¥<?php echo $row[ "bprice" ]; ?><br/>
  <span>书屋价:¥<?php echo $row[ "bmemberprice" ]; ?></span>
        </dd>
      </dl>
    <?php } ?>
  </div>
```

步骤 3:按一页显示 6 本图书即 2 行的方式分页显示图书信息。

(1)在类名为 newbook - pages 的 div 内完成第一页、上一页、下一页和最后一页的判断,代码如下:

```php
  <div class ="newbook_pages" >
      共有<?php echo $recordcount? >条记录,第<?php echo $currentpage? >页/
共<?php echo $pages? >页 <br>
      <?php
  if( $currentpage < >1){
      ?>
      <a href ="newbook.php? page =1" >第一页</a>
      <a href ="newbook.php? page =<?php echo $currentpage -1 ? >" >上一页</a>
      <?php
```

```php
            }
        else{
        ?>
        第一页 上一页
        <?php
            }
        ?>
        <?php
            if( $currentpage < > $pages){
        ?>
        <a href ="newbook.php? page =<?php echo $currentpage +1 ?>" >下一页</a>
        <a href ="newbook.php? page =<?php echo $pages ? >" >最后一页</a>
        <?php
            }
        else{
        ?>
        下一页 最后一页
        <?php
            }
        ?>
    </div>
```

（2）获取传递的 page 参数的信息，利用 SQL 语句的 limit 字段完成分页。将光标定位于 while 语句的上方，按每页显示 6 本图书信息的方式完成分页，同时修改 while 语句中的记录集。代码如下：

```php
    <?php
        require_once('../conn/conn.php');
        $rsbook = $conn -> query( "SELECT * FROM jx_book ORDER BY bpubdate DESC");
        $recordcount = $rsbook -> rowCount();   //总的记录数
        $pagesize = 6;
        if( $recordcount <= $pagesize){
            $pages = 1;
        }
        if(( $recordcount % $pagesize)==0){
            $pages = $recordcount / $pagesize;
        }
        else{
            $pages = ceil( $recordcount / $pagesize);// $pages = intval( $count / $pagesize)+1;
        }
```

```
        //依据用户单击的是哪一页,来显示对应的页
        if(( $ _GET[ "page"]) =="" ){
                $ currentpage = 1;
        }
        else{
                $ currentpage = $ _GET[ "page"];
        }
        //按指定的记录数进行查询
    $ rsmore = $ conn -> query("SELECT * FROM jx_book ORDER BY bpubdate DESC limit ".
( $ currentpage -1)*$ pagesize.", $ pagesize");
    while( $ row = $ rsmore -> fetch()){
    ? >
```

步骤4：将首页中的"更多新书"超链接到"newbook.php"文件，并在新窗口中打开，代码如下：

```
    <p class = "title" >新 书 上 架 </p > < span class = "morebook" > < a href = "book/
newbook.php"  target ="_blank" >更多新书 </a > </span >
```

步骤5：预览，从首页处通过超链接跳转到"更多新书"页面观察效果，发现当图书不足一行时，出现"第一页 上一页 下一页 最后一页"信息位置不正确的情况，如图6-10所示。

图6-10 错误浮动引起的效果

步骤6：第二个div的浮动导致错误，需要清除浮动，为此，在第二个div后加入一个用来清除浮动的div，代码如下：

```
    <div class = "newbook_list" >......</div >
    < div style = "clear:both" > </div >
    <div class = "newbook_pages" >......</div >
```

步骤7：预览，观察效果。至此，任务1完成。

任务2 "新书上架"板块图书详细内容页面动态实现

【任务需求】

首页"index. php"和"更多新书"页面"newbook. php"都显示了图书的相关信息，当单击这两个页面中的图书图像或书名时，则跳转到图书详细内容页面显示该图书的详细内容，页面如图6-11所示。完成图书的评论需要用户登录，采用Session保存用户登录信息。

图6-11　图书详细内容页面

【任务分析】

当单击首页和"更多新书"页面中的图书图像或书名时，则将所查看图书的编号传递到图书详细内容页面"bookdetail. php"，在"bookdetail. php"页面中根据该图书编号完成图书各项信息的查询及显示，其中商品评论时用户的登录采用安全的 Session 方案完成。

【任务实现】

图书详细内容页面显示功能的实现步骤如下：

步骤 1：图书详细内容页面布局。

(1) 在站点文件夹下的"book"文件夹内新建"bookdetail. php"文件；

(2) "bookdetail. php"文件整体布局。整体布局分为两部分，HTML 代码如下：

```html
<!doctype html>
<html>
<head>
<meta charset ="utf -8">
<title>无标题文档</title>
</head>
<body>
    <header></header>
    <section></section>
  </body>
</html>
```

(3) 设置标题，引用"style. css"样式表文件，共用头部代码。设置 <title> 标签的值为"图书详细页面!"，引用"style. css"样式表文件，在 <header></header> 内共用"conn"文件夹下的"header. php"文件。

(4) section 区域布局。

① section 区域采用三个 div 进行布局，各区域如图 6-11 中边框线标示，代码如下：

```html
<section>
<div class ="current_page"></div>
<div class ="left_side"></div>
<div class ="box_right"></div>
</section>
```

② 在前两个 div 区域内加入相应的内容，设置 CSS 样式，代码如下：

HTML 代码：

```html
<div class ="current_page">
    <span>首页>> 教育>> 终极 15000 单词放口袋</span>
</div>
<div class ="left_side">
    <p class ="title">同类图书热卖榜</p>
    <ul>
```

```
    <li > <a href ="#" > <span >终极 15000 单词放口袋 </span > </a > </li >
    </ul >
</div >
```

CSS 代码：

```
section.current_page{
    height:25px;
    line - height:25px;
    padding - left:10px;
}
section.left_side{
    width:255px;
    margin - top:10px;
    border:1px solid #e2e2e2;
    float:left;
    height:285px;
}
```

③ box_right 区域布局，该区域采用 4 个 div 进行布局，各区域如图 6 - 12 中边框线标示。

HTML 代码：

```
<div class ="box_right" >
    <div class ="current_goods" > </div >
    <div class ="goods_show" > </div >
    <div class ="share_purchase" > </div >
    <div class ="goods_introduce" > </div >
</div >
```

CSS 代码：

```
.box_right{
    float:right;
    width:715px;
}
.current_goods{
    border - bottom:1px dashed #0066FF;
}
.goods_show{
    width:600px;
    float:left;
}
.share_purchase{
```

current_goods

快速改善课堂纪律的75个方法

书屋价：¥ 17.6

市场价：¥28　　折扣：6.29 折

库存：50件

作　者：卡桑德拉 戈登伯格

出版社：中国青年出版社

ISBN: 9787515313665　　出版时间: 2013-02-01

包装：平装　　　　　　　页数：169

我要买：1　　件

苏州　配送到江苏苏州　　快递费¥ 6元

加入购物车　　立即购买

goods_show

分享到：

share_purchase

商品详情　　商品评论　　商品问答

内容简介

《快速改善课堂纪律的75个方法》简介：

　　　本书主题明确，快速改善课堂纪律的75种方法，每个方法都设有"教你一招"、"如何实施"运用诀窍"三个模块，包含案例与解决方法，内容非常实用。如果说中国教师对课堂纪律问题解决方法多是"太极"，这本书里的方法就是"拳击"，每个方法像"拳头"一样直击最常见的5种课堂纪律问题（随便发言、爱讲小话、粗鲁无理、总是走神、轻易放弃），这些方法已经在美国多所中小学课堂测试，证明其高效、准确、快速和容易实现。★和学生约定秘密信号 ★特殊编排教室中的座位 ★学会忽略微小的不当行为 ★用幽默营造引人入胜的课堂 ★对课堂实况进行录音 ★精心安排课前课后10分钟……使用这本书，让您的课堂焕然一新，成为更富成效的学习环境，让您的学生茁壮成长，终身受益！

目录

goods_introduce

《快速改善课堂纪律的75个方法》目录：

《快速改善课堂纪律的75个方法》目录：前言 给您一本实用的课堂管理宝典 学生为什么会有不当行为 捣蛋鬼是对优秀教师的试金石 有效管理课堂纪律必备的准备工作 形成你的管理风格的5个程序 如何使用本书轻松改善课堂纪律 快速改善学生表现的75个方法检索表 1.帮学生开个头儿推动他立刻着手 2.稍微给些提示让学生做好思想准备 3.给不会修复关系的孩子示范如何道歉 4.和学生约定一个吸引注意力的信号 5.给课堂实况录音以进行跟踪和反思 6.简洁明了、给予肯定、保持距离 7.通过设立榜样让要求看得见摸得到 8.用一件小物品鼓励和约束学生参与 9.和学生签订行为合约让期望正规化 10.请学生记录下自己的行为用于分析 11.用"我还会来检查"设定时间界限 12.和学生一起列出清单观察进步 13.尊重学生的选择权以激励学习热情 14.分解学习任务以提高课业完成效率 15.用最简洁的语言要求让学生听懂 16.让学生"跟着玩一玩"以树立信心 17.使用不同颜色的教具总结归纳 18.和家长沟通时经常传达积极好消息 19.学生有进步时及时给予表扬和视贺 20.和学生用物品做个约定约行为为 21.让学生给老师打分以收集教学反馈 22.清晰描述期望帮助学生理解要求 23.清除教室内多余装饰物提高专注度 24.适当活动和游戏增加课堂趣味性 25.充分调动好奇心以吸引学生仔细倾听 26.真诚地向学生发出邀请提高参与度 27.与学生进行眼神交流让他专心听讲 28.通过5分钟焦点讨论让学生提建议 29.轻视分数重过程学生才会积极响应 30.送学生小礼物传递积极正能量 31.给有额外要求的学生准备点有趣小事 32.用曲线图记录学生的进步 33.热情地和学生打招呼并用心观察 34.允许学生带上耳机隔离干扰 35.用幽默营造引人入胜的课堂环境 36.用"我告诉你……"句式帮助理解 37.用"如果……那就……"句式确定目标 38.对学生的进步及时给予肯定和反馈 39.忽略学生微小的不当行为以增加信任 40.让学生选择先做想做的可增强信心 41.用具体的视觉听觉和感觉来描述期望 42.使用两种有效的方法给学生减压 43.找件事让学生走出教室去冷静一下 44.制定个性化的目标提高学生参与度 45.用曲象的要求定格为具象的照片 46.事先列个提问列表激励学生思考 47.鼓励积极的自言自语提升正能量 48.设立私密空间可以有效隔离干扰 49.慢慢走近学生能悄悄纠正走神儿 50.用提问表示关心增强师生的沟通 51.不断增强课程相关度以调动积极性 52.通过对学生行为的量化打分跟踪进步 53.让学生有权喊"弃权"减轻心理压力 54.通过约定密码信号纠正学生行为 55.给出清晰的提示词让学生看周差 56.通过特定姿势让学生学会倾听 57.用微笑缓解课堂压力使学生专注 58.让学生致力于正确行为端正其态度 59.特殊编排座位以提高学生学习效率 60.用特定的时间界限提高学生自制力 61.课前课后准备好"消化知识"的活动 62.站起来活动活动身体可振作精神 63.清晰地告诉学生"开始做某事" 64.精心安排每堂课的前后10分钟 65.讲些刻苦努力的小故事展示成功 66.设立"发言卡片"让学生轮流发言 67."老师批准的玩具"可让学生专注 68.设立引起学生注意的特定教学地点 69.用感谢让学生在心里住进积极行为 70.为学生制定简短而特定的时间目标 71.让学生观察老师讲课提高参与度 72.为学生设立需要帮助的"信号灯" 73.每天2分钟持续10天和学生谈心 74.设立光荣榜持续记录学生的进步 75.让学生从对错误的处理中学会反思

图 6 - 12　box_right 区域布局

```
    float:left;
    margin:10px 10px 0 10px;
}
.goods_introduce{
    float:left;
    height:300px;
    margin:10px;
    width:705px;
}
```

④ 填加 box_right4 个区域的内容，并设置其相应的样式，代码如下：

HTML 代码：

```
<div class ="box_right" >
    <div class ="current_goods" >
        <h1 >终极 15000 单词放口袋 </h1 >
    </div >
    <div class ="goods_show" >
        <div class ="goods_photo" >
            <img src ="images/big_01.png" >
        </div >
        <div class ="goods_cart_info" >
        <p >书屋价:<strong > ¥159.00 </strong > </p >
        <p >市场价:<strong > ¥105.00 </strong > 折扣:5 折</p >
        <p >库存:30 件 </p >
        <p >作 者:俞敏洪 </p >
        <p >出版社:西安交通大学出版社 </p >
        <p > <span >ISBN:9787111511700 </span >  <span >出版时间:2015 - 09 - 01
</span > </p >
        <p > <span >包装:平装 </span >  <span >页数:186 </span > </p >
        <p >我要买: < input name ="buy_num" type ="text" class ="text" id ="buy_
num" value ="1" size ="5" >件 </p >
        <p >苏州 配送到 上海 快递费 ¥6 元</p >
        < input class ="put_cart" id ="addcar" type ="submit" title ="加入购物车"
value ="" >
        < input class ="put_buy" id ="buy" type ="button" title ="立即购买" value
="" >
        </div >
    </div >
    <div class ="share_purchase" >
            <ul >
                <li >分享到: </li >
```

```html
            <li > <a href ="#" > <img src ="images/share_01.png"/ > </a > </li >
            <li > <a href ="#" > <img src ="images/share_02.png"/ > </a > </li >
            <li > <a href ="#" > <img src ="images/share_03.png"/ > </a > </li >
            <li > <a href ="#" > <img src ="images/share_04.png"/ > </a > </li >
            <li > <a href ="#" > <img src ="images/share_05.png"/ > </a > </li >
            <li > <a href ="#" > <img src ="images/share_06.png"/ > </a > </li >
        </ul >
    </div >
    <div class ="goods_introduce" >
        <div class ="book_tj" >
            <div class ="book_type" >商品详情 </div >
            <div class ="book_type" >商品评论 </div >
            <div class ="book_type" >商品问答 </div >
        </div >
        <div class ="book_class" >
            <! --内容简介及目录选项卡 -->
            <dl id ="book_intro" >
                <dt class ="intr_title" >内容简介 </dt >
                <dd >《终极 15000 单词放口袋》简介: <br >XXXXX </dd >
                <dt class ="intr_title" >目录 </dt >
                <dd >《终极 15000 单词放口袋》目录: <br >XXXXX </dd >
            </dl >
            <! --商品评论选项卡,加入 goods_none 并设置样式使其默认不显示 -->
            <dl class ="goods_none" >
                <dt class ="intr_title" >商品评论( 共有 XX 条) </dt >
                <dd >XXXX <span class ="mypl" >2016 -06 -05 </span > </dd >
            </dl >
            <! --商品问答选项卡 -->
            <dl class ="goods_none" >
                <dt class ="intr_title" >商品问答( 共有 XX 条) </dt >
                <dd >暂时还没有提问。 </dd >
            </dl >
        </div >
    </div >
</div >
```

CSS 代码:

```css
.current_goods h1 {
    margin:15px 0 10px 20px;
    padding -left:10px;
    font:bold 16px "Microsoft Yahei";
```

```css
    color:#039;
}
.goods_show.goods_photo{
    float:left;
    margin:15px;
    padding:10px;
    border:1px solid #e2e2e2;
}
.goods_cart_info{
    width:340px;
    float:left;
}
.goods_cart_info strong{
    color:#cc0000;
}
.goods_show.goods_cart_info p{
    padding-top:10px;
}
.put_cart{
    display:block;
    width:134px;
    height:36px;
    background:url(../book/images/shopcart.gif);
    float:left;
    margin:10px 0 0 5px;
    border:0;
}
.put_buy{
    display:block;
    width:96px;
    height:36px;
    background:url(../book/images/buy.gif);
    float:left;
    margin:10px 0 0 5px;
    border:0;
}
.share_purchase ul{
    width:200px;
    border:1px solid #ccc;
    padding:0px;
    float:left;
    margin:5px 0 0px 5px;
```

```
}
.share_purchase ul li{
     float:left;
     margin:3px 0 0 5px;
}
.book_tj{
     height:35px;
     line-height:30px;
     width:100% ;
     border-bottom:1px solid #e2e2e2;
}
.book_type{
     float:left;
     margin-left:3px;
     width:100px;
     height:34px;
     margin-top:2px;
     text-align:center;
     cursor:pointer;
}
.intr_title{
     margin:10px 0 0 0;
     font:14px "Microsoft Yahei";
     font-weight:bold;
     height:35px;
     line-height:35px;
     padding-left:10px;
     background:#f8f8f8;
}
.goods_none{
     display:none;
}
.mypl{
     display:block;
     float:right;
}
#book_intro dd,#book_discuss dd,#book_answer dd{
     line-height:25px;
     padding:10px;
}
```

步骤 2：图书详细内容页面中信息的动态获取。

（1）为"index. php"中的"新书上架"板块和"newbook. php"页面中的图书图像和

图书名添加超链接，链接到"bookdetail. php"，同时将要查看的图书的主键信息通过超链接传递到"bookdetail. php"中，代码如下：

```
index.php 页面：
<p class ="title" >新 书 上 架 </p> < span class ="morebook" > < a href ="book/
newbook.php"target ="_blank" >更多新书 </a> </span>
    ......
<dl>
  <dt>
   < a href = "book/bookdetail.php? id =<?php echo $rowbooks["bid"]; ? >"
target ="_blank" > < img src ="book/images/ <?php echo $rowbooks["bpic"]; ? >"......
</a> </dt>
   <dd> <p> <a href =" book/bookdetail.php? id =<?php echo $rowbooks["
bid"]; ? > "target ="_blank" >...... </a> </p> </dd>
   newbook.php 页面：
<div class ="newbook - list" >
  <h3 >新书上架 </h3 >
  <dl>
    < dt > < a href = "bookdetail.php? id =<?php echo $row["bid"]; ? > " > <
img src ="images/ <?php echo $row["bpic"]; ? >"...... </a> </dt>
       <dd> <p> <a href =" bookdetail.php? id =<?php echo $row["bid"]; ? > " >
       ......
  </dl>
    ......
 </div>
```

（2）"bookdetail. php" 页面中 current_ page 类中信息的获取。

① 将光标定位于 < section >标签的上方，书写代码，连接数据库，获取地址栏传递过来的主键信息，并依据该主键值到数据表 jx_book 中完成信息的查询。

② 将光标定位于 current_ page 类的下方，依据第（1）步中获取到的 btid 字段的值到数据表 jx_type 中完成信息的查询。

③ 在相应的导航栏内输出相应的字段内容。

以上 3 步的整体代码如下：

```
<?php
    require_once('../conn/conn.php');
    $myid =$_GET["id"];
    $rs =$conn ->query("SELECT * FROM jx_book WHERE bid =".$myid."");
    $row =$rs ->fetch();//读取$rs 中的信息,并进行显示
?>
<section >
  <div class ="current_page" >
     <?php
```

```
$typeid =$row['btid'];
$rstype =$conn ->query("SELECT * FROM jx_btype WHERE btid =".$typeid."");
$rowtype =$rstype ->fetch();
?>
```
```
<span >首页 > > <?php echo $rowtype['btypename'] ? > > <?php echo
$row['bname']? > </span >
</div >
```

（3）"bookdetail. php" 页面中 "同类图书热卖榜" 板块中信息的获取。

① 将光标定位于 <ul > 内，在 <li > 标签的上方书写代码，依据图书类型的主键值查询数据表 jx_book 中最新入库的前 9 条记录。

② 查询到的记录不止一条，需要循环显示出循环体内的内容，同时完成序号的添加，整体代码如下：

```
<div class ="left_side" >
    <p class ="title" >同类图书热卖榜 </p>
    <ul >
    <?php
        $rskind =$conn -> query ("SELECT * FROM jx_book WHERE btid =" .$typeid."
ORDER BY bstoretime DESC LIMIT 0, 9");
        $count =1;
        while ( $rowkind =$rskind ->fetch ()) {
    ?>
        <li > <a href =" #" > <span > <?php echo $count ? > </span > <?php echo
$rowkind [" bname"]; $count +=1;? > </a > </li >

        <?php
            |
        ? >
    </ul >
</div >
```

（4）类 box_right 中图书相关信息的动态显示。代码如下：

```
<div class ="box_right" >
    <div class ="current_goods" >
    <h1 > <?php echo $row["bname"] ? > </h1 >
    </div >
    <div class ="goods_show" >
        <div class ="goods_photo" >
            <img src ="images/ <?php echo $row["bpic"] ? > "width ="190"height ="210" >
        </div >
```

```
<div class ="goods_cart_info">
    <p>书屋价:<strong>¥ <?php echo $row["bmemberprice"] ?> </strong></p>
    <p>市场价:<strong>¥ <?php echo $row["bmarketprice"] ?> </strong>折扣:
<?php echo round(( $row["bmemberprice"]/ $row["bmarketprice"] *10),2) ?> 折</p>
    <p>库存: <?php echo $row["bstoremount"]?> 件 </p>
    <p>作 者: <?php echo $row["bauthor"] ?> </p>
    <p>出版社: <?php echo $row["bpress"] ?> </p>
    <p><span>ISBN: <?php echo $row["bisbn"] ?> </span><span>出版时
间: <?php echo $row["bpubdate"] ?> </span></p>
    <p><span>包装: <?php echo $row["bpackstyle"] ?></span><span>页数:
<?php echo $row["bpages"] ?> </span></p>
    ......
    </div>
</div>
```

（5）类 box_right 中配送地址和运费的动态获取与显示。

① 依据 IP 地址获取用户所在的省、市,采用新浪提供的依据远程 IP 获取用户所在省、市的方法,在 "bookdetail. php" 的 <head> </head> 标签内完成引用,代码如下:

```
<script src ="http://int.dpool.sina.com.cn/iplookup/iplookup.php? format =
js"> </script>
```

② 将原来静态的配送地址 "上海" 二字删除,将光标定位于删除处,书写 JavaScript 代码,完成配送地址所在的省、市的输出及运费的赋值;将 "6" 删除,完成运费的显示。代码如下:

```
<p>苏州 配送到
    <script>
    //为配送地址服务
    var myprovince = remote_ip_info['province'];
    var mycity = remote_ip_info['city'];
    document.write(myprovince +mycity);
    var myfee =6;
    if(myprovince =="江苏" ||myprovince =="浙江" ||myprovince =="上海"){
        myfee =6;
    }
    else if(myprovince =="新疆" ||myprovince =="西藏" ||myprovince =="甘肃"){
        myfee =20;
    }
    else{
        myfee =10;
    }
```

```
</script>
    快递费￥<script>document.write(myfee)</script>元
</p>
```

（6）类 goods_introduce 中选项卡的切换及内部相关信息的动态显示。

① 选项卡的切换功能在项目五中已实现，为了共用选项卡切换的 jQuery 代码，为类 goods_introduce 加入 id 属性值（bookTab）；为商品详情 <div> 标签加入类 book_type_out；为类 book_tj 中的各 div 加入 id 属性值；为 book_class 类中的各 <dl> 加入 id 属性值。代码如下：

```
<div id ="bookTab" class ="goods_introduce">
    <div class ="book_tj">
        <div class="book_type book_type_out "id ="intro" >商品详情</div>
        <div class ="book_type"id ="Discuss" >商品评论</div>
        <div class =" book_type" id =" answer" >商品问答</div>
    </div>
    <div class =" book_ class">
        <!-- 内容简介及目录选项卡 -->
        <dl id =" book_ intro">
         <dt class ="intr_ title" >内容简介</dt>
         <dd>《终极15000单词放口袋》简介：<br>XXXXX</dd>
         <dt class ="intr_ title" >目录</dt>
         <dd>《终极15000单词放口袋》目录：<br>XXXXX</dd>
        </dl>
        <!-- 商品评论选项卡，加入 goods_ none 并设置样式使其默认不显示 -->

        <dl id =" book_ discuss" class ="goods_ none">
         <dt class =" intr_ title">商品评论（共有XX条）</dt>
         <dd>XXXX <span class =" mypl" >2016-06-05</span></dd>
        </dl>
        <!-- 商品问答选项卡 -->
        <dl id =" book_ answer" class ="goods_ none">
            <dt class ="intr_ title" >商品问答（共有XX条）</dt>
            <dd>暂时还没有提问。</dd>
        </dl>
    </div>
</div>
```

② 在"bookdetail. php"页面 <head> </head> 标签内引用 jQuery 库和"booktj. js"文件，代码如下：

```
<script src ="../js/jquery-1.8.3.min.js"></script>
<script src ="../js/booktj.js"></script>
```

③ 在"style. css"文件内设置 book_type_out 的样式，以使鼠标划过选项卡时图像有变动，代码如下：

```css
.book_type_out{
    float:left;
    margin - left:3px;
    background - image:url(../book/images/dd_book_bg.jpg);
    background - repeat:no - repeat;
    width:100px;
    height:34px;
    margin - top:2px;
    text - align:center;
    color:#882D00;
    font - weight:bold;
    cursor:pointer;
}
```

④ 前两个选项卡内相关信息的显示。"内容简介"及"目录"选项卡只需显示查询出的图书的相关信息；"商品评论"选项卡中的信息需要从数据表 jx_comment 中查询并显示。代码如下：

```php
<! -- 内容简介及目录选项卡 -->
    <dl id ="book_intro" >
        <dt class ="intr_title" > 内容简介 </dt >
        <dd >
            《 <?php echo $row["bname"] ?> 》简介:<br / > <?php echo $row[
"boutline" ] ?>
        </dd >
        <dt class ="intr_title" > 目录 </dt >
        <dd >
            《 <?php echo $row["bname"] ?> 》目录:<br >
            <?php echo $row["bcatalog"] ?>
        </dd >
    </dl >
<! -- 商品评论选项卡,加入 goods_none 并设置样式使其默认不显示 -->
<! -- 信息从数据表 jx_comment 查询出来后显示 -->
<?php
    $rscom =$conn ->query("SELECT * FROM jx_comment WHERE bid =".$myid."");
    $recordcount =$rscom ->rowCount();
?>
<dl id ="book_discuss"class ="goods_none" >
```

```
    <dt class ="intr_title" >商品评论(共有 <?php echo $recordcount ?>条) < a
class ="mypl"href ="#" >我来也评一评 </a > </dt >
    <?php while( $rowcom =$rscom ->fetch()){ //循环读取 $rs 中的信息,并进行显示?>
    <dd >
        <?php echo $rowcom["ccontent"] ?>    <span class ="mypl" >   <?php echo
$rowcom["cdate"] ?>  </span >
    </dd >
    <?php } ?>
    </dl >
```

步骤3： "商品评论"选项卡中"我也来评一评"功能实现。当单击图 6 – 13 中"商品评论"选项卡中的"我也来评一评"超链接时，跳转到图 6 – 14 所示的文档编辑区，在文档编辑区内输入完评论后，单击"提交"按钮，完成评论入库功能。

图 6 – 13　"商品评论"选项卡中的"我也来评一评"

图 6 – 14　"我也来评一评"编辑窗口

（1）"我也来评一评"编辑窗口是在"bookdetail. php"页面上弹出的窗口，采用将原窗口变灰（改变透明度），突出显示编辑窗口的方法完成。

① 将原窗口变灰（改变透明度）是采用增加一个 < div > </div > 的方法，将其透明度改变，从而达到遮罩效果。在类名为 goods_introduce 的 </div > 标签后，增加 1 个 id 属性值

为 fade 的 div，代码如下：

```
<div id ="fade"> </div>
```

设置该 div 的 CSS 样式，以达到遮罩效果，进入 "style. css" 文件中，书写样式，代码如下：

```
#fade{
    display:none;
    position:absolute;
    left:0% ;top:0% ;
    width:100% ;
    height:100% ;
    background:#CCC;
    z -index:1001;
     -moz -opacity:0.8;/* 透明度,这是 FF 的写法 */
    opacity:.80;
    filter:alpha( opacity =80);/* 透明度,这是 IE 默认的,IE 不支持上面的方法 */
}
```

② 遮罩效果的弹出需要调用 jQuery 中的 show( )方法与 hide( )方法来控制 div 的显示与隐藏。在 "js" 文件夹下新建 "popfade. js" 文件，在文件内书写 jQuery 代码，代码如下：

```
$(function(){
        $(".mypl").click(function(){
            $("#fade").show();
        });
        $("#pyclose").click(function(){
            $("#fade").hide();
        });
});
```

(2) 编辑窗口采用第三方编辑器 umeditor 实现。

① 下载适用于 PHP 脚本的第三方编辑器 umeditor1 _2 _2 - utf8 - php. zip（下载网址：http：//www. tebaidu. com/file - d4aa4bcbab89334a307e74e26d952d7197968394. html），下载后解压，将解压后的文件夹改名为 "umeditor"。

② 将 "umeditor" 文件夹复制或移动到站点文件夹下。

③ 在 "bookdetail. php" 文件的 <head > </head >标签内完成如下 CSS 和 JavaScript 代码的引用：

```
 < link href ="../ umeditor / themes / default / css / umeditor.css" type ="text/
css" rel ="stylesheet" >
  <script src ="../ umeditor / third -party / jquery.min.js" > </script >
  <script charset ="utf -8"src ="../ umeditor / umeditor.config.js" > </script >
  <script charset ="utf -8"src ="../ umeditor / umeditor.min.js" > </script >
  <script src ="../ umeditor / lang / zh - cn / zh - cn.js" > </script >
```

④ 在 fade 层的下方新建 id 属性值为 mydiv 的 div，并在该 div 内插入一个 3 行 1 列的表格，要求表格宽度为 100%，有边框线。代码如下：

```
<div id ="mydiv" >
    <table width ="100%"border ="1"cellspacing ="1"cellpadding ="1" >
        <tr > <td > </td> </tr >
        <tr > <td > </td > </tr >
        <tr > <td > </td > </tr >
    </table >
</div >
```

⑤ 分别为表格的第一行加入标题，并设置高度，在第二行嵌入编辑器，在第三行加入按钮，并加入用于设置样式的类。代码如下：

```
<tr >
    <td height ="40" >【我也来评一评】 </td>
</tr >
<tr >
    <td >
        <script type ="text/plain"id ="myEditor"name ="myEditor" > </script >
        <script type ="text/javascript" >
            //实例化编辑器
            var um = UM.getEditor('myEditor');
        </script >
    </td>
</tr >
<tr >
    <td >
        < input class ="addnewbtn"type ="submit"name ="pysubmit"id ="pysubmit "
value ="提交" >
        < input  class ="addnewbtn"type ="button"name ="pyclose"id ="pyclose"
value ="关闭" >
    </td >
</tr >
```

⑥ 分别为#mydiv 和表格内的各类及 id 属性设置样式，代码如下：

```
#mydiv{
    display:none;
    position:absolute;
    top:10% ;
    left:20% ;
    min - width:60% ;
    min - height:70% ;
```

```
    border:10px solid lightblue;
    background:white;
    z - index:1002;
    padding:20px;
}
#myEditor{
    width:700px;
    height:250px;
}
.addnewbtn{
    width:50px;
    boder:1px solid #999;
}
```

⑦ 在 "popfade. js" 文件内，加入控制#mydiv 显示与关闭的代码，如下所示：

```
$(function(){
    $(".mypl").click(function(){
        $("#fade").show();
        $("#mydiv ").show();
    });
    $("#pyclose").click(function(){
        $("#mydiv ").hide ();
        $("#fade").hide();
    });
});
```

（3）评论入库功能实现。在编辑窗口中输入评论后，单击"提交"按钮即完成已写评论的保存，同时将评论显示在"商品评论"选项卡中。对所指定的图书进行评价，要求用户登录后才能完成。

① 在 "bookuser" 文件夹下新建 "pysave. php" 文件，用于将图书评论信息入库。

② 已登录用户信息的保存。用户在 "login. php" 页面登录后，需要记录登录的用户信息，这里采用 Session 变量保存已登录用户的用户名。打开 "logincheck. php" 文件，在登录成功的提示信息前加入代码，将用户名保存在 Session 变量中。代码如下：

```
    if($row["ufrozen"]==1){
        ......
    }
    else{
            session_start();//初始化 Session 变量
            $_SESSION['username']=$luname;//将用户名保存在 $_SESSION
            中
            echo "<script>alert('登录成功!');location.href ='../index.php'</
script>";
    }
```

③ 要评论的图书的主键信息需要由"bookdetail. php"文件传递到"pysave. php"文件中，将信息储存在隐藏域，通过 jQuery 代码获取值后由地址栏传递到"pysave. php"文件中，在"bookdetail. php"文件的"加入购物车"下方，即表单外部，书写隐藏域代码，代码如下：

```
    <form action ="addcar.php? id=<?php echo $row["bid"];?>"method ="post">
        <p>我要买:<input name ="buy_num"type ="text"class ="text"id ="buy_num"
value ="1"size ="5">件</p>
                    ......
    </form>
        <input name ="myoid"type ="hidden"id ="myoid"value ="<?php echo $row["
bid"];?>"><!--为了将 id 的值通过 jquery 传到下一页,这里将 id 的值赋给隐藏域,然后通
过代码获取其值,然后传给 carorder.php、order.php 页面及评论保存页面 pysave.php -->
    <input class ="put_buy"id ="buy"type ="button"title ="立即购买"value ="">
```

④ 在"bookdetail. php"内编写 jQuery 代码，接收隐藏域传递来的信息。将光标定位于类名为 box_right 的 div 标签的下方，完成信息的传递，代码如下：

```
< section >
  < div class ="box_right" >
    ......
  < table >
    ......
    < td >
      < input class ="addnewbtn" type ="submit" name ="pysubmit" id ="pysubmit"
value ="提交" >
      < input   class ="addnewbtn" type ="button" name ="pyclose" id ="pyclose"
value ="关闭" >
    < /td >
  < /tr >
< /table >
< /div >
< script >
  $(document).ready(function(e) {
    $("#pysubmit").click(function(e) {
      var pycontent =$("#myEditor").text();//获取编辑器中的书写信息
      var pybid =$("#myoid").val();          //获取隐藏域中的图书主键信息
      window.location.href ="pysave.php? py =" + pycontent + "&pbid =" +
pybid; //页面跳转到 pysave.php 文件,同时传递参数
    });
  });
< /script >
< /div >
< /section >
```

⑤ 进入 "pysave. php" 文件,完成用户是否登录的判断,若用户已登录,则用登录的用户名到 jx_user 数据表中完成用户 id 的获取,同时获取传递过来的图书 id 和用户评论的内容,将这些内容保存到 jx_comment 数据表的相应字段中,并依据信息的保存情况给出相应的提示,评论通过 "index. php" 进行查看。代码如下:

```php
<body>
    <?php
    require_once('../conn/conn.php');
    session_start();
    if(( $_SESSION['username']) ==""){
        echo " < script > alert('亲,请您先登录! ');location.href ='../
bookuser/login.php'</script >";
        exit;
    }
    $rspy =$ conn -> query( "SELECT * FROM jx_user WHERE uemail ='".$_SESSION['
username']."'");
    $rowpy =$ rspy -> fetch();
    $mybid =$_GET['pbid'];
    $pyuid =$ rowpy["uid"];
    $content =$_GET['py'];
    $count = $conn -> exec ( " INSERT INTO jx_comment ( bid, uid, cdate,
ccontent,cflag) VALUES ( ".$mybid.","." $pyuid.",'".date ("Y-m-d")."','".
$content."','1')");
    if( $count >0){
        echo "<script > alert('评论成功!');location.href ='../index.php';
</script >";
    }
    else{
        echo "<script > alert('评论失败!');location.href ='../index.php';
</script >";
    }
    ?>
</body>
```

步骤4：预览，观察效果。至此，任务2完成。

6.3.3　相关知识

　　用户登录验证程序有两种实现方法，即通过 Session 或 Cookie。这两种方式都能实现用户登录验证功能。基于 Session 的用户登录安全性更好一些，但是通常当用户关闭浏览器时用户登录信息就失效了。基于 Cookie 的用户登录可以实现用户登录信息的长期保存。登录验证程序接收登录页面传过来的用户名和密码信息，然后和数据库中的账户信息进行匹配，如匹配正确则登录成功。用户登录后需要将登录信息保存在 Session 中以供其他页面使用，而不会出现同一用户多次对同一网站进行多次登录的情况。本书所采用的是更安全的 Session 方案。

1. Cookie

Cookie 是一种在远程浏览器端存储数据并以此来跟踪和识别用户的机制。Cookie 是 Web 服务器暂时存储在用户硬盘上的一个文本文件，并随后被 Web 浏览器读取。当用户再次访问 Web 网站时，网站通过读取 Cookie 文件记录这位访客的特定信息，从而迅速作出回应，如在页面中不需要输入用户名和密码即可直接登录到网站等。文本文件的命令格式：用户名 @ 网站地址 [数字]. txt。Web 服务器可以应用 Cookie 所包含信息的任意性来筛选并经常维护这些信息，以判断在 HTTP 传输中的状态。Cookie 常用于以下 3 个方面：

(1) 记录访客的某些信息。如可以利用 Cookie 记录用户访问网页的次数，或者记录访客曾经输入过的信息，另外，某些网站可以使用 Cookie 自动记录访客上次登录的用户名。

(2) 在页面之间传递变量。浏览器并不会保存当前页面上的任何变量信息，当页面关闭时，页面上的任何变量信息将随之消失。如果用户声明一个变量 id = 36，要把这个变量传递到另一个页面，可以把变量 id 以 Cookie 的形式保存下来，然后在下一页通过读取该 Cookie 获取变量的值。

(3) 将所看到的 Internet 页存储在 Cookie 临时文件夹中，这样可以提高以后浏览的速度。

在 PHP 中通过 setcookie( ) 函数创建 Cookie。使用该函数时需要明确：Cookie 是 HTTP 头标的组成部分，而头标必须在页面其他内容之前发送，它必须最先输出，即使在 setcookie( ) 函数前输出一个 HTML 标记或 echo 语句，甚至一个空行，都会导致程序出错。

setcookie( ) 函数的语法如下：

```
bool setcookie(string name,string value[,int expire[,string path[,string
domain[,int secure]]]])
```

各参数的含义如下：

① name：必需，规定 Cookie 的名称。

② value：必需，规定 Cookie 的值，该值保存在客户端，不能用来保存敏感数据。

③ expire：可选，规定 Cookie 的有效期，expire 是标准的 UNIX 时间标记，可以用 time ( ) 函数或 mktime( ) 函数获取，单位为秒。若不设置过期时间，则表示这个 Cookie 的生命期为浏览器会话期间，关闭浏览器窗口，Cookie 就消失。

④ path：可选，规定 Cookie 的服务器路径。

⑤ domain：可选，规定 Cookie 的域名。

⑥ secure：可选，规定是否通过安全的 HTTPS 连接来传输 Cookie，值为 0 或 1。

2. Session

Session 是指一个终端用户与交互系统进行通信的时间间隔，通常指从注册到注销退出系统之间所经过的时间。因此，Session 实际是一个特定的时间概念。

由于网页是一种无状态的连接程序，因此无法得知用户的浏览状态，必须通过 Session 记录用户的有关信息，以便在用户再一次以此身份对 Web 服务器提供信息时作确认。例如，在电子商务网站中，通过 Session 记录用户登录的信息，以及用户所购买的商品，如果没有 Session，那么用户就会每进入一个页面都要输入一遍用户名和密码。

创建 Session 的过程：启动会话 > 注册会话 > 使用会话 > 删除会话。具体如下：

（1）启动 PHP 会话的方式有两种：一种是全名，用 session_start( ) 函数；另一种是使用 session_register( ) 函数为会话登录一个变量来隐含地启动会话。其中 session_start( ) 在页面开始位置调用，然后会话变量被登录到数据 $_session，如文中的代码：

```
session_start();//初始化 Session 变量
$_SESSION['username']=$luname;//将用户名保存在 $_SESSION
中
```

（2）注册会话：会话变量被启动，全部保存在 $_SESSION 中。

（3）使用会话：首先需要判断会话变量是否有一个会话 id 存在，如果不存在，就创建一个，并且使其能够通过 $_SESSION 进行访问；如果已经存在，则将这个已注册的会话变量载入以供用户使用。

（4）删除会话：删除会话的方法主要有删除单个会话、删除多个会话和结束当前的会话三种。

① 删除单个会话，如注销 $_SESSION［'username'］变量，可以使用 unset（ ）函数，代码为：

unset（$_SESSION［'username'］）;

② 删除多个会话，代码为：

$_SESSION = array（ ）;

③ 结束当前会话，代码为：

session_destroy（ ）;

3. Session 与 Cookie 的比较

综上，Cookie 和 Session 的区别如下：

（1）Cookie 数据存放在客户的浏览器上，Session 数据存放在服务器上。

（2）Cookie 不是很安全，别人可以分析存放在本地的 Cookie 并进行 Cookie 欺骗，考虑到安全应当使用 Session。

（3）Session 会在一定时间内保存在服务器上。当访问增多时，它会比较影响服务器的性能，考虑到减轻服务器性能，应当使用 Cookie。

（4）单个 Cookie 保存的数据不能超过 4KB，很多浏览器都限制一个站点最多保存 20 个 Cookie。

建议：将登录信息等重要信息存放为 Session；其他信息如果需要保留，可以放在 Cookie 中。

6.3.4　项　目　小　结

本项目完成了主页面中"更多新书"版块在分支页中分页显示的功能。无论单击主页面还是分支页中的图书封面或图书名都可以查看图书的详细内容，在详细内容页面中登录的用户可以完成图书的评论。本项目采用第三方编辑器完成了信息的编辑功能；采用 Session 保存了登录用户的信息，从而使用户在登录后才能进行图书评论；在运费的显示上采用了新浪提供的依据远程 IP 获取用户所在省、市的方法，完成了首重运费的判断。

6.3.5　同　步　实　训

实训

实训主题：校园网管理员登录功能的实现。

实训目的：会利用 Session 完成管理员用户名的存储。

实训内容：

在上一项目登录成功后完成管理员用户名信息的存储，以便于后续后台管理中对是否登录的判定。

子项目 4

"健雄书屋" 购物车、订单相关页面动态实现

【学习导航】

工作任务列表：

任务1："健雄书屋" 购物车功能实现；

任务2："健雄书屋" 购物车结算功能实现；

任务3："健雄书屋" "立即购买" 功能实现。

【技能目标】

（1）会利用 PHP 及 POST 和 GET 方法完成图书信息的传递及接收；

（2）会使用 Session 完成图书的相关信息的存储及传递；

（3）会使用 JQuery 相关事件与方法完成页面特效制作。

6.4.1 情 境 描 述

网站的核心技术在于产品的展示与网上订购、结算功能，在网站建设中其称为 "购物车系统"。已登录用户在选择了需要的图书后，可以直接购买，也可以将图书放入购物车，最后进行订单结算。

购物车主要用来存放用户选择好的图书，用户可以将选中的图书添加到购物车，也可以从购物车中移除图书、修改图书的数量、清空购物车等。这些操作完成后，购物车能自动计算出所购图书的总价格。

6.4.2 项 目 实 施

任务1 "健雄书屋" 购物车功能实现

【任务需求】

在图书详细页面 "bookdetail. php" 中单击 "加入购物车" 按钮，将所选图书的名称、价格及数量加入到购物车，即购书列表页面，如图 6 – 15 所示。

【任务分析】

图书详细页面 "bookdetail. php" 中有 "加入购物车" 和 "立即购买" 两个按钮，单击时均需将所购图书的相关信息进行传递。"加入购物车" 按钮采用表单传递信息，"立即购买" 按钮通过 jQuery 代码实现信息的传递。

图 6 – 15　购书列表页面

【任务实现】

购物车功能的实现步骤如下：

步骤 1：在 "book" 文件夹下新建 "addcar. php" 和 "shopcar. php" 文件，"加入购物车" 按钮采用表单传递信息，在 "bookdetail. php" 页面中加入表单，并将表单提交给 "addcar. php" 文件，在 "addcar. php" 文件内实现用户是否登录的判断，对于登录用户完成所购买图书是否有货的判断，所购买的图书在购物车中是否重复的判断以及将图书编号、购买数量、首重运费储存到 Session 变量中。

（1）在 "bookdetail. php" 页面中加入表单，并将表单提交给 "addcar. php" 文件，同时传递图书编号给 "addcar. php" 文件，代码如下：

```
< form action ="addcar.php? id =<?php echo $ row["bid"]; ?>"method ="post" >
<p>我要买:< input name ="buy_num"type ="text"class ="text"id ="buy_num"value
="1"size ="5" >件 </p >
    <p>苏州 配送到
        ......
        else{
            myfee =10;
        }
    </script >
        快递费 ¥ < span id ="trfee" > < script >document.write(myfee) </
script > </span > 元
    </p >
    < input class ="put_cart"id ="addcar"type ="submit"title ="加入购物车"
value ="" >
    </form >
```

（2）购物车中需要使用图书 id 及图书的数量信息进行传递。进入"login. php"页面，将光标定位于保存用户名 Session 下，完成两个 Session 变量的创建，代码如下：

```php
session_start();
$_SESSION['username']=$luname;
$_SESSION['goodsid']=null;            //创建 Session 变量,goodsid 存储商品的 id,
$_SESSION['goodsquantity']=null;   //goodsquantity 存储商品的数量
echo "<script>alert('登录成功! ');location.href ='../index.php'</script>";
```

（3）在"addcar. php"文件内实现用户登录的判断及各类信息的存储，代码如下：

```php
<?php error_reporting(E_ALL ^E_NOTICE);?>
<!doctype html>
<html>
<head>
<meta charset ="utf -8">
</head>
<body>
    <?php
    require_once('../conn/conn.php');
    session_start();
    if(( $_SESSION['username']) =="") {
        echo "<script>alert('亲,请您先登录! ');location.href ='../bookuser/login.php'</script>";
        exit;
    }
    //接收传递过来的信息
    $scid =$_GET["id"];
    $sccount = isset( $_POST["buy_num"])? $_POST["buy_num"]:1; //用来接收
searchresult.php 中没有设置购买数量,设置其默认值为1,因 searchresult.php 页面中"加入
购物车"按钮单击后没有数量传过来,需默认购买1本
    $rs =$conn ->query("SELECT * FROM jx_book WHERE bid =".$scid."");
    $row =$rs ->fetch();
    if( $row["bstoremount"] <=0) {
        echo "<script>alert('该商品已经售完! ');location.href ='shopcar.php';</script>";
        exit;
    }
    if( $row["bstoremount"] < $sccount) {
        echo "<script>alert('该商品库存不足! ');location.href ='shopcar.php';</script>";
        exit;
    }
```

```
        $array = explode("@", $_SESSION['goodsid']);//将 goodsid 变量中存储的字符串
以@ 为分隔符转换到数组中(字符串组成的数组)
        for( $i = 0; $i < count( $array)-1; $i ++) {
            if( $array[ $i]== $scid){
            echo "<script>alert('该商品已经在您购物车中! 请去购物车中修改商品
数量! ');location.href ='shopcar.php';</script>";
                exit;
            }
        }
        //如果数组中不存在指定的 id,则说明该商品还没有放入购物车中
        $_SESSION['goodsid']= $_SESSION['goodsid']. $scid."@"; //将商品编号保存到
$_SESSION['goodsid'],并用@ 作为分隔符
        $_SESSION['goodsquantity']= $_SESSION['goodsquantity']. $sccount."@";
//将商品数量保存到 $_SESSION['goodsquantity'],并用@ 作为分隔符
        header("location:shopcar.php");//跳转到 shopcar.php 页面,完成采购图书信息的显示
    ?>
    </body>
    </html>
```

步骤 2:在"shopcar. php"页面中实现用户加入购物车中图书信息的显示。

(1) 购物车信息显示页面布局。

① 将布局中所需图像存放于"book"文件夹下的"images"文件夹内。

② 整体布局。观察图 6 - 15 可见,整体布局分为三部分,HTML 代码如下:

```
    <!doctype html>
    <html>
    <head>
    <meta charset ="utf -8">
    <title>无标题文档</title>
    </head>
    <body>
        <header></header>
        <section></section>
        <footer></footer>
    </body>
    </html>
```

③ 设置标题,引用"style. css"样式表文件,共用头部和底部代码。设置 <title>标签的值为"欢迎来到健雄书屋购物车",引用"style. css"样式表文件,分别在 <header></header>和 <footer></footer>内共用"conn"文件夹下的"header. php"和"footer. html"文件。

④ Section 区域布局。Section 整体分为两大区域，第二个区域又分为三个小区域，如图 6 – 16所示。

shop_list_top	我的购物车 jq@sina.com您已选购以下商品					
shop_list	商品名称		市场价	书屋价	数量	删除
	互联网思维		￥38	￥27.4	1	删除
	自动控制原理		￥39.8	￥15.9	1	删除
	雅思听力高分全攻略		￥59	￥47.2	2	删除
	清空购物车	您共节省金额：￥58.1		商品金额总计（不含运费）：￥137.7		结 算 ▶

图 6 – 16　购物车 Section 区域布局

Section 区域分为两大区域，用两个 div 表示，同时设置类名，为后续设置样式做准备。代码如下：

```
< section >
    < div class = "shop_list_top" > < /div >
    < div class = "shop_list" > </div >
< /section >
```

⑤ 类名为 shop_list_top 的 div 内图像和内容的填加。代码如下：

```
< div class = "shop_list_top" >
    < img src = "images/shopping_myshopping.gif" alt = "购物车"/>
    < span > 您已选购以下商品 < /span >
< /div >
```

⑥ 类名为 shop_list 的 div 的布局及其内容的填加。shop_list 内又分为三个部分，前面两个部分用表格布局，后面一部分用 div 布局。代码如下：

```
< div class = "shop_list" >
    < table width = "100%" border = "0" cellspacing = "0" cellpadding = "0" >
      < tr class = "shop_list_title" >
            < td class = "shop_list_title_1" > 商品名称 < /td >
            < td class = "shop_list_title_2" > 市场价 < /td >
            < td class = "shop_list_title_3" > 书屋价 < /td >
            < td class = "shop_list_title_4" > 数量 < /td >
            < td class = "shop_list_title_5" > 删除 < /td >
      < /tr >
  < /table >
  < table width = " 100% " border = " 0 " cellspacing = " 0 " cellpadding = " 0 " id = "
myTableProduct " >
    < tr class = "shop_product_list" id = "shoppingProduct_01" >
    < td class = "shop_product_list_1" > < a href = "#" class = "blue" >      < /a > < /td >
```

```
        <td class ="shop_product_list_2" >¥ <label >    </label > </td >
        <td class ="shop_product_list_3" >¥ <label >    </label > </td >
        <td class ="shop_product_list_4" > < input type ="text"name ="" value =""
size ="8" / > </td >
        <td class ="shop_product_list_5" > <a href ="#"class ="blue" >删除 </a > </
td >
      </tr >
    </table >
    <div class ="shop_list_end" > </div >
  </div >
```

⑦ 类名为 shop_list_end 的 div 内部布局。代码如下:

```
    < div class ="shop_list_end" >
        <div >
          <a id ="removeAllProduct"href ="# " >清空购物车 </a >
        </div >
        <ul >
          <li class ="shop_list_sheng" >您共节省金额:¥ <label class ="shop_list_
end_yellow"id ="product_save" > </label > </li >
          <li class ="shop_list_money" >商品金额总计(不含运费):¥ <label class ="
shop_list_end_yellow"id ="product_total" > </label > </li >
          <li > <a class ="sbalance"href ="# " > </a > </li >
        </ul >
    </div >
```

(2) CSS 样式的设置。在 "style. css" 文件中完成样式的设置, 代码如下:

```
    .shop_list|
        min – height:320px;
    |
    .shop_list_top|
        margin:10px 0;
    |
    .shop_list_border|
        border:solid 2px #999;
    |
    .shop_list_title|
        background – color:#f5f5f5;
        height:35px;
        font:14px 黑体;
    |
    .shop_list_title li|
```

```
    float:left;
    line-height:28px;
}
.shop_list_title_1{
    width:420px;
    padding-left:30px;
    text-align:left;
}
.shop_list_title_2,.shop_list_title_3{
    width:120px;
    text-align:center;
}
.shop_list_title_4,.shop_list_title_5{
    width:70px;
    text-align:center;
}
.shop_product_list{
    background-color:#fefbf2;
    height:40px;
}
.shop_product_list input{
    width:30px;
    height:15px;
    border:solid 1px #666;
    text-align:center;
}
.shop_product_list td{
    line-height:35px;
    border-bottom:dashed 1px #CCC;
}
.shop_product_list_1{
    width:420x;
    text-align:left;
}
.shop_product_list_2{
    width:120px;
    text-align:center;
    color:#464646;
}
.shop_product_list_3{
    width:170px;
    text-align:center;
```

```css
    color:#191919;
}
.shop_product_list_4,.shop_product_list_5{
    width:80px;
    text-align:center;
}
.shop_list_end{
    background-color:#f5f5f5;
    height:60px;
    font-weight:bold;
    font-size:14px;
}
.shop_list_end ul li{
    float:left;
}
.shop_list_end_1{
    width:50px;
    padding:22px 0 0 0;
}
.shop_list_end #removeAllProduct{
    width:100px;
    display:block;
    float:left;
    margin-left:20px;
    color:#1965B3;
    font:14px 黑体;
    padding-top:25px;
}
.shop_list_sheng{
    width:180px;
    margin:25px 0 0 110px;
}
.shop_list_money{
    width:250px;
    margin:25px 0 0 80px;
}
.shop_list_end_yellow{
    color:#BD3E00;
}
.sbalance{
    display:block;
    width:98px;
```

```
    height:34px;
    background:url(../book/images/shopping_balance.gif);
    margin:15px 0 0 70px;
  }
```

（3）购物车列表中各项信息的动态获取。在"shopcar. php"页面中加入解决出现变量未定义的提示；需要保存登录的用户名信息，要启动 Session；购物车中显示登录用户名；连接数据库，设置 Session 变量保存购物车总金额；根据购物车中是否有商品给出相应的提示；若没有商品提示"您的购物车为空"，计算购物车中的总金额数，若有商品，则将商品显示到布局的表格中。代码如下：

```php
<?php
  error_reporting(E_ALL ^E_NOTICE);
  session_start();
?>
<!doctype html >
<html >
  ......
<section >
  <div class ="shop_list_top" >
    <img src ="images/shopping_myshopping.gif"alt ="购物车"/> <span > <?php
echo $_SESSION['username'] ?
> 您已选购以下商品 </span >
  </div >
  <div class ="shop_list" >
    <?php
        require_once('../conn/conn.php');
        //设置用来保存购物车总金额数
        $_SESSION['total']=null;
        $arraycar =explode("@", $_SESSION['goodsid']);
        $s =0;
        for( $i =0; $i <count( $arraycar); $i ++){
            $s += intval( $arraycar[ $i]);
        }
        if( $s ==0){
            echo " < table width ='100% ' border ='0' cellspacing ='0'
cellpadding ='0' id ='myTableProduct' >";
            echo  " <tr >";
            echo " <td  height ='280' colspan ='5'  align ='center' >您的购物车
为空! </td >";
            echo " </tr >";
            echo " </table >";
        }
```

```php
        else{
        ?>
    <table width ="100%"border ="0"cellspacing ="0"cellpadding ="0" >
        <tr class ="shop_list_title" >......</tr >
    </table >
    <table width =" 100%" border =" 0 " cellspacing =" 0 " cellpadding =" 0 " id ="
myTableProduct" >
        <?php
         $total =0;
         $array = explode("@", $_SESSION['goodsid']);
         $arrayqua = explode("@", $_SESSION['goodsquantity']);
         while(list( $name, $value) = each( $_POST)){
                for( $i =0; $i <count( $array)-1; $i++){
                    if(( $array[ $i]) == $name){
                        $arrayqua[ $i]= $value;
                    }
                }
            }
         $_SESSION['goodsquantity']= implode("@", $arrayqua);
         for( $i =0; $i <count( $array)-1; $i++){
           $scid = $array[ $i];
           $num = $arrayqua[ $i];
           if( $scid! =""){
             $rsc = $conn ->query("SELECT * FROM jx_book WHERE bid =". $scid."");
             $rowc = $rsc -> fetch();
             $pretotal = $num * $rowc["bmemberprice"];
             $total += $pretotal;
             $_SESSION['total']= $total;
           ?>
        <tr class ="shop_product_list"id ="shoppingProduct_01" >
          <td class ="shop_product_list_1" > <a href ="#"class ="blue" > <?php
echo $rowc["bname"]?>  </a > </td >
            <td class ="shop_product_list_2" > ¥ <label > <?php echo $rowc[
"bmarketprice"]?>  </label > </td >
            <td class ="shop_product_list_3" > ¥ <label > <?php echo $rowc[
"bmemberprice"]?>  </label > </td >
            <td class ="shop_product_list_4" > <input type ="text"name =" <?php
echo $rowc["bid"];?> "value =" <?php echo $num;?> "size ="8" /> </td >
            <td class ="shop_product_list_5" > <a href = "javascript:void(0)"
class ="blue" >删除 </a > </td >
        </tr >
```

```php
      <?php
             }
         }
      ?>
  </table>
```

步骤3：清空购物车功能实现。在"shopcar.php"文件内加入"清空购物车"的超链接，书写代码完成购物车中信息的清除。

（1）加入超链接，代码如下：

```html
<div>
   <a id ="removeAllProduct"href ="shopcar.php? carclear =yes" >清空购物车 </a>
</div>
```

（2）将光标定位于定义购物车总金额数的 Session 变量下方，书写代码完成清空购物车功能。代码如下：

```php
$_SESSION['total']= null;

//清空购物车
if( $_GET["carclear"]=="yes"){
     $_SESSION['goodsid']="";
     $_SESSION['goodsquantity']="";
}
```

步骤4：购物车中总金额及节省金额的计算与显示，计算采用 jQuery 代码完成。

（1）在"js"文件夹下新建"shopping.js"文件，在文件内书写 jQuery 代码完成购物车页面中图书所在行的奇偶行背景、鼠标移到背景行上时的变色效果、购物车中总金额的计算、删除与增加图书时总金额的动态变化及信息的提示。代码如下：

```javascript
$(function(){
  //商品隔行变色,tr:odd 代表奇数行
   $("#myTableProduct").find("tr:odd").css("backgroundColor","#ffebcd");
   //商品变色
   $("#myTableProduct").find("tr").mouseover(function(){
        $(this).css("backgroundColor","#fff");
   }).mouseout(function(){
        if( $("#myTableProduct").find("tr").index( $(this))% 2 ==1){ //判
断是否奇数行
             $(this).css("backgroundColor","#ffebcd");
        }else{
             $(this).css("backgroundColor","#fefbf2");
        }
});
```

```
//计算总价
function totalPrice(){
  var prePrices = 0,prices = 0;//原价,现价
  $("#myTableProduct").find("tr").each(function(i,ele){
    var num =$(ele).find(".shop_product_list_4").find("input").val();//数量
    var price =( $(ele).find(".shop_product_list_3").find("label").text()) * num
    prices +=price;
    var prePrice =( $(ele).find(".shop_product_list_2").find("label")
.text()) * num;
    prePrices +=prePrice;
  });
  function decimal(num,v){    //jquery 中对多位小数进行四舍五入
    var vv = Math.pow(10,v);
    return Math.round(num * vv)/vv;
  }
  $("#product_total").text(decimal(prices,3));
  var cj =prePrices - prices;
  $("#product_save").text(decimal(cj,3));
  return prices;
}
totalPrice();
//删除商品
$("#myTableProduct").find(".shop_product_list_5").children("a").click
(function(){
  if(confirm("您确定要删除商品么?")){
    $(this).parent().parent().remove();
    totalPrice();
  }
});
//修改数量
$("#myTableProduct").find(".shop_product_list_4").children("input")
.change(function(){
  var value =$(this).val();
  if((value =="")||!(/^[0-9]*[1-9][0-9]*$/.test(value))){
    alert("数量不能为空,且只能为正整数");
    $(this).val(1);
  }
  var t =totalPrice();
  alert("修改成功!,您的商品总金额是" +t +"元");
});
});
```

（2）在"shopcar. php"页面中引用"shopping. js"文件。

步骤5：预览，观察效果。至此，任务1完成。

任务2 "健雄书屋"购物车结算功能实现

【任务需求】

单击购物车"shopcar. php"页面中的"结算"按钮，进入结算页面，完成购物车中总价的计算及收货人信息的核对。按下"提交订单"按钮时完成页面中各项信息的入库，如图6-17所示。

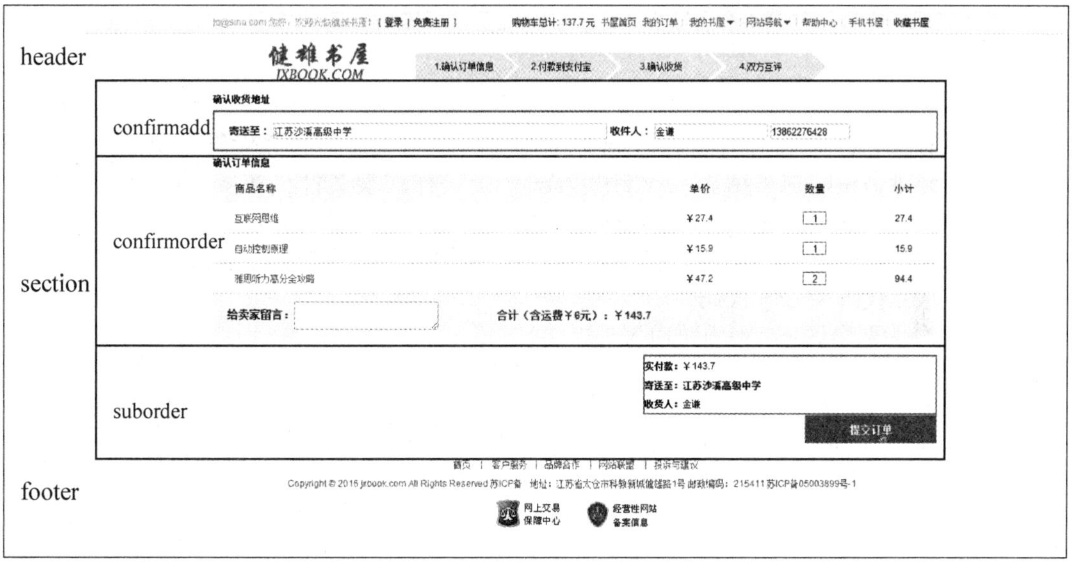

图6-17 购书结算页面

【任务分析】

在结算页面中完成商品相关信息的再次显示，同时显示出收货地址、收件人及电话等相关信息，在页面中可以给卖家留言，查看总金额等。单击"提交订单"按钮时将页面中的相关信息添加到 jx_order 数据表中。

【任务实现】

购物车结算功能的实现步骤如下：

步骤1：在"book"文件夹下新建"carorder. php"文件，进入"shopcar. php"文件中为购物车中的"结算"按钮添加超链接，使之链接到"carorder. php"文件，并在新窗口中打开。代码如下：

```
<li><a class ="sbalance"href ="carorder.php"target ="_blank "></a></li>
```

步骤2：购物车结算页面布局。

（1）将布局中所需图像存放于"book"文件夹下的"images"文件夹内。

（2）整体布局。观察图6-17可见，整体布局分为三部分。HTML代码如下：

```
<!doctype html >
<html >
<head >
<meta charset ="utf-8 " >
<title >无标题文档</title >
</head >
<body >
    <header > </header >
    <section > </section >
    <footer > </footer >
</body >
</html >
```

（3）设置标题，引用"style. css"样式表文件，共用头部和底部代码。设置< title >标签的值为"健雄书屋购物车结算"，引用"style. css"样式表文件，在< footer > </footer >内共用"conn"文件夹下的"footer. html"文件。

（4）header 区域布局。header 区域保持与首页头部一致的风格，略有修改，尽量共用首页头部的 HTML 代码及 CSS 代码。

① 整体分为两个区域，代码如下：

```
<header >
<div id ="topbar" > </div >
<div id ="searchbar" > </div >
</header >
```

② topbar 区域的样式无须设置，共用首页中的 CSS 代码即可，在区域内添加内容，设置与首页中相同的类名，代码如下：

```
<div id ="topbar" >
    <div class ="txtbox" >
    <p >
        您好,欢迎光临健雄书屋! <span >[ <a href ="../bookuser/login.php" >登
录</a > | <a href ="../bookuser/login.php" >免费注册</a > ]</span >
    </p >
    <ul >
        <li >购物车总计:元</li >
        <li ><a href ="../index.php" >书屋首页<span >|</span ></a ></li >
        <li > <a href ="#" >我的订单<span > |</span ></a ></li >
        <li class ="submenu" > <a href ="#" >我的书屋</a ></li >
        <li class ="submenu" > <a href ="#" >网站导航</a ></li >
        <li > <a href ="#" >帮助中心</a ><span > |</span ></li >
        <li class ="blue" > <a href ="#" >收藏书屋</a ></li >
    </ul >
    </div >
</div >
```

③ searchbar 区域，分为 logo 和 tab 两个 div 区域，在区域内添加内容并设置类名，代码如下：

```
< div id ="searchbar" >
  < div class ="top" >
      < div class ="logo" >
         < a href ="#" >JXBook.com < /a >
      < /div >
      < div class ="tab" >
            < ul >
               < li >1. 确认订单信息 < /li >
               < li >2. 付款到支付宝 < /li >
               < li class ="qrsh" >3. 确认收货 < /li >
               < li class ="sfhp" >4. 双方互评 < /li >
            < /ul >
      < /div >
   < /div >
< /div >
```

④ header 区域样式的设置。进入"style. css"文件中，书写样式代码，代码如下：

```
.top {
    width:100% ;
    overflow:hidden;
}
.top.logo{
    width:203px;
    height:71px;
    background:url(../book/images/logo.gif) 0 0 no - repeat;
    text - indent: - 9999px;
    float:left;
    margin - left:30px;
}
.top.logo a {
    display:block;
    width:203px;
    height:71px;
}
.tab{
    float:left;
    margin:25px 0 0 30px;
    width:556px;
    height:36px;
```

```
        background:url(../book/images/order_bg.gif);
}
.tab ul li{
        float:left;
        line-height:36px;
        padding:0 25px;
}
.tab ul li.qrsh{
        padding-left:40px;
}
.tab ul li.sfhp{
        padding-left:50px;
}
```

(5) Section 区域布局。

① Section 整体分为三部分，如图 6-17 所示，代码如下：

```
<section>
  <div class="confirmadd"></div>
  <div class="confirmorder"></div>
  <div class="suborder"></div>
</section>
```

② confirmadd 区域布局及内容的添加。代码如下：

```
<div class="confirmadd">
  <h3>确认收货地址</h3>
  <div class="add">
    寄送至:<label for="yaddress"></label>
    <input name="yaddress"type="text"id="yaddress"value=""size="70">
    收件人:<label for="yreceiver"></label>
  <input name="yreceiver"type="text"id="yreceiver"value="">
  <label for="textfield"></label>
  <input name="ytel"type="text"id="ytel"size="13"value="">
  </div>
</div>
```

③ confirmorder 区域布局及内容的添加。代码如下：

```
<div class="confirmorder">
  <h3>确认订单信息</h3>
  <div class="shop_listnew">
    <table width="100%"border="0"cellspacing="0"cellpadding="0">
        <tr class="shop_list_title">
```

```
                    <td height ="38"class ="shop_list_title_1" >商品名称 </td>
                        <td class ="shop_list_title_3" >单价 </td>
                        <td class ="shop_list_title_4" >数量 </td>
                        <td class ="shop_list_title_5" >小计 </td>
                </tr>
            </table>
            <table width ="100%"border ="0"cellspacing ="0"cellpadding ="0"id ="
myTableProduct" >
                <tr class ="shop_product_list"id ="shoppingProduct_01" >
                    <td class ="shop_product_list_1" > <a href ="#"class ="blue" > </a > </td>
                    <td class ="shop_product_list_3" > ¥ <label > </label > </td>
                    <td class ="shop_product_list_4" > <input type ="text"name =""value
="" size ="8" / > </td >
                    <td class ="shop_product_list_5" > <label > </label > </td >
                </tr >
            </table>
            <div class ="shop_list_end" >
                <ul >
                    <li class ="shop_list_end_ly" > <label >给卖家留言: </label > <
textarea name ="ymessage"cols ="25"id ="ymessage" > </textarea > </li>
                    <li class ="shop_list_end_yf" >合计(含运费¥元):¥ </li>
                </ul >
            </div >
        </div >
    </div >
```

④ suborder 区域布局及内容的添加。代码如下:

```
<div class ="suborder" >
    <div class ="suborder_detail" >
        <p > <span >实付款: </span > ¥ <?php echo $ltotal ? > </p >
        <p > <span >寄送至: <?php echo $roworder["uaddress"]? > </span > </p >
        <p > <span >收货人: </span > <?php echo $roworder["uname"]? > </p >
    </div >
    <div >
        <input type ="submit"class ="subbtn"name ="mysubmit"value ="" >
    </div >
</div >
```

⑤ section 区域样式的设置。进入"style. css"文件,书写样式代码,代码如下:

```css
.add{
    height:50px;
    line-height:50px;
    border:2px solid #ff4400;
    font-family:"Microsoft Yahei";
    font-size:14px;
    font-weight:bold;
    padding-left:20px;
}
.confirmorder{
    margin:10px 0;
}
.shop_list_end ul li{
    float:left;
    padding:0 10px;
}
.shop_list_end_ly{
    margin:10px 10px 0px 10px;
}
.shop_list_end_ly label{
    padding-top: -5px;
}
.shop_list_end_ly textarea{
    vertical-align:middle;
    padding-top:5px;
}
.shop_list_end_fs{
    margin:20px 10px 0px 10px;
}
.shop_list_end_dj{
     margin:20px 10px 0px 0px;
}
.shop_list_end_yf{
    font-weight:bold;
    color:#BD3E00;
    font-size:14px;
    margin:20px 10px 0px 50px;

}
.suborder{
```

```
        margin-top:20px;
        float:right;
        width:400px;
        line-height:25px;
    }
    .suborder p span{
        font-weight:bold;
    }
    .suborder.suborder_detail{
        border:2px solid #ff4400;
    }
    .suborder.subbtn{
        display:block;
        width:182px;
        height:38px;
        background:url(../book/images/submit_order.png);
        float:right;
    }
```

步骤3：购物车结算页面动态实现。

（1）"carorder. php"文件的头部加入禁止弹出未定义变量警告的提示代码：<?php error_reporting(E_ALL ^ E_NOTICE)?>。

（2）在 header 中的 txtbox 区域完成用户类型的判断：若是登录用户，则显示登录用户名，若不是登录用户则显示游客，同时实现头部区域购物车总金额数的显示。代码如下：

```
<div class ="txtbox" >
<p>
    <?php
    session_start();
    if(( $_SESSION['username'])! ="" ){
        echo $_SESSION['username'];
    }else{
        echo '游客';
    };
    ?>
您好,欢迎光临健雄书屋! ...... </p>
    <ul > <li >购物车总计:
    <?php
        if(( $_SESSION['total'])! ="" ){
            echo $_SESSION['total'];
        }
        else{
```

```
        echo 0;
      }
    ?>
    元</li>......
    </ul>
</div>
```

（3）在 Section 区域的 confirmadd 内完成订单中收货人相关信息的显示。在显示前先判断用户是否登录，然后依据登录用户名查询 jx_user 数据表，从而获取收件人的其他相关信息并显示。代码如下：

```php
<?php
if((( $_SESSION['username']) =="")){
  echo"<script>alert('亲,请您先登录! ');location.href ='../bookuser/login.php'</script>";
  exit;
}
$rsorder =$conn ->query("SELECT * FROM jx_user WHERE uemail ='".$_SESSION['username']."'");
$roworder =$rsorder ->fetch();
?>
<form name ="form1"method ="post"action ="" >
  <section>
    <div class ="confirmadd" >
      <h3>确认收货地址</h3>
      <div class ="add" >
        寄送至:<label for ="yaddress" ></label>
        <input name ="yaddress"type ="text"id ="yaddress"value =" <?php
echo $roworder["uaddress"] ?> "size ="70" >
        收件人:<label for ="yreceiver" ></label>
        <input name ="yreceiver"type ="text"id ="yreceiver"value =" <?php
echo $roworder['uname']?> " >
        <label for ="textfield" ></label>
        <input name ="ytel"type ="text"id ="ytel"size ="13"value =" <?php
echo $roworder['uphone']?> " >
      </div>
    </div>
    ......
  </section>
</form>
```

（4）在 Section 区域的 confirmorder 内利用存储在 Session 中的图书编号和图书数量完成订单图书总金额的计算及图书相关信息及总金额的显示。代码如下：

```php
<div class ="confirmorder" >
    <h3 >确认订单信息 </h3 >
    <?php
            //设置用来保存购物车金额数
            $_SESSION['total']=null;
            $arraycar = explode("@", $_SESSION['goodsid']);
            $s = 0;
            for( $i =0; $i <count( $arraycar); $i++){
                $s += intval( $arraycar[ $i]);
            }
            if( $s ==0){
                    echo " <table width ='100%' border ='0' cellspacing ='0'
cellpadding ='0' id ='myTableProduct' >";
                    echo  " <tr >";
                     echo " <td height ='280' colspan ='5'  bgcolor ='#fff'
align ='center' >您没有选购任何商品! </td >";
                    echo " </tr >";
                    echo " </table >";
            }
          else{
        ?>
    <div class ="shop_listnew" >
    <table width ="100%"border ="0"cellspacing ="0"cellpadding ="0" >
        <tr class ="shop_list_title" >
            ......
        </tr >
    </table >
        <?php
            $total =0;
            $array = explode("@", $_SESSION['goodsid']);
            $arrayqua = explode("@", $_SESSION['goodsquantity']);
            while(list( $name, $value)=each( $_POST)){
                for( $i =0; $i<count( $array)-1; $i++){
                    if(( $array[ $i])== $name){
                            $arrayqua[ $i]= $value;
                    }
                }
            }
            $_SESSION['goodsquantity']= implode("@", $arrayqua);
            for( $i=0; $i<count( $array)-1; $i++){
                $scid = $array[ $i];
```

```
            $num =$arrayqua[$i];
            if($scid! =""){
                $rsc =$conn ->query("SELECT * FROM jx_book WHERE bid =".$scid."");
                $rowc =$rsc ->fetch();
                $pretotal =$num *$rowc["bmemberprice"];
                $total+=$pretotal;
                $_SESSION['total']=$total;
                $ltotal =$_SESSION['goodsfee'] +$_SESSION['total'];
            ? >
```

```html
<table width ="100%" border ="0" cellspacing ="0" cellpadding ="0" id ="
myTableProduct">
        <tr class ="shop_product_list" id ="shoppingProduct_01">
            <td class ="shop_product_list_1"> <a href ="#" class ="blue"> <?
php echo $rowc["bname"] ?> </a> </td>
            <td class ="shop_product_list_3"> ¥ <label> <?php echo $rowc["
bmemberprice"] ?> </label> </td>
            <td class ="shop_product_list_4"> <input type ="text" name ="<?
php echo $rowc["bid"];? >"value ="<?php echo $num;? >"size ="8"/> </td>
            <td class ="shop_product_list_5"> <label> <?php echo $pretotal?
> </label> </td>
        </tr>
    </table>
```

```php
    <?php
        }
        }
    ? >
```

（5）在 Section 区域的 confirmorder 内的 shop_list_end 部分完成首重运费的获取与显示及总金额的显示。首重运费需要从 "bookdetail. php" 中传递过来。

① 在 "bookdetail. php" 页面采用隐藏域的方式传递首重运费到 "addcar. php" 页面，代码如下：

```html
<form action ="addcar.php? id =<?php echo $row["bid"]; ? >"method ="post">
    <p>我要买:......件</p>
    <input id ="tranfee" name ="tranfee" type ="hidden"> <! -- 其作用是将运费传
递到相关页中,然后存储到 Session 变量中,jQuery 变量中的值主要用于 HTML 页面 -->
    <p>苏州 配送到
        ......
```

```
           else{
               myfee =10;
           }
           $("[type =hidden]").val(myfee);   //为上面的隐藏域赋值,便于运费的传递
      </script>
                   快递费 ¥  < span id ="trfee" > < script > document.write(myfee) < /
script > < /span > 元
       < /p >
       < input class ="put_cart"id ="addcar"type ="submit"title ="加入购物车"value ="" >
       < /form >
```

② 在 "addcar.php" 页面中接收传递过来的运费并赋值给 Session 变量。在 "addcar.php" 文件中查询语句的上方书写代码,代码如下:

```
$ scyf =$_POST["tranfee"];
$_SESSION['goodsfee']=$ scyf; //将运费的值存放在 session 变量中,便于结算页面使用
```

③ 在 "carorder.php" 页面 Section 的 confirmorder 内的 shop_list_end 部分完成运费和总金额的显示,代码如下:

```
   < div class ="shop_list_end" >
      < ul >
         < li class ="shop_list_end_ly" > < label >给卖家留言: < /label > < textarea
name ="ymessage"cols ="25"id ="ymessage" > < /textarea > < /li > < li class ="shop_
list_end_yf" >合计(含运费 ¥ < ?php echo $_SESSION['goodsfee'] ? > 元): ¥ < ?php echo
$ ltotal ? >
         < /li >
      < /ul >
   < /div >
```

(6) Section 区域的 suborder 内相关信息的输出,代码如下:

```
   < div class ="suborder" >
      < div class ="suborder_detail" >
         < p > < span >实付款: < /span > ¥ < ?php echo $ ltotal ? >  < /p >
         < p > < span >寄送至: < ?php echo $ roworder["uaddress"]? > < /span > < /p >
         < p > < span >收货人: < /span > < ?php echo $ roworder["uname"]? >  < /p >
      < /div >
   < div >
```

步骤 4: "caroder.php" 页面中 "提交订单" 按钮功能实现。

(1) 在 "book" 文件夹下新建 "ordersave.php" 文件,用来将 "carorder.php" 页面中的订单信息保存到 jx_order 数据表中。

（2）将"carorder. php"页面中的表单提交到"ordersave. php"文件，代码如下：

```
< form name ="form1"method ="post"action ="ordersave.php" >
  < section >
  ......
  < /section >
< /form >
```

（3）在"ordersave. php"文件内获取表单传递过来的信息，并将相应信息存入数据表 jx_order中，代码如下：

```
<?php error_reporting(E_ALL^E_NOTICE); ?>
<!doctype html >
<html >
<head >
<meta charset ="utf - 8" >
< /head >
<body >
  <?php
  require_once('../conn/conn.php');
  session_start();
   $ rsorder =$ conn ->query( "SELECT * FROM jx_user WHERE uemail ='".$_SESSION
['username']."'");
     $ roworder = $ rsorder -> fetch();
   date_default_timezone_set('PRC');//设置中国时区,为订单号做准备
     $ odid = date("YmdHis").$ roworder[ "uid"];     //订单号
     $ oduid = $ roworder[ "uid"];
     $ odreceiver = $_POST['yreceiver'];
     $ oddatetime = date("Y - m - d H:i:s");
     $ odmessage = $_POST['ymessage'];
     $ odaddress = $_POST['yaddress'];
     $ odtel = $_POST['ytel'];
     $ odtotal = $_SESSION[ "total"];
     $ arrayqua = explode("@", $_SESSION['goodsquantity']);
     $ odmount = 0;
     for( $ i = 0; $ i < count( $ arrayqua)-1; $ i ++){
             $ num = $ arrayqua[ $ i];
             $ odmount = $ odmount + $ num;
     }
     echo   $ odmount;
      $ count = $ conn -> exec ( " INSERT INTO jx_order ( orderid, uid, oreceiver,
 odate, omount, omessage, oreceiveradd, oreceivertel, ototalprice ) VALUES ('" .
$ odid."'," . $ oduid. ",'" . $ odreceiver. "','" . $ oddatetime. "'," . $ odmount. ",'" .
$ odmessage. "','". $ odaddress. "','". $ odtel. "',". $ odtotal.")");
```

```
    if( $count >0){
        echo " <script >alert('订单生成成功!'); location.href ='../index.php';
</script >";
    }
    else{
        echo " <script >alert('订单生成失败!');</script >";
    }
    ? >
    </body >
    </html >
```

步骤5：预览，观察效果。至此，任务2完成。

任务3　"健雄书屋""立即购买"功能实现

【任务需求】

单击图6－11中的"立即购买"按钮，显示"立即购买"界面，如图6－18所示。

图6－18　"立即购买"界面

【任务分析】

"立即购买"界面与购物车结算界面布局相同，两个页面中的表单信息都提交给"ordersave. php"文件处理。在功能实现上，"立即购买"功能不需统计购物车的总金额。"加入购物车"通过表单传递信息，"立即购买"通过 jQuery 传递信息。

【任务实现】

"立即购买"功能的实现步骤如下：

步骤1：书写 jQuery 代码，实现单击"立即购买"按钮时两个文件的关联及信息的传递。在"bookdetail. php"页面的 <head > </head >标签内书写如下代码：

```
<script>
  $(document).ready(function(e){
    $("#buy").click(function(e){
        var nid =$("#myoid").val();        //获取隐藏域中的图书主键信息
        var ncount =$("#buy_num").val();   //获取购买数量
        var nfee =$("#tranfee").val();      //获取运费
        window.location.href ="order.php? id =" + nid + "&num =" + ncount + "
&nyf =" +nfee;  //将书的 id 和数量传递到 order.php 页面
    });
  });
</script>
```

步骤 2：将"carorder. php"文件复制一份存于"book"文件夹内，并重命名为"order. php"。

步骤 3："立即购买"功能的动态实现。

（1）删除购物车总计项内容编码，代码如下：

```
<ul><li>购物车总计:
  <?php
  if(($_SESSION['total'])!="")){
      echo $_SESSION['total'];
  }
  else{
      echo 0;
  }
  ?>
元</li>......
  </ul>
```

（2）将光标定位于"$roworder = $rsorder -> fetch();"代码的下方，书写 PHP 代码，完成信息的接收，同时依据传递的参数完成信息的查询及计算，代码如下：

```
<?php
  ......
$roworder =$rsorder -> fetch();
date_default_timezone_set('PRC');//设置中国时区,为订单号做准备
$odid = date("YmdHis").$roworder["uid"];    //订单号
$orid =$_GET["id"];
$ornum =$_GET["num"];
$scyf =$_GET["nyf"];
$rsb =$conn -> query("SELECT * FROM jx_book WHERE bid =".$orid."");
$rowb =$rsb -> fetch();
$stotal =$ornum * $rowb["bmemberprice"];
```

```
$ltotal = $scyf + $stotal;
$oaddress = $roworder["uaddress"];
?>
```

（3）进入类名为 confirmorder 的 div 标签内，删除 "<h3> 确认订单信息 </h3>" 到 </div> 间的所有代码，加入类名为 shopping_list 和 shop_list_end 的两个 div，在 shopping_list 内加入显示订单信息的表格及完成表格内订单信息显示的代码，在 shop_list_end 内完成给卖家留言和运费及总价钱的计算。代码如下：

```
<div class="confirmorder">
    <h3>确认订单信息</h3>
        <div class="shopping_list">
            <table width="100%" border="0" cellspacing="0" cellpadding="0">
                    <tr class="shop_list_title">
                            <td height="38" class="shop_list_title_1">商品名称</td>
                            <td class="shop_list_title_3">单价</td>
                            <td class="shop_list_title_4">数量</td>
                            <td class="shop_list_title_5">小计</td>
                    </tr>
            </table>
            <table width="100%" border="0" cellspacing="0" cellpadding="0" id="myTableProduct">
                <tr class="shop_product_list" id="shoppingProduct_01">
                    <td class="shop_product_list_1"><a href="#" class="blue"><?php echo $rowb["bname"] ?></a></td>
                    <td class="shop_product_list_3">￥<label><?php echo $rowb["bmemberprice"] ?></label></td>
                    <td class="shop_product_list_4"><label><?php echo $ornum ?></label></td>
                    <td class="shop_product_list_5"><label><?php echo $stotal ?></label></td>
                </tr>
            </table>
            <div class="shop_list_end">
                <ul>
                    <li class="shop_list_end_ly"><span><label>给卖家留言：</label><textarea name="omessage" cols="40" id="omessage"></textarea></li>
                    <li class="shop_list_end_yf">合计(含运费￥<?php echo $scyf ?>元)：￥<?php echo $ltotal ?></li>
                </ul>
            </div>
        </div>
    </div>
```

（4）修改原页面中的"寄送到"及"收货人"项的信息，代码如下：

```
< div class ="suborder" >
  < div class ="suborder_detail" >
      < p > < span > 实付款：</ span > ￥ <?php echo $ ltotal ? > </ p >
      < p > < span > 寄送至： <?php echo $ oaddress? > </ span > </ p >
      < p > < span > 收货人：</ span > <?php echo $ roworder[ "uphone"]? > </ p >
  </ div >
  < div >
      < input type ="submit"class ="subbtn"name ="mysubmit"value ="" >
  </ div >
</ div >
```

步骤4：预览，观察效果。至此，任务3完成。

6.4.3 相关知识

1．HTML 表单元素——隐藏域
1）基本语法

```
< input type ="hidden" name ="…" value ="…" >
```

2）作用
隐藏域在页面中对于用户是不可见的，在表单中插入隐藏域的目的在于收集或发送信息，以利于被处理表单的程序所使用。隐藏域的信息可以通过表单，也可以通过 JavaScript 代码发送到服务器。隐藏域在使用上与其他表单元素相同。

2．PHP 中的 header 函数
header( )函数是 PHP 中进行页面跳转的一种十分简单的方法。函数的主要功能是将 HTTP 协议标头（header）输出到浏览器。
header( )函数的语法格式如下：

```
void header ( string string [,bool replace [,int http_response_code]])
```

说明：可选参数 replace 指明是替换前一条类似标头还是添加一条相同类型的标头，默认为替换。可选参数 http_response_code 强制将 HTTP 相应代码设为指定值。
header( )函数中 location 类型的标头是一种特殊的 header 调用，常用来实现页面跳转。如任务中的"header（"location：shopcar. php"）；"是使当前页面跳转到"shopcar. php"页面。使用 location 类型的标头时需注意，location 和"："间不能有空格，否则不会跳转。

6.4.4　项目小结

　　购物车最实用的功能是进行商品结算，用户在选择了自己喜欢的商品后，可以通过网站确认所需的商品，提交后存入数据库中，以方便网络管理员进行售后服务。本项目实现了将选购图书加入购物车以及直接购买两种功能，最后生成订单。

6.4.5　同步实训

实训
实训主题：利用 jQuery 及正则表达式完成表单验证。
实训目的：会使用正则表达式。
实训内容：
完成图 6 – 19 中的表单各项信息是否为空及格式是否正确的验证。

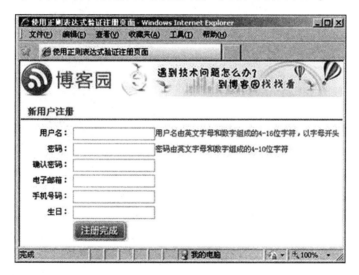

图 6 – 19　表单验证

项目七
网站后台管理功能实现

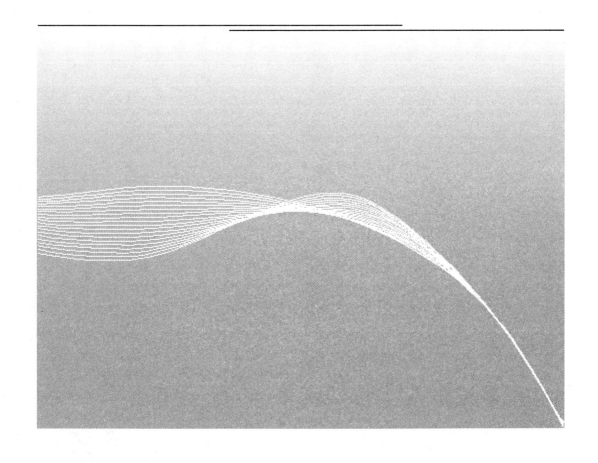

子项目 1

"健雄书屋" 网站后台管理页面布局

【学习导航】

工作任务列表：

任务1："健雄书屋"网站后台管理流程；

任务2："健雄书屋"网站后台管理登录页面布局；

任务3："健雄书屋"网站后台管理首页页面布局。

【技能目标】

(1) 会使用 CSS3 和表格完成页面布局；

(2) 会使用 DIV 和 iframe 完成页面布局；

(3) 会使用 jQuery 完成两级菜单的动态展开与合并。

7.1.1 情 境 描 述

网站的后台管理是整个网站建设的重点，它包括了几乎所有的常用 PHP 处理技术，相当于一个独立运行的系统程序。网站管理员登录后台管理即可进行书屋公告的发布、会员注册信息的管理、留言回复、图书维护以及订单处理等。

7.1.2 项 目 实 施

任务1 "健雄书屋"网站后台管理流程

【任务需求】

清晰列出"健雄书屋"网站后台管理的整个流程。

【任务分析】

清楚"健雄书屋"网站后台从登录到可实现的管理具体有哪些流程，从而方便了解后面介绍的内容。

【任务实现】

网站后台管理流程步骤如下：

步骤1：网站管理员登录后台。登录地址为：http://localhost/admin/alogin. php，登录的用户名为"admin"，密码为"888888"，如图 7 - 1 所示。

步骤2：在图 7 - 1 中输入用户名和密码后，单击"登录"按钮即可登录后台的首页，进行图书、用户、订单管理及信息管理，如图 7 - 2 所示。

图 7 - 1　后台管理登录界面

图 7 - 2　后台管理主界面

步骤3：单击左侧树状管理菜单"图书管理"中的"图书上架""图书管理"和"类别管理"功能菜单项，可以实现图书的增加、编辑、删除及类别的增加、删除与编辑功能，如图7-3、图7-4所示。

图7-3　"图书管理"界面

图7-4　"类别管理"界面

步骤4：单击左侧树状管理菜单"用户管理"中的"会员管理""评论管理"和"管理员信息管理"功能菜单项，可以实现会员、评论及管理员信息的编辑、删除等功能。会员管理界面如图7-5所示。

图7-5　"会员管理"界面

步骤5：单击左侧树状管理菜单"订单管理"中的"订单管理"和"查询订单"功能菜单项，可以实现订单管理及查询功能。此界面由读者自行布局并完成。

步骤6：单击左侧树状管理菜单"公告管理"中的"公告发布"和"公告管理"功能菜单项，可以实现首页中最新动态信息的增加、编辑和删除功能。此界面由读者自行布局并完成。

任务2　"健雄书屋"网站后台管理员登录页面布局

【任务需求】
利用CSS与表格相结合的布局形成完成网站后台管理员登录页面布局。

【任务分析】
管理员登录页面布局较简洁，这里采用CSS与表格相结合的方式完成布局。

【任务实现】
"健雄书屋"网站后台管理员登录页面布局的步骤如下：

步骤1：文件及文件夹的创建。

（1）在站点文件夹下新建"admin"文件夹，并在"admin"文件夹内新建"css""images"两个文件夹。再在"css"文件夹内新建"admin.css"文件用来实现对后台管理各页面样式的控制，将后台管理页面所需的图片文件保存到"images"文件夹内。

（2）在"admin"文件夹内新建文件"alogin.php"和"alogincheck.php"，用于管理员登录信息输入和登录信息正确性的判断。

步骤2："alogin. php" 页面的整体布局情况如图 7 - 6 所示。

图 7 - 6　管理员登录页面布局

HTML 代码如下：

```
<!doctype html >
<html >
<head >
<meta charset ="utf - 8 " >
<title >管理员登录</title >
</head >
<body >
  <div id ="container" >
     <span class ="login_title" >管理员登录</span >
     <table class =" login_table" width ="737" border ="0" cellspacing ="0"
cellpadding ="0" >
        <tr ><td ><img src ="images/jx.jpg"width ="737"height ="242" ></td >
</tr >
      <tr >
       <td >
       <form name ="loginform"method ="post"action ="alogincheck.php" >
          <table class ="bd_table" width ="420" border ="0" cellspacing ="0"
cellpadding ="0" >
     <tr >
      <td width ="127"height ="39"class ="bd_info" >用户名:</td >
      <td width ="293" >
         <input name ="username"type ="text"id ="username"size ="30" >
      </td >
     </tr >
     <tr >
```

```
      <td height ="35"class ="bd_info" >密码：</td>
      <td > <input name ="userpwd"type ="password"id ="userpwd"size ="30" > </td>
    </tr >
    <tr >
      <td height ="36"class ="bd_info" >验证码：</td>
      <td height ="36" > <input name ="vercode"type ="text"id ="vercode"size ="10" >
        <img src ="../conn/code.php" >
    </tr >
    <tr >
      <td height ="31"colspan ="2"align ="center" >
      <input class ="bd_btn"type ="submit"name ="button"id ="button"value ="提交" >
      <input class ="bd_btn"type ="reset"name ="button2"id ="button2"value ="取消" >
      </td>
    </tr >
  </table >
  </form >
  </td >
  </tr >
  </table >
  </div >
  </body >
  </html >
```

步骤 3：书写 CSS 样式。打开"admin. css"文件，书写 CSS 代码，并在"alogin. php"页面中引用该样式及"style. css"样式。

（1）引用样式代码如下：

```
<!doctype html >
<html >
<head >
<meta charset ="utf -8 " >
<title >管理员登录 </title >
<link href ="css/admin.css"rel ="stylesheet" >
<link href ="../css/style.css"rel ="stylesheet" >
</head >
```

（2）CSS 样式代码如下：

```
#container{
    margin:120px auto;
}
.login_table{
    border:3px solid #ccc;
    border -radius:30px;
```

```
            margin:0 auto;
    }
    .login_table img{
            border - radius:30px;
    }
    .bd_table{
            border - top:3px solid #600;
            margin:0 auto;
    }
    .bd_info{
            text - align:right;
    }
    .bd_btn{
            width:50px;
    }
    .login_title{
            display:block;
            text - align:center;
            font:bold 32px "Microsoft Yahei";
            color:#0163b5;
    }
```

步骤4：预览，观察效果。至此，任务1完成。

任务3 "健雄书屋"网站后台首页页面布局

【任务需求】

利用 DIV + iframe 框架布局完成网站后台首页页面布局，在左侧框架中列出管理模块，以便管理员对各个模块进行操作。

【任务分析】

后台管理功能的实现采用 DIV + iframe 框架布局，通过单击左侧的树状菜单中的不同管理模块，在右侧显示对应模块的主要信息，即左侧固定不变，右侧页面随着左侧菜单选择项的变化而变化。

【任务实现】

"健雄书屋"网站后台管理首页页面布局的步骤如下：

步骤1：文件的创建。在"admin"文件夹下新建"amanage. php""top. php""left. php"和"addbooks. php""managebooks. php""managekinds. php""manageusers. php"文件。其中"managebooks. php""managekinds. php""manageusers. php"文件是当单击左侧对应的菜单时显示在右侧的对应文件。如单击左侧的"会员管理"，右侧将显示"manageusers. php"文件的内容。

步骤2：在"amanage. php"页面内完成后台管理主页面整体布局。

（1）页面分为上、下两个 DIV，分别用类名标识为 adminheader 和 admincontent。其中 adminheader 内包含 ID 标识符为 admintop 的 DIV，内部利用 iframe 嵌入"top. php"文件。admincontente 内包含 ID 标识符为 adminleft 和 adminright 的两个 DIV，内部利用 iframe 嵌入"left. php"和"addbooks. php"文件，如图 7 - 7 所示。

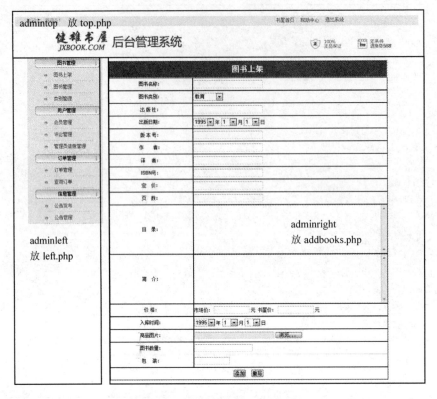

图 7-7　后台管理主页面布局

（2）书写主页面布局的 HTML 代码，代码如下：

```
<!doctype html >
<html >
<head >
<meta charset ="utf -8 " >
<title>后台管理</title >
</head >
<body >
  <div class ="adminheader" >
    <div id ="admintop" > <iframe src ="top.php"width ="100%"height ="104px"
scrolling ="no"frameborder ="0" > </iframe > </div >
  </div >
  <div class ="admincontent" >
    <div id ="adminleft" > <iframe frameBorder ="0"id ="left"name ="left"scrolling
="no"src ="left.php"width ="212px"height ="850px" > </iframe > </div >
    <div id =" adminright" > < iframe frameBorder ="0" id =" main" name =" main"
scrolling ="no"src ="addbooks.php"height ="850px"width ="740px" > </iframe > </div >
  </div >
</body >
</html >
```

（3）在"amanage. php"页面内引入"admin. css"和"style. css"样式。进入"admin. css"

页面，书写CSS代码，完成主页面样式控制，代码如下：

```
.adminheader{
    width:100%;
    margin:0 auto;
}
.admincontent{
    width:982px;
    margin:0 auto;
}
#adminleft{
    float:left;
    width:212px;
    height: 800px;

}
#adminright{
    float:left;
    width:700px;
    height:800px;
}
```

步骤3：完成上部文件"top. php"页面布局、超链接的加入及"admin. css"文件内样式代码的编写。

（1）HTML代码如下：

```
<!doctype html>
<html>
<head>
<meta charset ="utf-8">
<title>后台管理</title>
<link href ="css/admin.css"rel ="stylesheet"type ="text/css">
<link href ="../css/style.css"rel ="stylesheet"type ="text/css">
</head>
<body>
<header>
    <div id ="admintopbar">
        <div class ="txtbox">
            <p>欢迎您,管理员！</p>
            <ul>
            <li><a href ="../index.php"target ="_parent">书屋首页</a><span>|</span></li>
                <li><a href ="../contact/contact.php"target ="_parent">帮助中心</a><span>|</span></li>
                <li><a href ="javascript:window.parent.close();">退出系统</a></li>
            </ul>
        </div>
    </div><!--topbar 结束-->
```

```
  <div id ="searchbar" >
    <div class ="adminlogo" > <a href ="#" >JXBook.com < /a > < /div >
    <div class ="adminserbar" > < /div >
  < /div >
< /header >
< /body >
< /html >
```

(2) CSS 样式代码如下:

```
#admintopbar {
    height:29px;
    width:100% ;
    overflow:hidden;
    background:#eee;
}
.txtbox{
    width:982px;
    margin:0 auto;
    height:30px;
    line -height:30px;   /*设置 P 和 ul 标签内的文字均垂直居中 */
}
.txtbox p{
    float:left;
    color:#a9b5b7;
}
.txtbox p span,.txtbox p a {
    color:#1f06b5;
    margin:0 3px;
}
.txtbox ul{
    float:right;
    width:240px;       /*不加此宽度,在设计模式下观察会比较乱 */
}
.txtbox ul li{
    float:left;
    padding:0 4px;
}
.txtbox ul li a {
    color:#6a6a78;
}
.txtbox ul li span {
    color:#dde3e4;
    margin -left:4px;
    font -family:Arial;
}
```

```css
.adminlogo {
    background:url(../images/logo.gif) 0 0 no-repeat;
    float:left;
    width:383px;
    height:71px;
    text-indent: -9999px;
    margin-left:40px;
}
.adminserbar {
    background:url(../images/top_ser.gif) 20px 24px no-repeat;
    float:right;
    width:270px;
    height:71px;
}
```

步骤 4：完成左侧文件"left. php"页面布局及"admin. css"文件内样式代码的编写。
（1）HTML 代码如下：

```html
<!doctype html>
<html>
<head>
<meta charset ="utf-8">
<link href ="../css/style.css"rel ="stylesheet">
<link href ="css/admin.css"rel ="stylesheet">
</head>
<body>
    <div id ='nav'>
        <ul>
            <li>
                <div class ='first'>图书管理</div>
                <ul class ='second'>
                    <li><a href ="#">图书上架</a></li>
                    <li><a href ="#">图书管理</a></li>
                    <li><a href ="#">类别管理</a></li>
                </ul>
            </li>
            <li>
                <div class ='first'>用户管理</div>
                <ul class ='second'>
                    <li><a href ="#">会员管理</a></li>
                    <li><a href ="#">评论管理</a></li>
                    <li><a href ="#">管理员信息管理</a></li>
                </ul>
            </li>
            <li>
                <div class ='first'>订单管理</div>
```

```
            <ul class ='second' >
                 <li > <a href ="#" >订单管理 </a > </li >
                 <li > <a href ="#" >查询订单 </a > </li >
            </ul >
        </li >
        <li >
            <div class ='first' >信息管理 </div >
            <ul class ='second' >
                 <li > <a href ="#" >公告发布 </a > </li >
                 <li > <a href ="#" >公告管理 </a > </li >
            </ul >
        </li >
    </ul >
  </div >
</body >
</html >
```

（2）CSS 样式代码如下：

```
#nav ul{
    list – style:none;
}
#nav ul li{
    display:block;
    width:196px;
    line – height:30px;
}
#nav ul li div.first{
    text – indent:80px;
    background:url(../images/default_09.gif);
}
#nav ul.second li{
    display:block;
    width:166px;
    padding – left:30px;
    height:30px;
    line – height:30px;
    border:none;
    background:url(../images/default_10.gif);
    text – indent:40px;
}
```

（3）书写 jQuery 代码，实现单击一级菜单时可以完成二级菜单的展开或合并。jQuery 代码如下：

```
<!doctype html>
<html>
<head>
......
<link href ="css/admin.css"rel ="stylesheet">
<script src ="../js/jquery -1.8.3.min.js"> </script>
<script>
   $(document).ready(function(){
        $("ul div.first").click(function(){
             $('.second').hide();
             $(this).siblings('ul').toggle();
        });
    });
</script>
</head>
```

步骤 5：完成右侧文件页面布局及样式实现。

（1）图书管理——"图书上架""addbooks. php"页面布局、"年月日"下拉列表框利用 PHP 代码完成框内信息的显示、在"admin. css"文件内完成样式代码的编写。

① HTML 代码如下：

```
<!doctype html>
<html>
<head>
<meta charset ="utf -8">
<link href ="../css/style.css"rel ="stylesheet">
<link href ="css/admin.css"rel ="stylesheet">
</head>
<body>
<section class ="mainbody">
    <form action =""method ="post"name ="addbookform">
    <table width ="720"border ="1"cellspacing ="0"cellpadding ="0">
    <tr> <td height ="40"colspan ="2"class ="book_title">图书上架</td> </tr>
    <tr> <td width ="277"  class ="book_add">图书名称:</td>
        <td width ="437"> <input name ="sname"type ="text"class ="inputcss"
id ="sname"size ="25"> </td>
    </tr>
    <tr>
    <td class ="book_add">图书类别:</td>
```

```html
<td> <select name ="skind" id ="skind" >
    <option value ="1" >教育 </option >
    <option value ="2" >文学 </option >
    <option value ="3" >人文社科 </option >
    <option value ="4" >生活时尚 </option >
    <option value ="5" >工具书 </option >
  </select > </td >
</tr >
<tr >
  <td class ="book_add" >出版社: </td >
  <td > <input name ="spress" type ="text" class ="inputcss" id ="spress"
size ="25" > </td >
</tr >
<tr >
  <td class ="book_add" >出版日期: </td >
  <td >
     <select name ="syear" class ="inputcss" id ="syear" >
        <?php
            for( $i =1995; $i <=2050; $i ++)
              {
        ?>
            <option > <?php echo $i;? > </option >
          <?php
              }
        ?>
     </select >
年
<select name ="smonth" class ="inputcss" id ="smonth" >
        <?php
            for( $i =1; $i <=12; $i ++){
        ?>
           <option > <?php echo $i;? > </option >
       <?php } ?>
  </select >
月
  <select name ="sday" class ="inputcss" id ="sday" >
     <?php
          for( $i =1; $i <=31; $i ++)
            {
     ?>
    <option > <?php echo $i;? > </option >
      <?php } ?>
```

```
            </select>
         日</td>
    </tr>
    <tr>
       <td class ="book_add">版本号:</td>
        <td> < input name =" sversion" type =" text" class =" inputcss" id ="
sversion"size ="25" > </td>
    </tr>
    <tr>
       <td class ="book_add">作者:</td>
       <td> < input name ="sauthor"type ="text"class ="inputcss"id ="sauthor"
size ="25" > </td>
    </tr>
    <tr>
       <td class ="book_add">译者:</td>
        <td> < input name ="stranslator" type ="text"class ="inputcss"id ="
stranslator"size ="25" > </td>
    </tr>
    <tr>
       <td class ="book_add">ISBN号:</td>
       <td> < input name ="sisbn"type ="text"class ="inputcss"id ="sisbn"size
="25" > </td>
    </tr>
    <tr>
       <td class ="book_add">定价:</td>
       <td> < input name ="sprice"type ="text"class ="inputcss"id ="sprice"
size ="25" > </td>
    </tr>
    <tr>
       <td class ="book_add">页数:</td>
       <td> < input name ="spages"type ="text"class ="inputcss"id ="spages"
size ="25" > </td>
    </tr>
    <tr>
       <td class ="book_add">目录:</td>
       <td> < textarea name ="scatalog"cols ="60"rows ="8"class ="inputcss"id
="scatalog" > </textarea > </td>
    </tr>
    <tr>
       <td class ="book_add">简介:</td>
       <td> < textarea name ="sintro"cols ="60"rows ="8"class ="inputcss"id ="
sintro" > </textarea > </td>
```

```
    </tr>
    <tr>
        <td class ="book_add" >价 格: </td>
        <td >市场价:
            < input name =" smarketprice" type =" text " class =" inputcss " id ="
smarketprice"size ="10" >元   书屋价: < input name =" sjxprice" type ="
text"class ="inputcss"id ="sjxprice"size ="10" >元 </td >
    </tr>
    <tr>
        <td class ="book_add" >入库时间: </td>
        <td height ="25"bgcolor ="#FFFFFF" > <div align ="left" >
        <select name ="byear"class ="inputcss"id ="byear" >
            <?php
                for( $i =1995; $i <=2050; $i ++)
                    {
                ? >
            <option > <?php echo $i;? > </option >
            <?php } ? >
        </select >
        年
        <select name ="bmonth"class ="inputcss"id ="bmonth" >
            <?php
                for( $i =1; $i <=12; $i ++)
                    {
                ? >
            <option > <?php echo $i;? > </option >
            <?php } ? >
        </select >
        月
        <select name ="bday"class ="inputcss"id ="bday" >
            <?php
                for( $i =1; $i <=31; $i ++)
                    {
                ? >
            <option > <?php echo $i;? > </option >
            <?php } ? >
        </select >
        日 </div > </td >
    </tr>
    <tr>
        <td class ="book_add" >商品图片: </td>
        <td > <input type ="hidden"name ="MAX_FILE_SIZE2"value ="2000000" >
```

```
                <input name="spic"type="file"class="inputcss"id="spic"size="30"></td>
    </tr>
    <tr>
        <td class="book_add">图书数量:</td>
        <td><input name="smount"type="text"class="inputcss"id="smount"
size="20"></td>
    </tr>
    <tr>
        <td class="book_add">包装:</td>
        <td><input name="spackage"type="text"class="inputcss"id="
spackage"size="10"></td>
    </tr>
    <tr>
        <td colspan="2"class="book_add"><input name="submit"type="submit"
class="buttoncss"id="submit"value="添加">  <input type="reset"
value="重写"class="buttoncss"></td>
    </tr>
    </table>
    </form>
    </section>
    </div>
    </body>
    </html>
```

② CSS 样式代码如下:

```
.mainbody table{
    width:720px;
    height:800px;
    border:1px solid #CCC;
}
.book_add{
    display:block;
    text-align:center;
    height:30px;
    line-height:30px;
}
.book_title{
font:bold 20px 黑体;
    color:#FFF;
    background:#0163b5;
    text-align:center;
}
```

（2）图书管理——"图书信息管理""managebooks. php"页面布局、在"admin. css"
文件内完成样式代码的编写。

① HTML 代码如下：

```
<!doctype html >
<html >
<head >
<meta charset ="utf -8" >
<link href ="../css/style.css"rel ="stylesheet" >
<link href ="css/admin.css"rel ="stylesheet" >
</head >
<body >
<section >
<div class ="container" >
    <table width ="720"border ="1"cellspacing ="0"cellpadding ="0" >
      <tr >
        <td height ="47"colspan ="6"class ="book_title" >图书信息管理 </td >
      </tr >
      <tr class ="info_manage info_bold" >
        <td width ="22%"height ="58" >书名 </td >
        <td width ="16%" >ISBN </td >
        <td width ="24%" >出版社 </td >
        <td width ="18%" >作者 </td >
        <td colspan ="2" >操作 </td >
      </tr >
      <tr  class ="info_manage" >
        <td height ="45" > </td >
        <td > </td >
        <td > </td >
        <td > </td >
        <td width ="11%" > <a href ="#" >编辑 </a > </td >
        <td width ="9%" > <a href ="# " >删除 </a > </td >
      </tr >
      <tr  class ="info_manage" >
        <td height ="46"colspan ="6" >  </td >
      </tr >
    </table >
  </div >
</section >
</body >
</html >
```

② CSS 样式代码如下：

```css
.container{
    width:720px;
    margin:0 auto;
}
.info_manage{
    text-align:center;
}
.info_bold{
    font:bold 14px 黑体;
}
```

（3）图书管理——"类别管理""managekinds. php"页面布局、在"admin. css"文件内完成样式代码的编写。

① HTML 代码如下：

```html
<!doctype html>
<html>
<head>
<meta charset="utf-8">
<link href="../css/style.css"rel="stylesheet">
<link href="css/admin.css"rel="stylesheet">
</head>
<body>
<section>
<table width="720"border="1"cellspacing="0"cellpadding="0">
    <tr class="book_title">
        <td height="40"colspan="2">图书类别管理</td>
        <td height="40"class="subtitle"><a href="#">增加类别</a></td>
    </tr>
    <tr class="info_manage info_bold">
        <td width="453"height="60">类别</td>
        <td colspan="2">操作</td>
    </tr>
    <tr class="info_manage">
        <td height="61"></td>
        <td width="134"><a href="#">编辑</a></td>
        <td width="125"><a href="#">删除</a></td>
    </tr>
   </table>
</section>
</body>
</html>
```

② CSS 样式代码如下：

```
.subtitle{
    font-size:14px;
}
.subtitle a{
    color:#FFF;
}
```

（4）用户管理——"会员管理""manageusers. php"页面布局、在"admin. css"文件内完成样式代码的编写。

① HTML 代码如下：

```
<!doctype html>
<html>
<head>
<meta charset ="utf-8">
<link href ="../css/style.css" rel ="stylesheet">
<link href ="css/admin.css" rel ="stylesheet">
</style>
</head>
<body>
<section>
<table width ="720" border ="1" cellspacing ="0" cellpadding ="0">
    <tr class ="book_title">
        <td height ="40" colspan ="4">会员管理</td>
    </tr>
    <tr class ="info_manage info_bold">
        <td width ="226" height ="60">用户名</td>
        <td width ="227">用户状态</td>
        <td colspan ="2">操作</td>
    </tr>
    <tr class ="info_manage">
        <td height ="61"></td>
        <td height ="61"></td>
        <td width ="134"><a href ="#">编辑</a></td>
        <td width ="125"><a href ="#">删除</a></td>
    </tr>
  </table>
</section>
</body>
</html>
```

② 共用前面的样式，不需再写样式代码。

左侧菜单中的其他管理功能页面布局类似，这里不再赘述。

步骤6：预览，观察效果。至此，任务3完成。

7.1.3　相 关 知 识

1. 框架布局

在 HTML5 版本前的 HTML 中通过使用 < frameset > 标签来定义框架集，利用框架集组织多个窗口（框架），每个框架存在一个独立的文档。但 HTML5 不支持 < frameset > 和 < frame > 标签。

对于布局中需要采用框架结构时可以采用 < div > 完成各个框架的布局，在各个 < div > 中通过 < iframe > 引入对应的文档，实现早期版本中的框架布局功能。

2. 表格布局

1）表格的基本结构

使用表格进行布局，需要掌握表格的基本结构，表格的基本结构如下：

```
<table>
<caption>定义标题</caption>  <! --可以缺省-->
  <tr>定义行
    <th>定义表头</th>   <! --可以缺省-->
  </tr>
  <tr>
    <td>定义单元格</td>
    <td></td>
  </tr>
</table>
```

2）表格布局的优缺点

（1）优点。

①结构位置更简单，容易上手；

②数据化的存放更合理。

（2）缺点。

①标签结构多，复杂。在表格布局中，用到表格的相互嵌套使用，代码的复杂度更高；

②表格布局不利于搜索引擎抓取信息，这直接影响到网站的排名。

7.1.4　项 目 小 结

"健雄书屋"网站后台管理首页页面是使用 DIV + iframe 框架进行规划布局的。框架的作用是把浏览器窗口划分成若干区域，每个区域内显示不同的页面，并且各个页面之间不会互相影响。为框架内每个页面取不同的名字，作为彼此互动的依据。在网站后台管理首页页面左侧设置网站的导航功能，在页面的右侧设置后台显示的主要信息，这节省了页面空间，使页面内容清晰明了。

7.1.5 同 步 实 训

实训

实训主题：校园网管理员登录后各项管理页面的布局。

实训目的：会利用 DIV + iframe 框架完成后台管理首页页面的布局。

实训内容：

完成后台管理首页页面的布局及新闻修改页面的布局。

子项目 **2**

"健雄书屋" 网站后台管理页面动态实现

【学习导航】

工作任务列表：

任务1："健雄书屋" 网站后台管理员登录页面动态实现；

任务2："健雄书屋" 网站后台管理首页页面动态实现。

【技能目标】

(1) 会使用 SQL 语句完成信息的插入、修改和查询；

(2) 会使用 jQuery 完成相应的特效；

(3) 会通过表单中的 < input type = "file" > 标签实现文件的上传。

7.2.1 情 境 描 述

动态交互是网站的核心，页面布局完成后，需要通过后台编码完成信息的入库、修改及查询功能。管理员登录成功后进入后台管理首页页面，完成相应各项功能的管理，如图书的上架、图书信息的编辑等。

7.2.2 项 目 实 施

任务1 "健雄书屋" 网站后台管理员登录页面动态实现

【任务需求】

完成 "alogin. php" 页面中管理员信息是否为空及正确性的检测，当管理员的用户名和密码都正确时页面跳转到后台管理主页面 "amanage. php"。

【任务分析】

为了减轻服务器端的压力，在客户端采用 jQuery 代码完成信息是否为空及信息格式正确性的检测，检测完成后交由服务器完成用户名和密码与数据表中信息的比对工作。

【任务实现】

后台管理员登录页面动态实现的步骤如下：

步骤1：在 "alogin. php" 页面内完成验证码 "看不清，换一张" 功能。具体可参考项目六子项目 2 中的任务 4 的步骤。

步骤2：在"alogin. php"页面内完成各项信息是否为空及格式正确的检测。具体可参考项目六子项目2中的任务3的步骤。

步骤3：在"alogin. php"页面内将表单提交给"alogincheck. php"文件，进入"alogincheck. php"页面书写代码，完成用户名、密码和验证码是否正确的检测，若不正确弹出对应的提示信息框，若正确即登录成功，则将页面跳转到后台管理首页页面"amanage. php"。代码如下：

```php
<!doctype html >
<html >
<head >
<meta charset ="utf - 8" >
<title >无标题文档 </title >
</head >
<body >
<?php require_once('../conn/conn.php');?>
<?php
//获取用户输入的信息
 $uname =$_POST["username"];
 $upwd =$_POST["userpwd"];
 $ucode =$_POST["vercode"];
session_start();//开启 Session
//判断用户输入的验证码是否正确,若不正确,用对话框给出提示
if( $ucode < > $_SESSION['verfyCode']){
    echo "<script > alert('验证码错误');location.href ='alogin.php' </script >";
    }
else{ //验证码正确,检测用户输入的用户名和密码与数据表中的是否一致
    $rs =$conn ->query("select * from jx_manager where mname ='".$uname."'");
    $row =$rs ->fetch();
    $counts =$rs -> rowCount();
    //判断 $counts 的值,若 >=1 则登录成功,否则提示:用户名或密码错误
    if( $counts <1)
    {
    echo " < script > alert('登录失败,请重新输入用户名! ');location.href ='
alogin.php' </script >";
    }
    else{
      if( $upwd < > $row["mpwd"]){
    echo " < script > alert ('登录失败,请重新输入密码! ');location.href ='
alogin.php' </script >";
        }
    }
}
```

```
        echo " < script > alert ('登录成功,欢迎您,管理员! '); location. href = '
amanage.php' </ script >";
     ? >
   < /body >
   < /html >
```

步骤4：预览，观察效果。至此，任务1完成。

任务2　"健雄书屋"网站后台管理首页页面动态实现

【任务需求】

为后台管理首页页面左侧导航菜单栏的各项管理功能加入超链接，实现超链接到的各页面与数据库的交互。

【任务分析】

由于管理主页面采用的是 DIV + iframe 的布局，左侧不变，右侧随着左侧菜单选择项的变化而变化，所以超链接的跳转目标是在右侧的 DIV 中显示。超链接完成后，在每个页面文件中实现对数据库信息的增加、删除、修改、查询。

【任务实现】

后台管理首页页面动态实现的步骤如下：

准备工作：进入"left. php"页面，为左侧菜单栏中的各项功能加入超链接，代码如下：

```
   <li >
       < div class ='first' >图书管理 < /div >
       < ul class ='second' >
           < li > < a href = "addbooks.php" target ="main" >图书上架 < /a > < /li >
           < li > < a href = "managebooks.php" target ="main" >图书管理 < /a > < /li >
           < li > < a href = "managekinds.php" target ="main" >类别管理 < /a > < /li >
       < /ul >
   < /li >
   <li >
       < div class ='first' >用户管理 < /div >
       < ul class ='second' >
           < li > < a href = "manageusers.php" target ="main" >会员管理 < /a > < /li >
           < li > < a href = "managecomment.php"  target ="main" >评论管理 < /a > < /li >
           < li > < a href = "manageadmin.php"  target ="main"  >管理员信息管理 < /a > < /li >
       < /ul >
   < /li >
   <li >
       < div class ='first' >订单管理 < /div >
       < ul class ='second' >
           < li > < a href = "manageorder.php"  target ="main" >订单管理 < /a > < /li >
           < li > < a href = "seekorder.php"  target ="main"  >查询订单 < /a > < /li >
```

```
        </ul >
    </li >
    <li >
        <div class ='first' >信息管理 </div >
        <ul class ='second' >
            <li > <a href = "addnotice.php"target ="main"  >公告发布 </a > </li >
            <li > <a href = "managenotice.php"target ="main"  >公告管理 </a > </li >
        </ul >
    </li >
```

步骤1：图书管理——"图书上架"功能实现。

（1）在"addbooks. php"页面内，将 form 表单提交给"addbookssave. php"。在"admin"文件夹下新建"addbookssave. php"文件，用于将图书信息保存到数据库。由于提交表单中涉及图书封面信息的提交，表单中 enctype 的属性值需要设为"multipart/form - data"，具体代码如下：

```
< form action ="addbookssave. php"method ="post" enctype ="multipart/form - data" name ="addbookform" >
```

（2）在"addbookssave. php"页面内编写代码，完成"addbooks. php"页面内各项信息的获取及信息的入库。代码如下：

```php
<?php error_reporting( E_ALL ^E_NOTICE);? >
<!doctype html >
<html >
<head >
<meta charset ="utf -8 " >
</head >
<body >
<?php require_once('../conn/conn.php');
//获取信息
$ addname =trim( $ _POST["sname"]);
$ addkind =trim( $ _POST["skind"]);
$ addpress =trim( $ _POST["spress"]);
$ adddatetime =trim( $ _POST["syear"])." -".trim( $ _POST["smonth"])." - ".trim( $ _POST["sday"]);
$ addversion =trim( $ _POST["sversion"]);
$ addauthor =trim( $ _POST["sauthor"]);
$ addtranslator =trim( $ _POST["stranslator"]);
$ addisbn =trim( $ _POST["sisbn"]);
$ addprice =trim( $ _POST["sprice"]);
$ addpages =trim( $ _POST["spages"]);
```

```php
    $addcatalog = trim( $_POST["scatalog"]);
    $addintro = trim( $_POST["sintro"]);
    $addmarketprice = trim( $_POST["smarketprice"]);
    $addsprice = trim( $_POST["sjxprice"]);
    $addstoretime = trim( $_POST["byear"])." - ".trim( $_POST["bmonth"])." - "
.trim( $_POST["bday"]);
    $addnum = trim( $_POST["smount"]);
    $addpackage = trim( $_POST["spackage"]);
    //实现文件的上传
    $allowedExts = array("gif", "jpeg", "jpg", "png");
    $temp = explode(".", $_FILES["spic"]["name"]);
    $mysize = $_POST["MAX_FILE_SIZE2"];
    $extension = end( $temp);        //获取文件后缀名
    if ((( $_FILES["spic"]["type"] =="image/gif") || ( $_FILES["spic"]["type"] =="
image/jpeg") || ( $_FILES["spic"]["type"] =="image/jpg") || ( $_FILES["spic"]["type"]
=="image/pjpeg") || ( $_FILES["spic"]["type"] =="image/x - png") || ( $_FILES["spic"]
["type"] =="image/ png")) && ( $_FILES["spic"]["size"] < $mysize) && in_array
( $extension, $allowedExts))
    {
        if ( $_FILES["spic"]["error"] > 0)
        {
            echo "错误:".$_FILES["spic"]["error"]." <br >";
        }
        else
        {
            if (file_exists("../book/images/".$_FILES["spic"]["name"]))
            {
                echo $_FILES["spic"]["name"]."文件已经存在。";
            }
            else
            {
    move_uploaded_file( $_FILES["spic"]["tmp_name"],"../book/images/".$_FILES
["spic"]["name"]);
            }
        }
    }
else
{
    echo "非法的文件格式,请检查文件大小或文件类型是否正确";
}
```

```php
//将信息保存到数据库
$count = $conn -> exec( "INSERT INTO jx_book(btid,bname,bpress,bpubdate,bversion,
bauthor, btranslator, bisbn, bprice, bpages, boutline, bcatalog, bmarketprice,
bmemberprice,bpic, bstoremount, bstoretime, bpackstyle) VALUES ( " . $addkind. ","'" .
$addname."','" . $addpress."','" . $adddatetime. "','"'" . $addversion."','"'" . $addauthor."','"'" .
$addtranslator. "','" . $addisbn. "','" . $addprice. "','" . $addpages. "','" . $addintro. "','"'" .
$addcatalog."','" . $addmarketprice."','" . $addsprice."','" . $_FILES["spic"]["name"]. "','" .
$addnum."','" . $addstoretime."','"'" . $addpackage."')");
    if( $count >0){
        echo "<script>alert('上架成功!');location.href ='addbooks.php';</script
>";
    }
    else{
        echo "<script>alert('上架失败!');</script>";
    }
    ?>
</body>
</html>
```

步骤 2: 图书管理——图书信息的分页显示、编辑与删除功能实现。

(1) 在 "managebooks. php" 页面内，完成页面加载时数据库中图书书名、ISBN、出版社和作者信息的分页显示，代码如下：

```php
<?php error_reporting( E_ALL ^E_NOTICE);?>
<!doctype html>
<html>
<head>
......
</head>
<body>
<section>
<div class ="container">
    <table width ="720"border ="1"cellspacing ="0"cellpadding ="0">
      <tr>
        ......
      </tr>
      <tr class ="info_manage info_bold">
        ......
    </tr>
    <?php require_once('../conn/conn.php');
        $rs =$conn ->query("SELECT * FROM jx_book ORDER BY bstoretime DESC");
        $recordcount =$rs -> rowCount();   //总的记录数
        $pagesize =6;
```

```php
        if( $recordcount <= $pagesize){
              $TotalPageCount = 1;
        }
        if(( $recordcount % $pagesize) == 0){
              $TotalPageCount = $recordcount / $pagesize;
        }
        else{
         $TotalPageCount = ceil( $recordcount / $pagesize);// $pages = intval
( $count / $pagesize)+1;
        }
        //依据用户单击的是哪一页,来显示对应的页
        if(( $_GET[ "page"]) == ""){
              $CurrentPageID = 1;
        }
        else{
           $CurrentPageID = $_GET[ "page"];
        }
        //按指定的记录数进行查询
        $rsmore = $conn -> query( "SELECT * FROM jx_book ORDER BY bpubdate DESC
limit ".( $CurrentPageID -1) * $pagesize.", $pagesize");
        while( $row = $rsmore -> fetch()){
        ?>
```
```html
 <tr class ="info_manage" >
     <td height ="45 " >
```
```php
        <?php
        $newb = $row['bname'];
        if( strlen( $newb) >18){
         $newb = substr( $newb, 0, 18)."...";
        }
        echo $newb;
        ?>
```
```html
 </td >
 <td > <?php echo $row[ "bisbn"] ?> </td >
 <td > <?php echo $row[ "bpress"] ?> </td >
 <td > <?php echo $row[ "bauthor"] ?> </td >
 <td width ="11%" > <a href ="#" >编辑 </a > </td >
 <td width ="9%" > <a href ="#" >删除 </a > </td >
 </tr >
      <?php } ?>
               <tr class ="info_manage" >
                   <td height ="46 "colspan ="6" >共有 <?php echo $recordcount?>条记
录,第 <?php echo $CurrentPageID? >页 /共 <?php echo $TotalPageCount? >页 <br >
```

```php
            <?php if( $CurrentPageID < >1){?>
                <a href ="managebooks.php? page =1" >第一页 </a>
                <a href ="managebooks.php? page =<?php echo $CurrentPageID -1 ?
>">上一页</a>
                <?php |
            else|
            ?>
                    第一页 上一页
                <?php
                |
                ?>
            <?php if( $CurrentPageID < > $TotalPageCount)|?>
                <a href ="managebooks.php? page =<?php echo $CurrentPageID
+1 ?>" >下一页
                    </a> <a href =" managebooks.php? page =<?php echo
$TotalPageCount ?>" >最后一页 </a>
                <?php |
            else|
            ?>
                下一页 最后一页
                <?php | ?>
        </td >
      </tr >
    </table >
  </div >
 </section >
</body >
</html >
```

（2）完成所选图书的编辑修改功能。在"admin"文件夹下新建"editbooks. php"和"editbookssave. php"文件，当单击"managebooks. php"页面中的"编辑"按钮时跳转到"editbooks. php"页面，"editbookssave. php"文件实现所修改信息的入库。

① 进入"managebooks. php"页面，为"编辑"加超链接，同时传递所编辑图书的主键信息，代码如下：

```php
<td width ="11%" > <a href =" editbooks.php? id =<?php echo $row["bid"] ?> " >编辑
</a > </td>
```

② 进入"editbooks. php"页面，完成页面的布局及动态信息的获取及显示，同时将表单信息提交给"editbookssave. php"，由于有文件信息，所以设置"enctype =" multipart/ form – data""。代码如下：

```
<!doctype html>
<html>
<head>
<meta charset="utf-8">
<link href="../css/style.css"rel="stylesheet">
<link href="css/admin.css"rel="stylesheet">
</head>
<?php
    require_once("../conn/conn.php");
    $eid=$_GET["id"];
    $rsedit=$conn->query("SELECT * FROM jx_book WHERE bid=".$eid."");
    $rowedit=$rsedit->fetch();
?>
<body>
<section class="mainbody">
<form action="editbookssave.php"method="post"enctype="multipart/form-
data"name="form1">
<table width="720"border="1"cellspacing="0"cellpadding="0">
  <tr>
      <td height="40"colspan="2"class="book_title">图书信息修改</td>
  </tr>
  <tr>
      <td width="277"  class="book_add">图书名称:</td>
      <td width="437"><input name="sname"type="text"class="inputcss"id
="sname"value="<?php echo $rowedit["bname"]?>"size="25"></td>
  </tr>
  <tr>
    <td class="book_add">图书类别:</td>
    <td>
    <select name="skind"id="skind">
      <option value="1"<?php if(trim($rowedit["btid"])=="1"){echo "
selected";}?>>教育</option>
      <option value="2"<?php if(trim($rowedit["btid"])=="2"){echo "
selected";}?>>文学</option>
      <option value="3"<?php if(trim($rowedit["btid"])=="3"){echo "
selected";}?>>人文社科</option>
      <option value="4"<?php if(trim($rowedit["btid"])=="4"){echo "
selected";}?>>生活时尚</option>
      <option value="5"<?php if(trim($rowedit["btid"])=="5"){echo "
selected";}?>>工具书</option>
    </select></td>
    </tr>
```

```
    <tr>
        <td class ="book_add">出版社:</td>
        <td> < input name ="spress" type ="text" class ="inputcss" id ="spress"
value =" <?php echo $rowedit["bpress"]?>" size ="25" > </td>
    </tr>
    <tr>
        <td class ="book_add">出版日期:</td>
        <td> <select name ="syear" class ="inputcss" id ="syear" >
          <?php
                for( $i =1995; $i <=2050; $i ++){
          ?>
         < option <?php if(substr( $rowedit["bpubdate"],0,4) == $i){ echo "
selected";}?> > <?php echo $i;?> </option>
         <?php }  ?>
    </select>
        年
    <select name ="smonth" class ="inputcss" id ="smonth" >
        <?php
          for( $i =1; $i <=12; $i ++){
        ?>
        < option <?php if(substr( $rowedit["bpubdate"],5,2) == $i){ echo "
selected";}?> > <?php echo $i;?> </option>
        <?php } ?>
    </select>
        月
    <select name ="sday" class ="inputcss" id ="sday" >
        <?php
          for( $i =1; $i <=31; $i ++){
        ?>
         < option <?php if(substr( $rowedit["bpubdate"],8,2) == $i){ echo "
selected";}?> > <?php echo $i;?> </option>
            <?php } ?>
    </select>
        日 </td>
    </tr>
    <tr>
        <td class ="book_add">版本号:</td>
         < td > < input name =" sversion" type =" text" class =" inputcss" id ="
sversion" size ="25" value =" <?php echo $rowedit["bversion"]?>" > </td>
    </tr>
    <tr>
        <td class ="book_add">作者:</td>
```

```html
    <td > < input name ="sauthor"type ="text"class ="inputcss"id ="sauthor"
size ="25"value =" <?php echo $rowedit["bauthor"]?>" > </td>
    </tr >
    <tr >
        <td class ="book_add" >译 者：</td>
        < td > < input name ="stranslator" type ="text"class ="inputcss"id ="
stranslator"size ="25"value =" <?php echo $rowedit["btranslator"]?>" > </td >
    </tr >
    <tr >
        <td class ="book_add" >ISBN号：</td>
        <td > < input name ="sisbn"type ="text"class ="inputcss"id ="sisbn"size
="25"value =" <?php echo $rowedit["bisbn"]?>" > </td>
    </tr >
    <tr >
        <td class ="book_add" >定 价：</td>
        < td > < input name ="sprice"type ="text"class ="inputcss"id ="sprice"
size ="25"value =" <?php echo $rowedit["bprice"]?>" > </td>
    </tr >
    <tr >
        <td class ="book_add" >页 数：</td>
        < td > < input name ="spages"type ="text"class ="inputcss"id ="spages"
size ="25"value =" <?php echo $rowedit["bpages"]?>" > </td>
    </tr >
    <tr >
        <td class ="book_add" >目 录：</td>
        <td > < textarea name ="scatalog"cols ="60"rows ="8"class ="inputcss"id
="scatalog" > <?php echo $rowedit["bcatalog"]?> </textarea > </td>
    </tr >
    <tr >
        <td class ="book_add" >简 介：</td>
        <td > < textarea name ="sintro"cols ="60"rows ="8"class ="inputcss"id ="
sintro" > <?php echo $rowedit["boutline"]?> </textarea > </td>
    </tr >
    <tr >
        <td class ="book_add" >价 格：</td>
        <td >市场价：
            < input name =" smarketprice" type =" text" class =" inputcss" id ="
smarketprice"size ="10" value =" <?php echo $rowedit[ "bmarketprice"]?> " >元
  书屋价: < input name =" sjxprice" type =" text" class =" inputcss" id ="
sjxprice"size ="10"value =" <?php echo $rowedit["bmemberprice"]?>" >元
        </td >
```

```
    </tr>
    <tr>
      <td class="book_add">入库时间:</td>
      <td height="25"bgcolor="#FFFFFF"><div align="left">
        <select name="byear"class="inputcss"id="byear">
          <?php
              for($i=1995;$i<=2050;$i++)
              {
          ?>
          <option <?php if(substr($rowedit["bpubdate"],0,4)==$i){echo "
selected";}?>><?php echo $i;?></option>
          <?php }?>
        </select>
        年
        <select name="bmonth"class="inputcss"id="bmonth">
          <?php
              for($i=1;$i<=12;$i++)
              {
          ?>
          <option <?php if(substr($rowedit["bpubdate"],5,2)==$i){echo "
selected";}?>><?php echo $i;?></option>
          <?php }?>
        </select>
        月
        <select name="bday"class="inputcss"id="bday">
          <?php
              for($i=1;$i<=31;$i++)
              {
          ?>
          <option <?php if(substr($rowedit["bpubdate"],8,2)==$i){echo "
selected";}?>><?php echo $i;?></option>
          <?php }  ?>
        </select>
        日</div></td>
    </tr>
    <tr>
      <td class="book_add">商品图片:</td>
      <td><input type="hidden"name="MAX_FILE_SIZE2"value="2000000">
        <input name="spic"type="file"class="inputcss"id="spic"size="30"></td>
    </tr>
    <tr>
```

```
        <td class ="book_add" >图书数量:</td>
            <td > < input name ="smount" type ="text" class ="inputcss" id ="smount"
size ="20" value =" <?php echo $ rowedit["bstoremount"]?>" > </td>
    </tr>
    <tr>
        <td class ="book_add" >包 装:</td>
         < td > < input name =" spackage" type =" text" class =" inputcss" id ="
spackage" size ="10" value ="<?php echo $ rowedit["bpackstyle"]?>" > </td>
    </tr>
    <tr>
        <td colspan ="2" class ="book_add" > < input name ="submit" type ="submit"
class ="buttoncss" id ="submit" value ="修改" >        < input type ="reset"
value ="取消" class ="buttoncss" > </td>
    </tr>
    </table >
    </form >
    </section >
    </div >
</body >
</html >
```

③ 在 "editbooks. php" 页面中将要编辑的图书主键信息传递给 "editbookssave. php" 页面，在 "editbookssave. php" 页面完成 "editbooks. php" 页面提交的信息的编辑修改。代码如下：

```
    "editbooks.php"页面:
    < form action ="editbookssave.php?  id =<?php echo $ rowedit["bid"] ?>  "method ="
post" enctype ="multipart /form - data" name ="form1" >
    "editbookssave.php"页面:
    <?php error_reporting( E_ALL ^E_NOTICE);?>
    <!doctype html >
    <html >
        ......
    <body >
    <?php require_once('../conn/conn.php');
      $ addname = trim( $ _POST["sname"]);
      $ addkind = trim( $ _POST["skind"]);
      $ addpress = trim( $ _POST["spress"]);
      $ adddatetime = trim( $ _POST["syear"])." - ".trim( $ _POST["smonth"])." - "
.trim( $ _POST["sday"]);
      $ addversion = trim( $ _POST["sversion"]);
      $ addauthor = trim( $ _POST["sauthor"]);
      $ addtranslator = trim( $ _POST["stranslator"]);
```

```php
    $addisbn = trim( $_POST["sisbn"]);
    $addprice = trim( $_POST["sprice"]);
    $addpages = trim( $_POST["spages"]);
    $addcatalog = trim( $_POST["scatalog"]);
    $addintro = trim( $_POST["sintro"]);
    $addmarketprice = trim( $_POST["smarketprice"]);
    $addsprice = trim( $_POST["sjxprice"]);
    $addstoretime = trim( $_POST["byear"])." - ".trim( $_POST["bmonth"])." - ".trim( $_POST["bday"]);
    $addnum = trim( $_POST["smount"]);
    $addpackage = trim( $_POST["spackage"]);
    //若用户上传了新文件,则把原来目录下的文件删除,重新上传,若没有上传则保留原文件
    $mypic = $_FILES["spic"]["name"];
    $rseditbook = $conn -> query( "SELECT * FROM jx_book WHERE bid =".$_GET["id"].""");
    $roweditbook = $rseditbook -> fetch();
    $uppic = $roweditbook["bpic"];
    if( $mypic! =""){
        //删除文件
        @ unlink("../book/images/".$uppic);
        //实现文件的上传
        $allowedExts = array("gif", "jpeg", "jpg", "png");
        $temp = explode(".", $_FILES["spic"]["name"]);
        $mysize = $_POST["MAX_FILE_SIZE2"];
        $extension = end( $temp);        //获取文件后缀名
    if((( $_FILES["spic"]["type"] == "image/gif") ||( $_FILES["spic"]["type"] == "image/jpeg") ||( $_FILES["spic"]["type"] == "image/jpg") ||( $_FILES["spic"]["type"] == "image/pjpeg") ||( $_FILES["spic"]["type"] == "image/x - png") ||( $_FILES["spic"]["type"] == "image/png")) &&( $_FILES["spic"]["size"] < $mysize) && in_array( $extension, $allowedExts)){
        if ( $_FILES["spic"]["error"] > 0)
            { echo "错误:".$_FILES["spic"]["error"]." < br >"; }
        else {
            if (file_exists("../book/images/".$_FILES["spic"]["name"]))
             { echo $_FILES["spic"]["name"]."文件已经存在。"; }
          else{
          move_uploaded_file( $_FILES["spic"]["tmp_name"],../book/images/".$_FILES["spic"]["name"]);
            $uppic = $_FILES["spic"]["name"];
             }
           }
         }
```

```
    else{ echo "非法的文件格式,请检查文件大小或文件类型是否正确";}
  }
    //将信息修改保存
    $count = $conn -> exec ( "UPDATE jx_book SET btid ='". $addkind. "', bname ='".
$addname. "', bpress ='" . $addpress. "', bpubdate ='" . $adddatetime. "', bversion ='".
$addversion. "',bauthor ='".$addauthor. "',btranslator ='".$addtranslator. "',bisbn ='".
$addisbn. "',bprice ='".$addprice. "',bpages ='".$addpages. "',boutline ='".$addintro. "
',bcatalog ='".$addcatalog. "',bmarketprice ='".$addmarketprice. "',bmemberprice ='".
$addsprice. "', bpic = '" . $uppic. "', bstoremount = '" . $addnum. "', bstoretime = '" .
$addstoretime. "',bpackstyle ='".$addpackage. "' WHERE bid ='".$_GET["id"].""");
    if( $count >0){
    echo " < script >alert('信息修改成功!');location. href ='editbooks.php'; < /
script >";
    }
    else{
     echo " < script >alert('信息修改失败!'); < /script >";
    }
  ? >
```
    < /body >
    < /html >

(3) 完成所选图书的删除功能。在 "admin" 文件夹下新建 "deletebooks. php" 文件,
当单击 "managebooks. php" 页面中的 "删除" 按钮时链接到 "deletebooks. php" 文件,实
现所选图书的删除。

① 进入 "managebooks. php" 页面,为 "删除" 加超链接,同时传递所要删除图书的主
键信息,代码如下:

```
    <td width ="9%" > < a href = "Deletebooks.php? id =<?php echo $row [ " bid"] ? >" >
删除 </a > </td >
```

② 进入 "deletebooks. php" 页面,完成所选图书信息的删除,代码如下:

```
    <?php error_reporting( E_ALL ^E_NOTICE);? >
< !doctype html >
< html >
< head >
< meta charset ="utf -8 " >
< /head >
< body >
    <?php
      require_once("../conn/conn.php");
      $did =$_GET["id"];
        //查询该书图片对应的信息,并把 book/images/中对应的图片删除
```

```
    $rsdel =$conn ->query("SELECT * FROM jx_book WHERE bid =".$did."");
    $rowdel =$rsdel ->fetch();
    if($rowdel["bpic"]!=""){
      @unlink("../book/images/".$rowdel["bpic"]);
    }
    //删除 jx_books 数据表中的记录;
    $countb =$conn ->exec("DELETE FROM jx_ book WHERE bid =" .$did."");
    //把对该书的评论也删除
      $rsdelcom =$conn -> query (" SELECT * FROM jx_ comment WHERE bid =" .
$did."");
      $rowdelcount =$rsdelcom ->rowcount ();
    if ($rowdelcount >0) {
        $countc = $conn -> exec (" DELETE FROM jx_ comment WHERE bid =" .
$did."");
    }
    //针对该书的详细订单信息也删除
    $rsdelorder =$conn ->query (" SELECT * FROM jx_ orderdetail WHERE bid ="
.$did."");
    $rowdelorder =$rsdelorder -> rowcount ();
    if ($rowdelorder >0) {
        $counto =$conn -> exec ("DELETE FROM jx_ orderdetail WHERE bid =" .
$did."");
    }
    echo " <script >alert ('图书删除成功!'); location.href ='managebooks.php'
</script >";
    ?>
```

```
</body >
</html >
```

步骤 3: 图书管理——"类别管理"功能实现，可以完成类别的增加、修改与删除。

(1) 在"admin"文件夹下新建"editkinds. php""editkindssave. php"和"deletekinds. php"文件，用来完成类别的编辑与删除。

(2) 在"managekinds. php"页面内，完成数据库中已有类别的显示，同时为"增加类别""编辑"和"删除"加超链接，并为需要的传递对应主键信息。代码如下：

```
<?php error_reporting(E_ALL ^E_NOTICE);?>
<!doctype html >
<html >
......
<body >
<section >
<table width ="720"border ="1"cellspacing ="0"cellpadding ="0" >
```

```
    < tr class ="book_title" >
        < td height ="40"colspan ="2" >图书类别管理 </td >
        < td height ="40"class ="subtitle" > < a href ="addkinds.php" >增 加 类 别
</a > </td >
        </tr >
    < tr class ="info_manage info_bold" >
        ......
    </tr >
    <?php
    require_once('../conn/conn.php');
     $rs =$conn ->query( "SELECT * FROM jx_btype ORDER BY btid");
     while( $row =$rs ->fetch())|
    ?>
    < tr class ="info_manage" >
        < td height ="61" > <?php echo $row[ "btypename" ] ? > </td >
        < td width ="134" > < a href ="editkinds.php? id =<?php echo $row[ "btid" ]
?>" >编辑 </a > </td >
        < td width ="125" > < a href = "Deletekinds.php? id =<?php echo $row [ "
btid" ] ? >"  >删除 </a > </td >
    </tr >
    <?php  |    ?>
    </ table >
    </section >
    </body >
    </html >
```

（3）进入"editkinds. php"，完成"编辑类别"页面设计及数据库中类别的显示，将表单提交给"editkindssave. php"，并传递相应的主键信息。代码如下：

```
<!doctype html >
<html >
<head >
<meta charset ="utf -8 " >
<link href ="../css/style.css"rel ="stylesheet" >
<link href ="css/admin.css"rel ="stylesheet" >
</head >
<?php
require_once("../conn/conn.php");
 $edid =trim( $_GET["id"]);
 $rsk =$conn ->query( "SELECT * FROM jx_btype WHERE btid =".$edid."");
 $rowk =$rsk ->fetch();
?>
```

```
< body >
< section >
< form action ="editkindssave.php? id =<?php echo $rowk[ "btid"]? >"method ="
post"name ="form1" >
< table width ="720"border ="1"cellspacing ="0"cellpadding ="0" >
  < tr >
    < td height ="40"colspan ="2"class ="book_title" >修改图书类别 </td >
  < /tr >
  < tr >
    < td width ="277"height ="91"  class ="book_add" >图书类别: </td >
    < td width ="437" > < input name =" kname" type ="text" required class ="
inputcss"id ="kname"value =" <?php echo $rowk["btypename"] ? >"size ="25" > </td >
  < /tr >
  < tr >
    < td colspan ="2"class ="book_add" > < input name ="submit"type ="submit"
class ="buttoncss"id ="submit" value ="修改" >    < input type ="reset"
value ="取消"class ="buttoncss" > </td >
  < /tr >
< /table >
< /form >
< /section >
< /body >
< /html >
```

（4）进入"editkindssave. php"页面，完成类别修改的数据库更新，代码如下：

```
<?php error_reporting(E_ALL ^E_NOTICE);? >
<!doctype html >
<html >
<head >
<meta charset ="utf -8" >
< /head >
<body >
<?php require_once('../conn/conn.php');
$editkind =trim( $_POST["kname"]);
$count =$conn ->exec("UPDATE jx_btype SET btypename ='".$editkind. "' WHERE
btid =".$_GET["id"]."");
if( $count >0){
    echo " <script >alert('类别修改成功!');location.href ='managekinds.php
';</script >";
}
```

```
else{
     echo " <script >alert('类别修改失败!');</script >";
   }
?>
```
```
</body >
</html >
```

步骤4：用户管理——"会员管理"功能实现，可以完成会员信息的修改与删除。

（1）在"admin"文件夹下新建"editusers. php""editusersave. php"和"deleteusers. php"文件，用来完成会员信息的编辑与删除。

（2）进入"manageusers. php"页面，完成数据库中注册会员信息的显示，同时为"编辑"和"删除"加超链接，并将会员主键信息传递到相应页面。代码如下：

```
<?php error_reporting(E_ALL ^E_NOTICE);?>
<!doctype html >
<html >
......
<body >
<section >
<table width ="720"border ="1"cellspacing ="0"cellpadding ="0" >
   <tr class ="book_title" >......</tr >
   <tr class ="info_manage info_bold" >......</tr >
       <?php
       require_once('../conn/conn.php');
        $rsusers =$conn ->query("SELECT * FROM jx_user ORDER BY utime DESC");
       while( $rowusers =$rsusers ->fetch()){
       ?>
   <tr class ="info_manage" >
       <td height ="61" > <?php echo $rowusers["uemail"] ?></td >
       <td height ="61" >
           <?php
               if( $rowusers["ufrozen"] ==0){
                     echo "未冻结";
               }
               else{
                     echo "已冻结";
               }
           ?>
     </td >
     <td width ="134" > <a href ="editusers.php? id =<?php echo $rowusers["uid"] ?>" >编辑</a ></td >
```

```
        <td width ="125" > < a href = "Deleteusers.php? id =<?php echo $rowusers
[" uid"] ?>"  >删除</a></td>
    </tr>
    <?php
     }
    ?>
    </table>
  </section >
  </body >
  </html >
```

（3）进入"editusers.php"页面，完成页面布局、传递信息的获取及会员信息的显示，同时将表单信息传递给"edituserssave.php"。代码如下：

```
<!doctype html >
<html >
<head >
<meta charset ="utf -8" >
<link href ="../css/style.css"rel ="stylesheet" >
<link href ="css/admin.css"rel ="stylesheet" >
</head >
<?php
    require_once("../conn/conn.php");
    $edid =$_GET["id"];
    $rse =$conn ->query("SELECT * FROM jx_user WHERE uid =".$edid."");
    $rowe =$rse ->fetch();
?>
<body >
  <section >
  < form action ="edituserssave.php? id =<?php echo $rowe["uid"] ?>"method ="
post"name ="form2" >
  <table width ="720"border ="1"cellspacing ="0"cellpadding ="0" >
    <tr >
      <td height ="40"colspan ="2"class ="book_title" >修改会员信息</td>
    </tr>
    <tr >
      <td width ="277"height ="41"  class ="book_add" >用户名:</td>
      <td width ="437" > < input name ="ename"type ="text"class ="inputcss"id
="ename"value =" <?php echo $rowe["uemail"] ?>"size ="25" > </td>
    </tr >
    <tr >
      <td height ="40"class ="book_add" >密码:</td>
```

```
        <td > < input name ="epwd" type ="password" class ="inputcss" id ="epwd"
size ="25" value =" <?php echo $rowe["upwd"] ?>" > </td >
    </tr >
    <tr >
        <td height ="50" class ="book_add" >用户状态: </td >
        <td > <select name ="sstatus" id ="sstatus" >
           < option value ="1" <?php if(trim( $rowe["ufrozen"]) =="1"){echo "
selected";}?> >已冻结 </option >
           < option value ="0" <?php if(trim( $rowe["ufrozen"]) =="0"){echo "
selected";}?> >未冻结 </option >
             </select > </td >
    </tr >
    <tr >
        <td height ="55" class ="book_add" >电话: </td >
        <td > < input name ="ephone" type ="text" class ="inputcss" id ="ephone"
size ="25"  value =" <?php echo $rowe["uphone"] ?>" > </td >
    </tr >
    <tr >
        <td class ="book_add" >Email: </td >
        <td > < input name ="eemail" type ="text" class ="inputcss" id ="eemail"
size ="25" value =" <?php echo $rowe["uemail"] ?>" > </td >
    </tr >
    <tr >
        <td class ="book_add" >地址: </td >
         < td > < input name =" eaddress" type =" text" class =" inputcss" id ="
eaddress" size ="25" value =" <?php echo $rowe["uaddress"] ?>" > </td >
    </tr >
    <tr >
        <td height ="32" class ="book_add" >注册时间: </td >
        <td > < input name ="etime" type ="text" class ="inputcss" id ="etime" size
="25" value =" <?php echo $rowe["utime"] ?>" > </td >
    </tr >
    <tr >
        <td colspan ="2" class ="book_add" > < input name ="submit" type ="submit"
class ="buttoncss" id ="submit" value ="修改" >
               
           < input type ="reset" name ="button" id ="button" value ="重置" > </td >
    </tr >
  </table >
  </form >
  </section >
  </div >

</body >
</html >
```

（4）进入 "edituserssave. php" 页面，完成 "editusers. php" 页面传递信息的获取及会员状态信息的编辑、修改。代码如下：

```php
<?php error_reporting( E_ALL ^E_NOTICE);?>
<!doctype html>
<html>
......
<body>
<?php require_once('../conn/conn.php');
//获取信息,管理员只对用户的状态进行修改,其他不做修改
$eststus = trim( $_POST["sstatus"]);
$eid = $_GET["id"];
//将修改信息保存
    $count = $conn -> exec( "UPDATE jx_user SET ufrozen =".$eststus."WHERE uid =".$eid."");
    if( $count >0){
        echo " < script > alert ('用户状态修改成功!'); location.href = 'manageusers.php';</script>";
    }
    else{
        echo "<script >alert('用户状态修改失败!');</script>";
    }
?>
</body>
</html>
```

步骤5：后台管理中其他管理功能的实现与上述介绍的类似，后续功能请读者自主完成。

步骤6：预览，观察效果。至此，任务2完成。

7.2.3　相 关 知 识

1. 超链接及其 target 属性

语法：< a href = " 超链接目标的 URL" target = " 以什么方式打开链接文档" >

参数：

1）超链接的 URL 的可能值

（1）绝对 URL：指向另一个站点（比如 href = http：//www. sohu. com/index. htm）；

（2）相对 URL：指向站点内的某个文件（比如 href = " index. htm"）；

（3）锚 URL：指向页面中的锚（比如 href = " #top"）。

2）target 属性的可能值

（1）_blank：在新窗口中打开被链接文档；

（2）_self：默认在当前文档打开的窗口中打开被链接文档；

（3）_parent：框架页面中在父框架集中打开被链接文档；

（4）_top：框架网页中在上部窗口中打开被链接文档；

（5）framename：在指定的框架中打开被链接文档，如"target = " main""，表示在主要框架中打开被链接文档。

2. PHP 中文件的上传

在"图书上架"与"图书信息"的编辑修改中，会遇到图书封面图片上传的问题。在 PHP 中实现文件上传要用到 < input type = " file" > 标签选择本地文件以实现上传。但一定要注意 enctype 和 method 属性值，一定要分别设为"multipart/form – data"和"POST"，否则无法上传文件。文件上传中常用到的函数、数组及说明如下：

1）PHP 的配置文件

"php. ini"对上传文件的控制，包括是否支持上传、上传文件的临时目录、上传文件的大小、指令执行的时间和指令分配的内存空间。

2）$_FILES 全局数组

通过实例讲解 $_FILES 全局数组的使用。

```
< form enctype ="multipart/form – data"action ="upload.php"method ="post" >
    < input type ="hidden"name ="MAX_FILE_SIZE"value ="1000" >
    < input name ="myFile"type ="file" >
    < input type ="submit"value ="上传文件" >
</form >
```

上传文件的相关信息可以通过 $_FILES 全局数组获取，其中：

（1）$_FILES['myFile']['name']：客户端文件的原名称。

（2）$_FILES['myFile']['type']：文件的 MIME 类型，需要浏览器提供对该信息的支持，例如""image/gif""。

（3）$_FILES['myFile']['size']：已上传文件的大小，单位为字节。

（4）$_FILES['myFile']['tmp_name']：文件被上传后在服务器端储存的临时文件名，一般是系统默认，可以在"php. ini"的"upload_tmp_dir"指定。

（5）$_FILES['myFile']['error']：和该文件上传相关的错误代码，['error']是在 PHP 4. 2. 0 版本中增加的，它的说明见表 7 – 1。

表 7 – 1　['error']的说明

值	说明
0	没有错误发生，文件上传成功
1	上传的文件超过了"php. ini"中 upload_max_filesize 选项限制的值
2	上传文件的大小超过了 HTML 表单中 max_file_size 选项指定的值
3	文件只有部分被上传
4	没有文件被上传
5	上传文件大小为 0

从表7-1可见，只要值大于0，则其表示文件上传不成功。

3）move_uploaded_file()函数

文件被上传结束后，默认被存储在临时目录中，这时必须将它从临时目录中删除或移动到其他地方，否则它会被删除。也就是不管是否上传成功，脚本执行完后临时目录里的文件肯定会被删除，所以在删除之前要用PHP的move_uploaded_file()函数将文件上传到其他位置，此时才算完成了上传文件过程。如果成功则返回true，否则返回false。

（1）语法：move_uploaded_file (file, newloc)。

（2）参数：file为必需，规定要移动的文件；newloc为必需，规定文件移动到的新位置。

（3）功能：检查并确保由file指定的文件是合法的上传文件（即通过PHP的HTTP POST上传机制所上传的）。如果文件合法，则将其移动为由newloc指定的文件。如果file不是合法的上传文件，不会出现任何操作，move_uploaded_file()将返回false。如果file是合法的上传文件，但出于某些原因无法移动，不会出现任何操作，move_uploaded_file()将返回false，此外还会发出一条警告。

注意：如果移动到的新位置中目标文件已经存在，则其将会被覆盖。

4）in_array()函数

该函数搜索数组中是否存在指定的值。

（1）语法：in_array (search, array [, type])。

（2）参数：search为必需，规定要在数组搜索的值；array为必需，规定要搜索的数组；type为可选，如果该参数为true，则检查搜索数据与数组的值的类型是否相同。

（3）功能：如果给定的值search存在于数组array中则返回true。如果第三个参数设置为true，函数只有在元素存在于数组中且数据类型与给定值相同时才返回true。如果没有在数组中找到参数，函数返回false。

注意：如果search参数是字符串，且type参数设置为true，则搜索区分大小写。

5）end()函数

该函数输出数组中最后一个元素的值。

（1）语法：end(array)。

（2）参数：array为必需，规定要使用的数组。

（3）说明：如果成功则返回数组中最后一个元素的值，如果数组为空则返回false。

（4）相关的方法：

① current()：返回数组中的当前元素的值；

② next()：将内部指针指向数组中的下一个元素，并输出；

③ prev()：将内部指针指向数组中的上一个元素，并输出；

④ reset()：将内部指针指向数组中的第一个元素，并输出；

⑤ each()：返回当前元素的键名和键值，并将内部指针向前移动。

6）file_exists()函数

该函数检查文件或目录是否存在。

语法：file_exists(path)。

参数：path为必需，规定要检查的路径及文件名。

7.2.4　项目小结

　　后台管理中大部分功能在实现上类似，本项目详细介绍了"图书管理"中各项管理功能的实现，其中关于文件的上传是实现的重点。其他各项管理功能读者可在熟悉"图书管理"中各项功能的实现后自主完成，从而达到举一反三的效果。

7.2.5　同步实训

实训

实训主题：校园网后台管理中"新闻管理"功能的实现。

实训目的：会利用 PHP、MySQL 完成新闻的增加、删除、修改。

实训内容：

实现后台管理首页页面中新闻的增加、删除、修改功能。

项目八
网站测试与发布

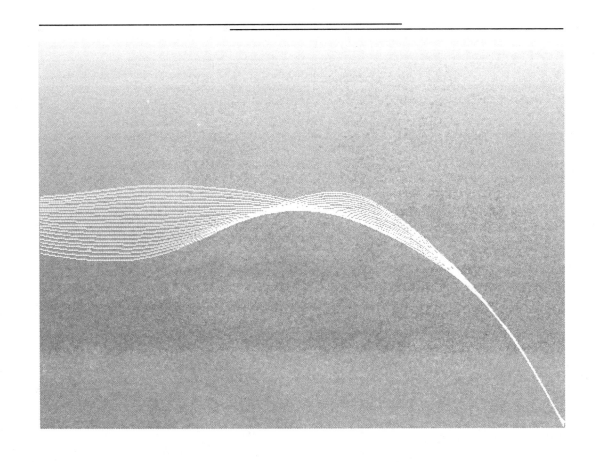

【学习导航】

工作任务列表：

任务1："健雄书屋"网站测试；

任务2："健雄书屋"网站发布。

【技能目标】

（1）会配置与上传网站；

（2）清楚网站发布的流程，会发布网站。

8.1 情 境 描 述

网站在开发完成后需要进行全方位测试，测试完成后需将网站上传到服务器或者通过购买的空间进行配置，这样才能让浏览者通过 Internet 访问网站，网站才可以投入运营，进行使用。

8.2 项 目 实 施

任务1 "健雄书屋" 网站测试

【任务需求】

清楚网站测试有哪些内容，并完成"健雄书屋"网站测试。

【任务分析】

网站在发布之前，需要制作者本人在本机和局域网内完成测试，然后发布到空间后再进行相应的测试。

【任务实现】

步骤1：本机测试。网站制作者在本机上需完成如下几方面的测试：

（1）测试不同分辨率下页面的显示。设置自己的机器为不同的分辨率，测试网站中各页面在不同分辨率下有无错位，如要居中显示的是否是居中显示。

（2）测试页面标题是否正确。在正常分辨率下，查看所有页面标题是否正确。

（3）测试链接是否正确。主要查看如下内容：

① 查看标题栏下一级栏目、二级栏目的链接是否正确，是否可进入相应的栏目。

② 查看各级页面中栏目下的文章标题、图片等链接是否正确。

③ 页面中若有"加入收藏""关于我们"等链接，要检查链接是否正确；收藏 URL 与网站的 URL 是否一致；能否通过收藏夹来访问网站。

④ 查看页面是否存在死链接。

⑤ 所使用框架的分支页中各类超链接是否正常，位置及内容是否正确。

⑥ 导航链接的页面是否正确链接，是否能跳转到相应的页面。

（4）测试数据库部分。

① 查看首页各处文章列表（公告、新闻动态等）是否正确显示；

② 登录、注册的功能是否实现；

③ 点击首页栏目名称中的"更多"或"more"等类似链接，看是否正确跳转到相应页面；

④ 分支页的分页功能是否实现、样式是否统一；

⑤ 站内搜索功能是否实现；

⑥ 点击首页及分支页的文章标题的链接，看是否可进入相应文章的详细页面；

⑦ 查看文章详细页面的内容是否正确、图片显示是否正常、是否存在乱码；

⑧ 分页测试，主要测试如下几个方面：❶当没有数据时，"第一页""上一页""下一页""最后一页"标签是否全部置灰；❷在第一页时，"第一页""上一页"标签是否置灰；在最后一页时，"下一页""最后一页"标签是否置灰；在中间页时，四个标签均可点击，且跳转正确；❸分页的总页数及当前页数显示是否正确；❹是否能正确跳转到指定的页。

步骤 2：在局域网内与他人互相检测网站运行情况。

在自己的机器上检测完网站后，还不能确保网站能正常运行。当网站中各网页、图片文件等保存的路径存在绝对路径时，在自己的机器上能正常显示，但当将网站发布到服务器上时，就会出现不能正常显示的情况。为此，需在局域网内检测自己网站中各网页能否正常显示。

（1）将自己网站的首页设置为启用默认文档。

完成 WampServer 服务的设置，设置访问网站时启用默认文档为自己的首页文件名，这里将"index. php"设为启用默认文档。

（2）查看并记录自己所使用机器的 IP 地址。

（3）将自己机器所使用 Windows 防火墙和其他防火墙关闭。

（4）在他人机器上启动浏览器，在地址栏中输入"http：//自己机器的 IP 地址"，参考任务 1 中的各项进行测试，检查各链接及显示是否正常。

任务 2　"健雄书屋"网站发布

【任务需求】
将制作完成的"健雄书屋"网站上传到服务器或购买的空间中。

【任务分析】
Dreamweaver CS6 软件本身可以完成网站的上传，但操作比较麻烦。建议采用 FTP 软件 FlashFXP 完成网站的上传。

【任务实现】
网站发布流程如下：

步骤 1：购买空间、域名或申请免费空间。根据自己使用的网站制作技术和数据库来选择空间合适的操作系统。如网站使用 ASP、ASP. net，选用 Windows 系列主机。如网站使用 PHP 技术，选用 Linux 系列主机。如网站使用了数据库，对于 ACCESS、Microsoft SQL Server 数据库，需选择 Windows 主机；对于 MySQL 数据库，需选择 Linux 主机。

步骤 2：申请 ICP 备案。根据工业和信息化部的要求，在国内开通网站必须先办理 ICP 网站备案，所以在主机购买成功后，首先要备案。备案时间大概为 20 天左右。各地的备案过程稍有不同，详见注册商所给的备案说明。

步骤3：上传网站。网站在备案的过程中，域名一般是不能被解析的，或者解析后是不生效的。一般注册商会给一个临时的二级域名提供访问，所以可在备案的同时先调试网站程序。

上传网页常用的工具有 CuteFTP、LeapFTP、FlashFXP，另外 Dreamweaver CS6 软件本身也可以完成网站的上传。

步骤4：域名解析。域名的解析和绑定可以在备案成功后进行。首先登录域名管理后台。根据域名注册商的不同，解析操作会有细微的差别。总体来说，域名解析的时候都只是要添加一个子域名为"www"的 A 记录，填上主机的 IP，点击"添加"。域名解析生效的时间一般在 2 小时以内。可在自己的主机上输入"ping　www.XXX.com"命令，如果发现上面的 IP 和主机的 IP 一样，就说明域名解析已经生效了。

步骤5：将域名绑定到空间。在注册商提供的虚拟主机控制面板，大都会有域名绑定的设置。只有在这里绑定了域名且域名解析到了这个主机上，域名才能访问这个空间里的内容。

根据上述步骤发布网站。

8.3　相关知识

1. 网站测试的分类

一个网站完工后，需要对网站进行测试，测试主要包括：功能测试（链接测试、表单测试、Cookie 测试、数据库测试等）、性能测试（连接速度测试、负载测试、压力测试）、可用性测试（导航测试、图形测试、内容测试、整体界面测试）、客户端兼容性测试（平台测试、浏览器兼容性测试）及安全性测试。

1）功能测试

（1）链接测试。

链接是 Web 应用系统的一个主要特征，它是在页面之间切换和指导用户去一些不知道地址的页面的主要手段。

链接测试可分为三个方面。首先，测试所有链接是否按指示的那样确实链接到了该链接的页面；其次，测试所链接的页面是否存在；最后，保证 Web 应用系统上没有孤立的页面，所谓孤立的页面是指没有链接指向该页面，只有知道正确的 URL 地址才能访问。

链接测试可以手动进行，也可以自动进行。常用的链接测试软件有 HTML Link ValidatorHTML、Xenu Link Sleuth。

（2）表单测试。

表单是用户与网站交互的工具，如用户注册、登录、信息提交等。对于表单必须测试提交操作的完整性，以校验提交给服务器的信息的正确性。例如：用户填写的出生日期与职业是否恰当、用户填写的所属省份与所在城市是否匹配等。如果使用了默认值，还要检验默认值的正确性。如果表单只能接受指定的某些值，则也要进行测试。例如：网站只能接受某些字符，测试时可以跳过这些字符，看系统是否会报错。

（3）Cookie 测试。

Cookie 通常用来存储用户信息和用户在某应用系统的操作，当一个用户使用 Cookie 访问了某一个应用系统时，Web 服务器将发送关于用户的信息，把该信息以 Cookie 的形式存储在客户端计算机上，这可用来创建动态和自定义页面或者存储登录信息等。如果 Web 应用系统使用了 Cookie，就必须检查 Cookie 是否能正常工作。测试的内容可包括 Cookie 是否起作用、是否按预定的时间进行保存、刷新对 Cookies 有什么影响等。

（4）数据库测试。

在 Web 应用技术中，数据库起着重要的作用，数据库为 Web 应用系统的管理、运行、查询和实现用户对数据存储的请求等提供空间。在 Web 应用中，最常用的数据库类型是关系型数据库，可以使用 SQL 对信息进行处理。在使用了数据库的 Web 应用系统中，一般情况下，可能发生两种错误，分别是数据一致性错误和输出错误。数据一致性错误主要是用户提交的表单信息不正确造成的，而输出错误主要是由网络速度或程序设计问题等引起的。针对这两种情况，可分别进行测试。

2）性能测试

（1）连接速度测试。

用户连接到 Web 应用系统的速度根据上网方式的变化而变化，当下载一个程序时，用户可以等较长的时间，但如果仅访问一个网站页面就应该快速响应。另外，对于页面有超时的限制，如果响应速度太慢，用户可能还没来得及浏览内容，就需要重新登录了。另外，连接速度太慢，还可能引起数据丢失，使用户得不到真实的页面。

（2）负载测试。

负载测试是为了测量 Web 系统在某一负载级别上的性能，以保证 Web 系统在需求范围内能正常工作。负载级别可以是某个时刻同时访问 Web 系统的用户数量，也可以是在线数据处理的数量。例如：Web 应用系统能允许多少个用户同时在线？如果超过了这个数量，会出现什么现象？Web 应用系统能否处理大量用户对同一个页面的请求？负载测试应该安排在 Web 系统发布以后，在实际的网络环境中进行测试。因为一个企业内部员工，特别是项目组人员总是有限的，而一个 Web 系统能同时处理的请求数量将远远超出这个限度，所以，只有将其放在 Internet 上，接受负载测试，其结果才是正确可信的。

（3）压力测试。

压力测试是指实际破坏一个 Web 应用系统，测试系统的反映。压力测试是测试系统的限制和故障恢复能力，也就是测试 Web 应用系统会不会崩溃，在什么情况下会崩溃。黑客常常提供错误的数据负载，以使 Web 应用系统崩溃，接着当系统重新启动时获得存取权。压力测试的区域包括表单、登录页面和其他信息传输页面等。

3）可用性测试

（1）导航测试。

导航描述了用户在一个页面内的操作方式，其在不同的用户接口控制之间，例如按钮、对话框、列表和窗口等，或在不同的连接页面之间。通过考虑下列问题，可以决定一个 Web 应用系统是否易于导航：导航是否直观？Web 系统的主要部分是否可通过主页存取？Web 系统是否需要站点地图、搜索引擎或其他的导航帮助？在一个页面上放太多的信息往往起到与预期相反的效果。导航的另一个重要方面是 Web 应用系统的页面结构、菜单、连接的风格是否一致。应确保用户凭直觉就知道 Web 应用系统里面是否还有内容，内容在什么地方。Web 应用系统的层次一旦决定，就要着手测试用户导航功能，让最终用户参与这种测试，效果将更加明显。

（2）图形测试。

在 Web 应用系统中，适当的图片和动画既能起到广告宣传的作用，又能起到美化页面的作用。一个 Web 应用系统的图形可以包括图片、动画、边框、颜色、字体、背景、按钮等。

图形测试的内容有：①图片或动画要有针对性地使用，图片尺寸要尽量小，并且要能清楚地说明某件事情，一般都链接到某个具体的页面。②验证所有页面字体的风格是否一致。③背景颜色应该与字体颜色和前景颜色搭配。④图片一般采用 JPG 或 GIF 压缩。

（3）内容测试。

内容测试用来检验 Web 应用系统提供信息的正确性、准确性和相关性。内容测试通常使用一些文字处理软件来进行，例如使用 Microsoft Word 的"拼音与语法检查"功能。信息的相关性是指是否在当前页面可以找到与当前浏览信息相关的信息列表或入口，也就是一般 Web 站点中的所谓"相关文章列表"。

（4）整体界面测试。

整体界面是指整个 Web 应用系统的页面结构设计，它应能给用户整体感。例如：当用户浏览 Web 应用系统时是否感到舒适，是否凭直觉就知道要找的信息在什么地方？整个 Web 应用系统的设计风格是否一致？对整体界面的测试过程，其实是一个对最终用户进行调查的过程。一般 Web 应用系统采取在主页上进行问卷调查的形式，来得到最终用户的反馈信息。所有的可用性测试都需要有外部人员（与 Web 应用系统开发没有联系或联系很少的人员）的参与，最好是最终用户的参与。

4）客户端兼容性测试

（1）平台测试。

Web 应用系统的最终用户究竟使用哪一种操作系统，取决于用户系统的配置。这就可能引发兼容性问题。同一个应用可能在某些操作系统下能正常运行，但在另外的操作系统下可能会运行失败。因此，在 Web 系统发布之前，需要在各种操作系统下对 Web 系统进行兼容性测试。

（2）浏览器测试。

浏览器是 Web 客户端最核心的构件，来自不同厂商的浏览器对 Java、JavaScript、ActiveX、plug – ins 或不同的 HTML 规格有不同的支持。另外，框架和层次结构风格在不同的浏览器中也有不同的显示，甚至根本不显示。不同的浏览器对安全性和 Java 的设置也不一样。测试浏览器兼容性的一个方法是创建一个兼容性矩阵。在这个矩阵中，测试不同厂商、不同版本的浏览器对某些构件和设置的适应性。

5）安全性测试

Web 应用系统的安全性测试的内容主要有：

（1）对于注册登录页面，必须测试有效和无效的用户名和密码，要注意到是否对大、小写敏感、可以试多少次、是否可以不登录而直接浏览某个页面等。

（2）Web 应用系统是否有超时的限制，也就是说，用户登录后在一定时间内（例如 15 分钟）没有点击任何页面，是否需要重新登录才能正常使用。

（3）为了保证 Web 应用系统的安全性，日志文件是至关重要的。需要测试相关信息是否被写进了日志文件、是否可追踪。

（4）当使用了安全套接字时，还要测试加密是否正确，并检查信息的完整性。

（5）服务器端的脚本常常形成安全漏洞，这些漏洞又常常被黑客利用。所以，还要测试没有经过授权，就不能在服务器端放置和编辑脚本的问题。

2. 网站上传工具的使用

空间申请成功后就可以将站点内容上传到所申请的空间中。文件上传分为 Web 上传和用专门的传输软件（FlashFXP、LeapFTP 和 cuteFTP 等）上传。下面介绍 FlashFXP 软件的使用方法。

FlashFXP 是一款功能强大的 FXP/FTP 软件，被广为使用。FlashFXP 使用简单。下面介绍如何使用 FlashFXP 工具实现上传、下载。

（1）下载 FlashFXP 软件。进入百度软件中心，下载 FlashFXP 最新官方版。

（2）安装 FlashFXP 软件。安装后的界面如图 8 - 1 所示。

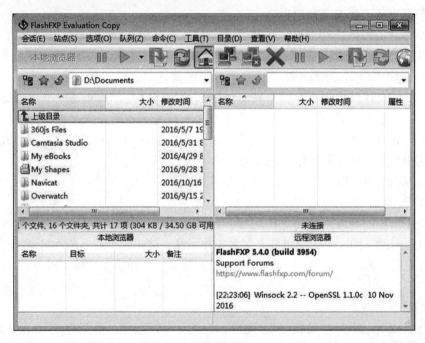

图 8 - 1　FlashFXP 界面

（3）使用 FlashFXP 连接服务器。单击 FlashFXP 界面中的"会话"／"快速连接"命令，弹出"快速连接"对话框，如图 8 - 2 所示。

（4）登录到 FTP 空间。在图 8 - 2 所示的界面中，"连接类型"就选择默认的 FTP，在"地址或 URL"框中输入申请免费空间或购买空间时空间提供商所给的"FTP 上传地址"，在"用户名"框中输入所提供的"FTP 上传账号"，在"密码"框中输入所提供的"FTP 上传密码"，"远程路径"框为空，在"代理服务器"框中选取"默认"，设置完毕后单击"连接"按钮登录到 FTP 空间里。

（5）上传网站内容。找到并选中要上传的文件或文件夹（一个或多个），用鼠标右键单击选中的文件或文件夹，在弹出的快捷菜单中选择"传送"命令，等待所有文件传送完成

（等待传送文件区域为空）即可。

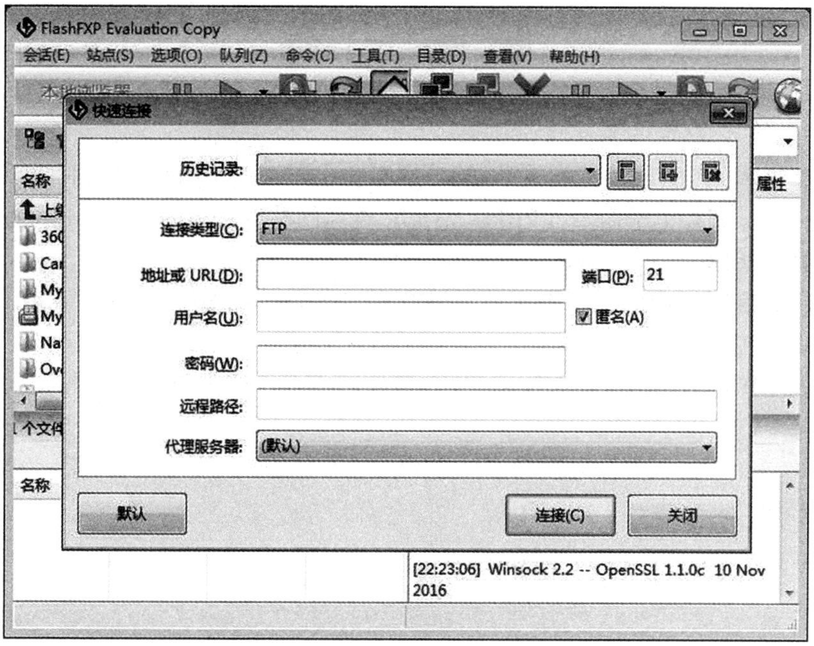

图 8 - 2 "快速连接"对话框

注意：上传时只传站点文件夹下的文件，不上传文件夹。例如，站点内容位于"myweb"文件夹下，只上传"myweb"文件夹内的内容，不上传"myweb"文件夹。

（6）启动浏览器，在地址栏内使用分配好的域名浏览网站。

8.4 项目小结

网站制作完成后，需在本机和局域网内完成测试，测试成功后再将网站上传到申请的免费空间或购买的空间上，进行功能、性能、可用性、兼容性及安全性测试，全部测试完成后即可以投入使用。

8.5 同步实训

实训
实训主题：校园网站的测试与发布。
实训目的：会完成网站的测试与发布。
实训内容：
完成校园网站的测试与发布。

参 考 文 献

[1] 朱珍，张琳霞. PHP 网站开发技术[M]. 北京：电子工业出版社，2014.

[2] 环博文件组. 赢在电子商务（PHP+MySQL电商网站设计与制作）[M]. 北京：机械工业出版社，2013.

[3] 高和蓓，田启明. 响应式动态网站项目开发（jQuery+PHP+MySQL+Apache）[M]. 北京：电子工业出版社，2016.

[4] 郑阿奇. PHP 实用教程（第2版）[M]. 北京：电子工业出版社，2016.